Klebtechnik im Glasbau 2022

Klebtechnik im Glasbau 2022

Herausgegeben von
Bernhard Weller, Felix Nicklisch, Silke Tasche

Herausgeber:
Bernhard Weller, Felix Nicklisch, Silke Tasche

Wissenschaftliche Redaktion:
Alina Joachim

Technische Universität Dresden
Institut für Baukonstruktion
August-Bebel-Straße 30
D-01219 Dresden

Titelbild:
Voltair, Berlin. SG-Verklebung für absturzsichernde, großformatige Prallscheiben
Bauherr: VOLT GmbH & Co. KG, Köln; Architekt: J.MAYER.H und Partner, Architekten mbB, Berlin;
Fachplaner Fassade: knippershelbig GmbH, Stuttgart und Berlin
Foto: knippershelbig GmbH

Bibliografische Information der Deutschen Nationalbibliothek
Die Deutsche Nationalbibliothek verzeichnet diese Publikation in der Deutschen Nationalbibliografie;
detaillierte bibliografische Daten sind im Internet über http://dnb.d-nb.de abrufbar.

© 2023 Ernst & Sohn GmbH, Rotherstraße 21, 10245 Berlin, Germany

Alle Rechte, insbesondere die der Übersetzung in andere Sprachen, vorbehalten. Kein Teil dieses
Buches darf ohne schriftliche Genehmigung des Verlages in irgendeiner Form – durch Fotokopie,
Mikrofilm oder irgendein anderes Verfahren – reproduziert oder in eine von Maschinen, insbesondere
von Datenverarbeitungsmaschinen, verwendbare Sprache übertragen oder übersetzt werden.

All rights reserved (including those of translation into other languages). No part of this book
may be reproduced in any form – by photoprinting, microfilm, or any other means – nor transmitted
or translated into a machine language without written permission from the publisher.

Die Wiedergabe von Warenbezeichnungen, Handelsnamen oder sonstigen Kennzeichen in diesem Buch
berechtigt nicht zu der Annahme, dass diese von jedermann frei benutzt werden dürfen. Vielmehr kann
es sich auch dann um eingetragene Warenzeichen oder sonstige gesetzlich geschützte Kennzeichen
handeln, wenn sie als solche nicht eigens markiert sind.

Umschlaggestaltung: Petra Franke, Ernst & Sohn, Berlin
Herstellung: pp030 – Produktionsbüro Heike Praetor, Berlin
Druck und Bindung: CPI books GmbH, Germany

Printed in the Federal Republic of Germany.
Gedruckt auf säurefreiem Papier.

Print ISBN: 978-3-433-03391-3

Vorwort

Das Kleben als Verbindungstechnologie, insbesondere das qualitätssichere und schadenstolerante Kleben von Glas im Bauwesen, ist seit 2018 das Kernthema des BMWK-geförderten Netzwerks KLEBTECH, einer Kooperation zwischen 15 mittelständischen Unternehmen und zwei Universitäten. Im Rahmen dieser Zusammenarbeit wird das strukturelle Kleben von Glas im Bauwesen durch anwendungsorientierte Forschung vorangetrieben.

Das vorliegende Fachbuch wird im Rahmen des zweiten KLEBTECH Symposiums vorgestellt und über das Netzwerk hinaus einem großen Fachpublikum zugänglich gemacht. Zehn Beiträge berichten über das Spannungsfeld der Netzwerkarbeit hinaus über die erfolgreiche Umsetzung von Klebungen an Bauprojekten, das Kleben aus Sicht der Bauaufsicht, über geeignete Materialien und deren Prüfung sowie prozesstechnische Aspekte.

Einführend werden strukturell einlaminierte Metallverbinder und bauaufsichtliche Anforderungen an Glasklebungen erläutert. Schädigungseffekte an polymeren Klebstoffen sowie deren Zustandsmonitoring mittels faseroptischer Sensoren werden in weiteren Beiträgen thematisiert. Flüssigkeitsbeanspruchte Halterungssysteme und die Entwicklung des Klebprozesses zum Unterwasserkleben zeigen die Leistungsfähigkeit des Klebens.

Hybride punktuelle Klebungen, geklebte Tragwerke sowie deren experimentelle Prüfung und Bewertung veranschaulichen die aktuelle Forschungsarbeit in diesem Fachgebiet. Darüber hinaus wird der Pfad der baupraktischen Umsetzung von tragenden Silikonfugen erläutert. Der Leitfaden »Tragende Silikonklebstoffe im Konstruktiven Glasbau« des Fachverbandes Konstruktiver Glasbau e.V. gibt abschließend praktische Hilfestellung.

Den Autoren sei für die vielfältigen und mit hohem Engagement erstellten Fachbeiträge herzlich gedankt. Ein großer Dank gilt Frau Franka Stürmer, Herrn Francisco Velasco sowie Frau Sylvia Rechlin im Verlag Ernst & Sohn für die fruchtbare Zusammenarbeit. Ein besonderer Dank gilt auch Frau Dr. Almuth Berthold, die seitens des Projektträgers VDI/VDE-IT die Netzwerkpartner bei der Umsetzung neuer Ideen immer bestens berät.

Prof. Dr.-Ing. Bernhard Weller
Dr.-Ing. Felix Nicklisch
Dr.-Ing. Silke Tasche

Dresden, September 2022

Gefördert durch:

Bundesministerium
für Wirtschaft
und Klimaschutz

aufgrund eines Beschlusses
des Deutschen Bundestages

Inhaltsverzeichnis

Vorwort V

Zum Potential unterschiedlicher Methoden beim Einlaminieren struktureller Metallverbinder 1
Thiemo Fildhuth, Matthias Oppe

Schädigungseffekte in weichen Polymeren für Glasstrukturverbindungen 27
Eric Euchler, Ricardo Bernhardt, Konrad Schneider, Sven Wießner, Markus Stommel

Zustandsmonitoring struktureller Silikonklebungen mit faseroptischen Sensoren 41
Nicolas Wachter, Martin Ganß, Tommaso Baudone, Mascha Baitinger, Martien Teich, Torsten Thiel

Untersuchung des Prozesses zum Unterwasserkleben von Halterungssystemen 63
Linda Fröck, Nikolai Glück, Wilko Flügge

Redundante Punkthaltersysteme im Konstruktiven Glasbau durch hybride Verklebung 77
Dominik Offereins, Geralt Siebert

Lastabtragende Klebungen für aussteifende Verglasungen mit Absturzsicherung 89
Johannes Giese-Hinz, Felix Nicklisch, Mascha Baitinger, Jasmin Reichert, Bernhard Weller

Experimentelle Untersuchungen zur Erfassung von Kavitäten hyperelastischer Silikonklebstoffe *109*
Benjamin Schaaf, Markus Feldmann, Lukas Lamm, Tim Brepols, Stefanie Reese, Robert Seewald, Alexander Schiebahn, Uwe Reisgen

Isolierglasrandverbund auf beschichteten und digital bedruckten Glasoberflächen *123*
Jan Wünsch, Jost Wittwer, Alexander Rumpf, Bernhard Weller

Ermittlung der mechanischen Eigenschaften eines Silikondichtstoffs *139*
Sigurd Sitte

Der Weg zur erfolgreichen baupraktischen Umsetzung von tragenden Silikonklebfugen in Deutschland *159*
Mascha Baitinger, Nicolas Wachter, Martien Teich

Anhang: Merkblatt FKG 01/2021 – Tragende Silikonklebstoffe im Konstruktiven Glasbau *175*

Autoren *211*

Schlagwörter *213*

Keywords *215*

Zum Potential unterschiedlicher Methoden beim Einlaminieren struktureller Metallverbinder

Thiemo Fildhuth[1,2], Matthias Oppe[1]

1 knippershelbig GmbH, Tübinger Str. 12–16, 70178 Stuttgart, Deutschland; t.fildhuth@knippershelbig.com; m.oppe@knippershelbig.com

2 Hochschule Luzern, Technik & Architektur, Institut für Bauingenieurwesen, Technikumstrasse 21, CH 6048 Horw, Schweiz; thiemo.fildhuth@hslu.ch

Abstract

In Verbundglas mittels Interlayer einlaminierte, strukturelle Metallverbinder (Fittings) stellen aufgrund ihrer mechanischen und gestalterischen Eigenschaften eine geeignete Fügemethode für lastabtragende Glaskonstruktionen dar. Dabei sind die Vorteile des Klebens für den Lasteintrag in das Glas und die Duktilität des Fittings unter dem Aspekt der Sicherheit nutzbar. Die Fittings werden entweder in taschenartige Aussparungen im Glas oder in den dünnen Raum zwischen zwei Glasscheiben einlaminiert. Anhand zweier ausgeführter Projekte, eines Flagshipstores und einer Glasschale, wird das Tragverhalten der unterschiedlichen Konstruktionsweisen beispielhaft anhand numerischer Analysen, Variantenstudien sowie mittels Bauteilversuchen untersucht.

On the potential of various methods of laminating structural glass fittings. Owing to their mechanical and design properties, metallic fittings bonded into laminated glass via the interlayer represent a suitable structural joining method for load bearing glass constructions. The advantages of adhesive bonding for a homogeneous load transfer to the glass and the ductili-ty of the fittings can be exploited with respect to the safety concept. Fittings can either be laminat-ed into pocket-like cutouts in the center glass layer or into the thin interstice between two glass panes. The examples of two completed projects, a flagship store and a modular glass shell, are presented to investigate the load bearing behavior of these different fitting methods by means of numerical analyses, variant studies and component tests.

Schlagwörter: einlaminierte Fittings, tragendes Glas, Ionomer, strukturelles PVB, Glasschale

Keywords: laminated fittings, structural glass, ionomer interlayer, structural PVB, glass shell

1 Einleitung

1.1 Strukturelle Glasverbindungen mit laminierten metallischen Verbindern

Lastabtragende Verbindungen zwischen Glaselementen im strukturellen Glasbau stellen eine der prinzipiellen Herausforderungen bei der ästhetisch anspruchsvollen Umsetzung von Ganzglaskonstruktionen dar. Dies ist umso mehr der Fall, wenn neben Druckkräften in der Ebene des Glases auch Zugkräfte und/oder Biegung aufzunehmen sind. Die Anordnung und Ausrichtung der Fügung ist für die dort auftretenden Beanspruchungen entscheidend [1, 2, 3]. In Schalen mit überwiegender Membranbeanspruchung wie auch in momentenbeanspruchten Glasstrukturen stellt die Fügestelle auch immer eine Diskontinuität/Störung der Durchgängigkeit der Glasfläche mit einem Steifigkeitssprung dar. Ferner müssen strukturelle Glasverbindungen den Sicherheitskonzepten der Glaskonstruktion genügen, zum Beispiel durch duktiles Verhalten.

Abgesehen von klassischen, hoch belastbaren Scher-Lochleibungsverbindungen mit Glasbohrungen und Bolzen [4], sind taschenartig in Glasaussparungen einlaminierte Verbinder aus Titan oder Chrom-Nickel-Stahl eine mittlerweile vielfach verwendete Lösung (Bild 1a), wie zahlreiche Anwendungen für hochwertige Stores (Bild 1b) und andere Projekte zeigen, [5–10]. Für diese Art der strukturellen Fügung sind meist aber Verbundgläser mit mindestens drei, oft aber sogar vier bis fünf Schichten erforderlich, was oft auch der Verformungsbegrenzung bei Ganzglaskonstruktionen geschuldet sein kann. Delamination durch Zwang, sprödes Interlayerverhalten bei Kälte oder sonstige Umwelteinflüsse stellen ein Risiko für solche Verbindungen dar. Punktförmig auf die innere Glasoberfläche geklebte oder laminierte Punkthalter sind eine weitere mehrfach untersuchte, aber kaum realisierte Verbindungsform [11, 12]. Lineare Fügungen durch direkte Klebung der Kanten [13] oder durch Eckverklebung linearer Verbindungsprofile [14] stellen eine interessante Fügemöglichkeit für Schalen dar, die jedoch im ersten Fall nicht mehr zum Austausch von Gläsern lösbar sind. Lineare Kanten-Flächenverklebungen mit strukturellem Silikon finden sich in aktuellen Lösungen häufiger. Kantenverklebte lokale Verbindungen mit Metallbauteilen [15, 16] sind eine weitere Fügelösung, sie können jedoch meist nur begrenzte Kräfte aufgrund der geringen Klebefläche aufnehmen. Spezielle geklebte Verbinder für Türen, Ecken und Glaselementverbindungen sind in [17] publiziert und wurden umgesetzt. Eine weitere Entwicklung für die Übertragung hoher Kräfte stellen komplexe, linear in mehrere Interlayerschichten von Multilayer-VSG einlaminierte Metall-Kantenverbinder dar [18, 19]. Auch gefaltete, flächige/lineare Lochbleche, die in die Zwischenschicht von Verbundglas einlaminiert werden, wurden vielfach untersucht [20, 21, 22] und teilweise umgesetzt [23]. Weitere Fügemöglichkeiten sind mit Ionomer-Interlayer [24], Gießharz [25] oder strukturellem PVB [26, 27, 28] in die dünne Zwischenschicht laminierte Blechstreifen. Eine für eine modulare Schale realisierte Anwendung, die im Rahmen des vorliegenden Beitrags behandelt wird, wird in [29–33] behandelt.

1 Einleitung

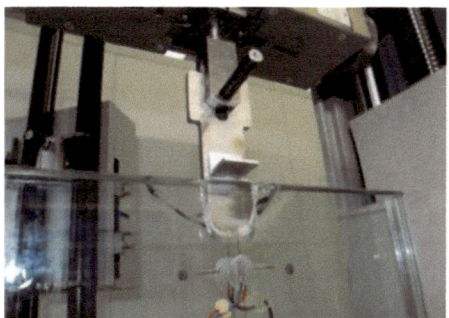 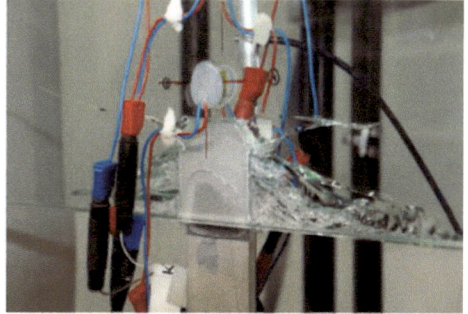

Bild 1 Beispiele für einlaminierte, taschenartige Fittingverbindungen: a) Auszugsversuche an der Hochschule Luzern (© HSLU, CC Gebäudehülle)

1.2 Beispielprojekte

Anhand zweier Projekte, einem Flagshipstore und einer modularen Glasschale, sollen beispielhaft einlaminierte Fittings in Glasaussparungen (Taschen) sowie in die Zwischenschicht einlaminierte Fittings behandelt werden.

1.2.1 Flagshipstore

Der Eingangspavillon für ein darunterliegendes Geschäft in einer ostasiatischen Großstadt besteht aus einem diskusförmigen Dach aus carbonfaserverstärktem Kunststoff (Durchmesser 20,9 m) mit einem mittigen Acrylglas-Oberlicht (d = 8 m), welches von acht U-förmigen tragenden Glasstützen von 5,4 m Höhe getragen wird (Bild 2). Jede dieser Stützen setzt sich aus zwei radial angeordneten Glasschwertern (6 × 12 mm ESG mit SGP) und einer Tangentialscheibe (5 × 12 mm ESG mit SGP) zusammen. Radialschwerter und Tangentialscheiben sind an den Kanten nicht miteinander verbunden. Der Abtrag vertikaler Lasten erfolgt nur durch die radialen Glasschwerter. Die horizontalen Lasten werden sowohl durch die Glasschwerter als auch die Tangentialscheiben aufgenommen. Zwischen den U-Stützen befinden sich insgesamt acht Dreh- sowie 16 Schwingtüren mit einer maximalen Größe von 2 × 5,4 m (Bild 2). Um eine maximale Transparenz zu erreichen, sind die Anschlüsse der Glastüren mit in gestuften, taschenartigen Glasaussparungen einlaminierten Fittings ausgeführt worden, siehe Abschnitt 2.1.

Bild 2 Flagshipstore, Gesamtansicht mit offenen Türen (© Fassadenbauer)

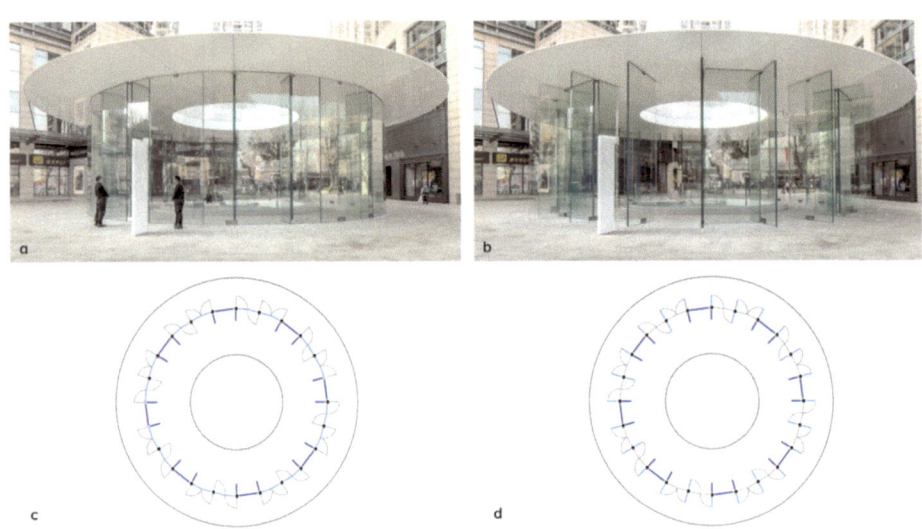

Bild 3 Flagshipstore mit geschlossenen (a und c) sowie geöffneten Türen (b und d) (© Fassadenbauer)

1.2.2 Modulare Glasschale

Die aus 38 einzelnen, bis zu 0,9 x 0,9 m großen Elementen aus Verbundsicherheitsglas (2 x 8 mm TVG mit strukturellem PVB) zusammengesetzte, doppelt gekrümmte Schale ist als Demonstrator für Innenraumanwendungen wie Messeauftritte entwickelt worden (Bild 4), siehe auch [31, 32]. Geometrisch handelt es sich um eine Streck-Trans-Fläche (gestreckte Translationsfläche), so dass die Gauss-negative Fläche aus planen Modulen zusammengesetzt werden kann. Ziel der Konstruktion war die Entwicklung eines in die Zwischenschicht einlaminierten, strukturellen Verbindungselementes, welches zur Erfüllung der statischen und geometrischen Anforderungen geeignet ist und die Leistungsfähigkeit strukturellen PVBs als Alternative zu Ionomer-Interlayern hervorhebt. Darüber hinaus wurde der Interlayer aus architektonischen Gründen gemischt aus Standard-PVB und strukturellem PVB geschichtet, um zu zeigen, dass auch Farbgebung und/oder Transluzenz erreichbar sind. An jeder Fügekante werden zwei einlaminierte Fittingpaare zur lastabtragenden Verbindung benutzt. Neben drei Translationskräften kann auch eine gewisse Biegung um die Kante des Glases aufgenommen werden. Im globalen FE-Modell der modularen Schale wurden die Fittings vereinfachend durch jeweils vier Federn (Bild 5) simuliert. So konnten die auf die Fittings wirkenden Kräfte und Momente ermittelt und für die Bemessung herangezogen werden. Für den dünnen, einlaminierten Teil des Fittings wird ein schwalbenschwanzförmiges Blech aus nichtrostendem Stahl verwendet, siehe Abschnitt 2.2.

Bild 4 Detailausschnitt und Gesamtansicht der Glasschale (© knippershelbig GmbH)

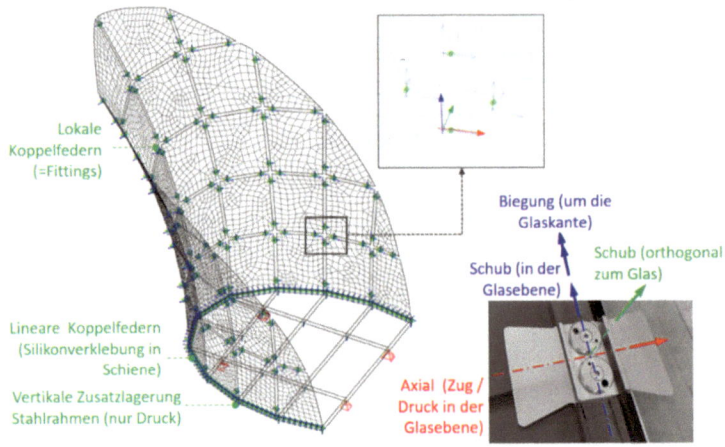

Bild 5 FE-Modell mit Koppelfedern als Verbindungen (© knippershelbig GmbH)

2 Entwicklung und Nachweis der laminierten Verbindungen

2.1 Türverbinder beim Flagshipstore

2.1.1 Konzept und Konstruktion

Während die tragenden Glasbauteile der U-förmigen Glasstützen über Scher-Lochleibungsverbindungen strukturell mit Dach und Boden verbunden sind, besitzen die Ganzglastüren jeweils zwei einlaminierte, gestufte Titanfittings, einen kleineren zur Aufnahme horizontaler Lasten oben sowie einen größeren unten, der sowohl Horizontal- als auch Vertikallasten aufnimmt und unter dem Boden mit dem motorisierten Antrieb der Tür verbunden ist. Der Fitting für Schwingtüren ist seitlich-exzentrisch, jener für Drehtüren mittig angeordnet (Bild 6). Maßgeblich für die Bemessung ist der seitliche Schwingtürfitting (Bild 6a und Bild 6b). Der Kraftübertrag zwischen Motor und Tür erfolgt nur über einen Zapfen je Tür, welcher mit dem einlaminierten Teil des Fittings verbunden ist. Alle auf die Tür wirkenden Kräfte im rotierenden oder festgestellten Zustand müssen von der Fittingverbindung und dem Motor aufgenommen werden können. Der Fitting wird in eine taschenartige Aussparung der beiden inneren Gläser mit 1,52 mm SentryGlas® (SGP) einlaminiert und überträgt Kräfte über den Schubverbund mit den äußeren TVG-Scheiben (Bild 7). Da der Zapfendurchmesser der Türblattdicke entspricht, wurde der Fitting gestuft ausgeführt, wodurch ein Teil des Titans direkt außen liegt. Da im Falle maximaler Erdbebenlasten Glas und SGP am Fitting überbeansprucht würden, wurde der Titanzapfen so dimensioniert, dass er für solche seltenen Beanspruchungen ein plastisches Rotationsgelenk ausbildet und so Glasversagen verhindert. Um in einem solchen Fall den Zapfen austauschen zu können, wird der Zapfen über eine Einschraubplatte mit Senkkopfschrauben in den Fitting eingeschraubt (Bild 7a und Bild 7b).

2 Entwicklung und Nachweis der laminierten Verbindungen

Bild 6 Schwingtüren a) und Drehtüren c) aus Glas mit zugehörigen einlaminierten Fittings b) und d) (© Fassadenbauer)

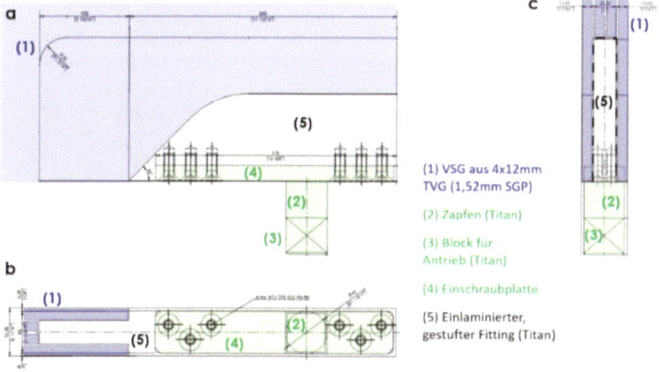

Bild 7 Aufbau eines laminierten Schwingtür-Titanfittings: a) Ansicht; b) und c) Schnitte (© knippershelbig GmbH)

2.1.2 Numerische Analyse der Verbindungen

Jede Tür wurde zunächst als Gesamt-FE-Modell in der Software ANSYS Mechanical APDL simuliert; die Analyse der Fittingzone erforderte zudem über ein detailliertes Submodel. Die Analysen erfolgten geometrisch nichtlinear. Alle Teile der Türen und Fittings wurden mit Volumenelementen vernetzt. Für SGP und Titan wurden nichtlineare Materialgesetze angewendet, wobei für das SGP zwei Temperaturszenarien (10 °C und 30 °C) untersucht wurden. Neben dem intakten Zustand (Bild 8a) wurden der Ausfall einer Außenscheibe (Bild 8b) und Delamination bis 15 mm tief vom Rand aus simuliert. Die maximalen Spannungen im Glas und im SGP herrschten im Bereich der Überlappung der beiden Außenscheiben mit einlaminierten Fitting und an den Übergängen zum vollen Vierfach-Glaslaminat (Bild 8).

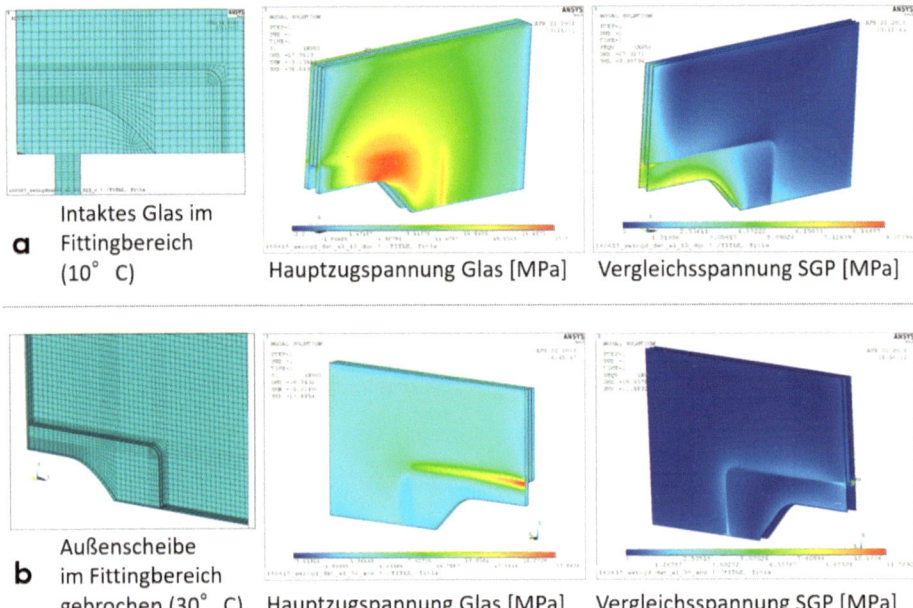

Bild 8 FE-Analysen eines Schwingtür-Fittings mit Vernetzung und Plot der Hauptzugspannung der Glasschichten sowie der Interlayer-Vergleichsspannungen; a) Intaktes Glas bei 10 °C; b) Ausfall einer Außenglasschicht bei 30 °C (© knippershelbig GmbH)

2.1.3 Versuche

Zusätzlich zur FE-Analyse wurden sechs Bauteilversuche an einem Türausschnitt mit Fitting in Originalgröße vorgenommen. Die Prüfkörper wurden mit jeweils zehn aufgeklebten Dehnmessstreifen (DMS) und sechs Verformungs-Wegaufnehmern ausgestattet. Die Kräfte wurden über einen 500 mm langen Hebelarm auf die horizontal liegende, statisch bestimmt gelagerte Tür (Bild 9b) als Drehmoment (Torque) über den Fittingzapfen (Bild 7) eingetragen und die Tür wurde damit wie durch eine Wind- oder Erdbebeneinwirkung beansprucht. Als maximaler Torque aus den GZT-Kombinationen wurden 5,7 kNm rechnerisch ermittelt. Bei den drei Prüfkörpern begann die plastische Verformung der Zapfen bei intaktem Glas zwischen 9,5 kNm und 11,5 kNm (Bild 10), so dass vereinfachend eine Sicherheit von 1,7 bis 2,0 gegenüber der GZT-Maximalbeanspruchung gegeben ist (ohne Statistik). Weder Glas noch SGP versagten bei einem Lastniveau

2 Entwicklung und Nachweis der laminierten Verbindungen

bis weit über 15 kNm, da zuvor plangemäß der Zapfen ins Fließen kam. Dies kann somit als Bestätigung des duktilen Sicherheitskonzeptes gewertet werden.

Insgesamt zeigte sich eine gute Übereinstimmung zwischen den Messergebnissen der Dehnmessstreifen (DMS) an der Glas- und Titanoberfläche aus den Versuchen und den FE-Analysen, siehe Bild 11. Im Bereich der Hebelarmkraft bis 20 kN (10 kNm Torque) zeigt sich im Versuch ein linear-elastisches Spannungs-Dehnungsverhalten an der Glasoberfläche (Bild 11).

Neben den Versuchen an intakten Prüfkörpern bei 10 °C wurden drei Prüfkörper mit angeschlagener Außenscheibe (Bild 12 und Bild 13) als außergewöhnliche Beanspruchung getestet. Alle drei angeschlagenen Außengläser zeigen voneinander abweichende initiale Rissbilder (Bild 13a bis Bild 13c). Die Last wurde so lange erhöht, bis alle Gläser gebrochen waren (Bild 12). Selbst in diesem Fall lösen sich die Fittings und Glas nicht voneinander und zeigen durchgängig eine Resttragfähigkeit. Es zeigt sich aber auch eine starke Abhängigkeit der Beanspruchbarkeit der beschädigten Prüfkörper vom initialen Rissbild: Der maximale Torque lag rissbildabhängig zwischen 5,7 und 9,5 kNm. In allen drei Prüfungen ergab sich damit eine hohe Sicherheit gegenüber dem maximalen Torque aus der Berechnung von 1,6 kNm.

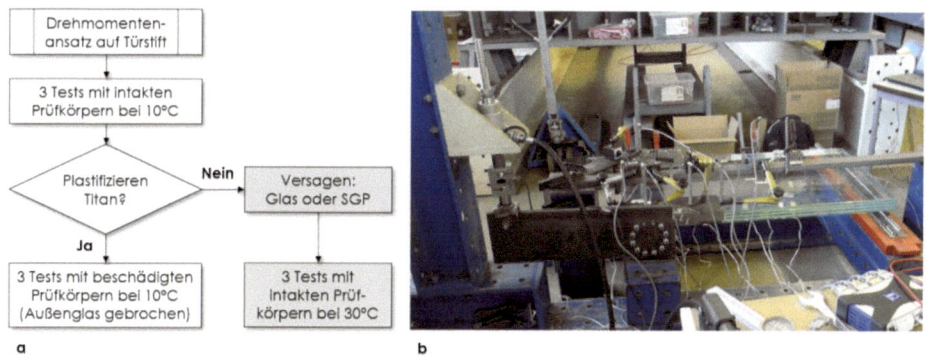

Bild 9 a) Testablauf, b) Testaufbau mit dem Hebelarm zur Aufbringung des Torquemoments auf die kreisförmige Antriebsscheibe am Fittingzapfen (© knippershelbig GmbH)

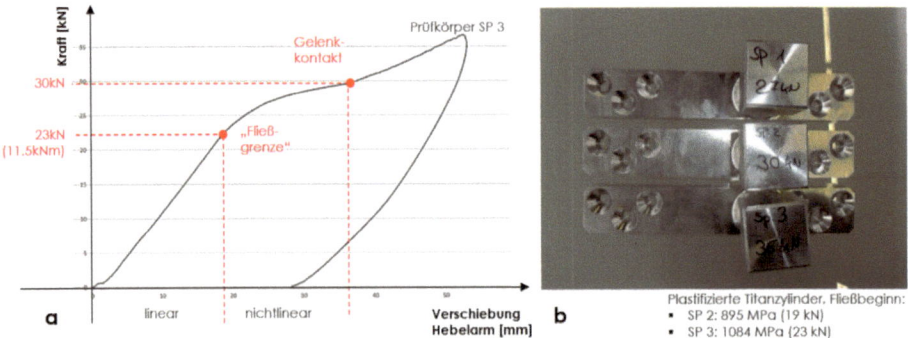

Bild 10 a) Verschiebungs-Kraftdiagramm des Prüfkörpers SP3 mit ausgeprägtem nichtlinearem Bereich aufgrund Fließen-Plastifizieren; b) Plastifizierte Zapfen der Fittings (© knippershelbig GmbH und Hochschule München)

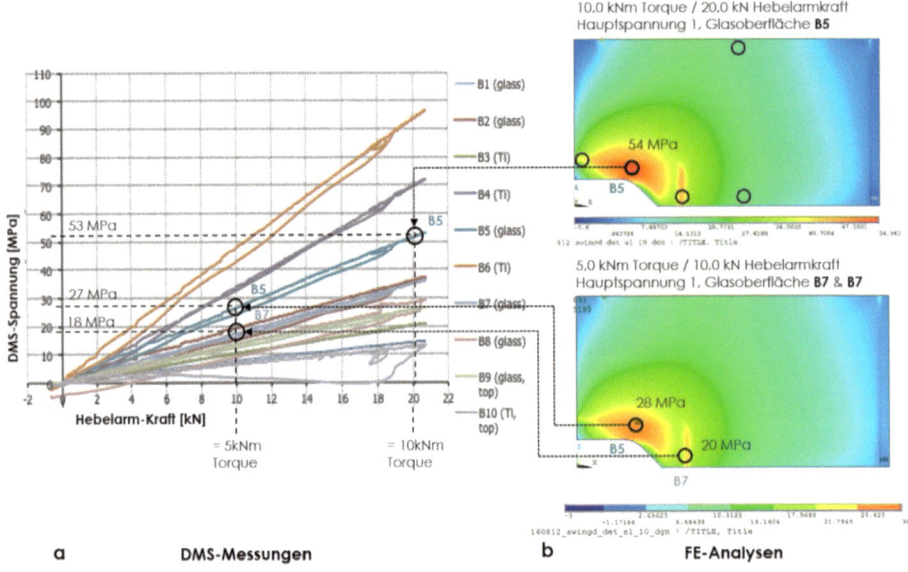

Bild 11 a) Hebelarmkraft-Spannungsdiagramm der DMS-Messpunkte im Vergleich zu b) den korrespondierenden FE-Analysen am Fitting (© knippershelbig GmbH und Hochschule München)

2 Entwicklung und Nachweis der laminierten Verbindungen

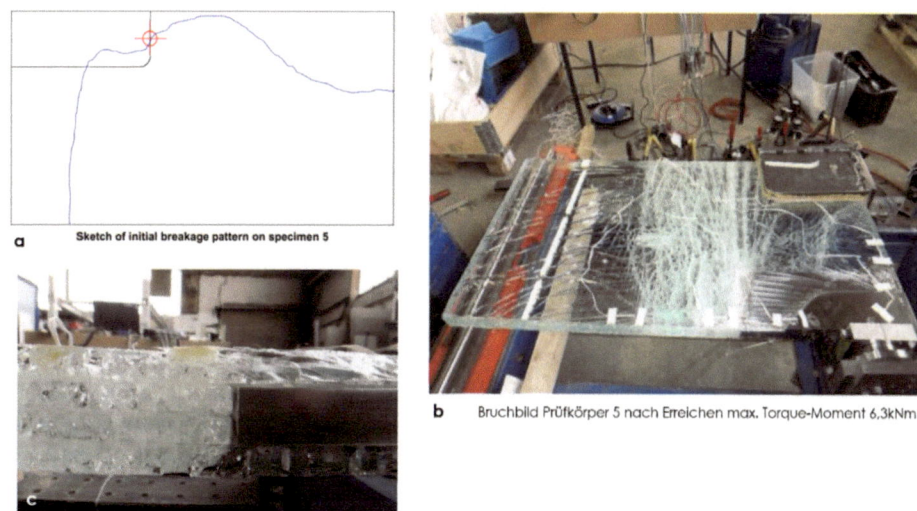

Bild 12 a) Schema des initialen Bruchbildes Prüfkörper 5 nach Anschlagen (roter Punkt); b) und c) Bruchbild der Tür nach vollständigem Brechen aller Glasschichten (© Hochschule München)

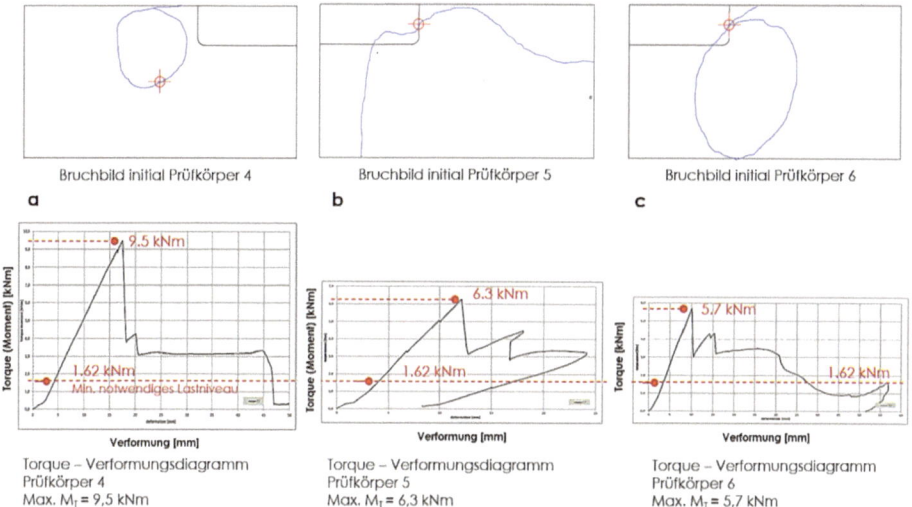

Bild 13 a) bis c) Initiale Bruchbilder der drei Prüfkörper nach dem Anschlagen und zugehörige Torque-Verformungsdiagramme (Verformungsmessung am Hebelarm) (© Hochschule München & knippershelbig GmbH)

2.2 Modulverbindungen bei der Glasschale

2.2.1 Konzept und Konstruktion

Die hier verwendeten Fittings aus Chrom-Nickel-Stahl 1.4301 erfordern keine Aussparungen im Glas, da sie über ein 1,5 mm dickes Blech in die Zwischenschicht einlaminiert sind. Der 3 mm dicke Interlayer wird dazu aus vier Schichten zu 0,76 mm zusammengesetzt. Die äußeren beiden, glasseitigen Schichten (Pos. #02 und #03) bestehen aus transparentem, strukturellem PVB (Saflex® Structural, DG41), da sie für den lastabtragenden Schubverbund zwischen Glas und Fittingblech nötig sind. Die beiden inneren Schichten können aus strukturellem oder kompatiblem Standard-PVB (im Projekt transluzentes Vanceva® Arctic Snow, RB41) bestehen, was gestalterische Freiheiten ermöglicht. Die Positionierung der Fittings erfolgt über passende Aussparungen in den inneren PVB-Schichten. Das einlaminierte Blech (Bild 14) überträgt die drei Translationskomponenten angreifender Kräfte. Die nötige Biegesteifigkeit um die Glaskante wird mittels des T-förmigen äußeren Teils des Fittings erreicht. Der Flansch des „T" stützt sich dabei gegen die Glaskante ab und ist mittels 1,52 mm strukturellem PVB DG41 an diese geklebt. Alternativ wäre auch eine Mörtel- oder Kunststofffüllung, die nur Druck überträgt, möglich. In diesem Fall würde Biegung über ein Kräftepaar aus Druck zwischen einer Flanschseite und Glaskante sowie Zug im Fittingblech übertragen. Der Winkel zweier verbundener Gläser wird über den fixen Winkel des Stegs des „T" zum Glas eingestellt (Bild 14c). Die Kraftübertragung zwischen zwei überlappenden Stegen erfolgt über ein Schraubenpaar (Bild 14a). Zur Toleranzaufnahme wird ein Fitting mit übergroßen Löchern ausgestattet (Bild 14d). Das Sicherheitskonzept sieht ein duktiles Verhalten a) durch Plastifizieren des Fittings unter Biegung am T-Stück sowie erhöhte Verformungen in der Folie zwischen Blech und Glas beim Beginn der Delamination vor, wodurch auch eine Lastumlagerung auf andere Lastpfade in der Schale erzielt wird.

2 Entwicklung und Nachweis der laminierten Verbindungen

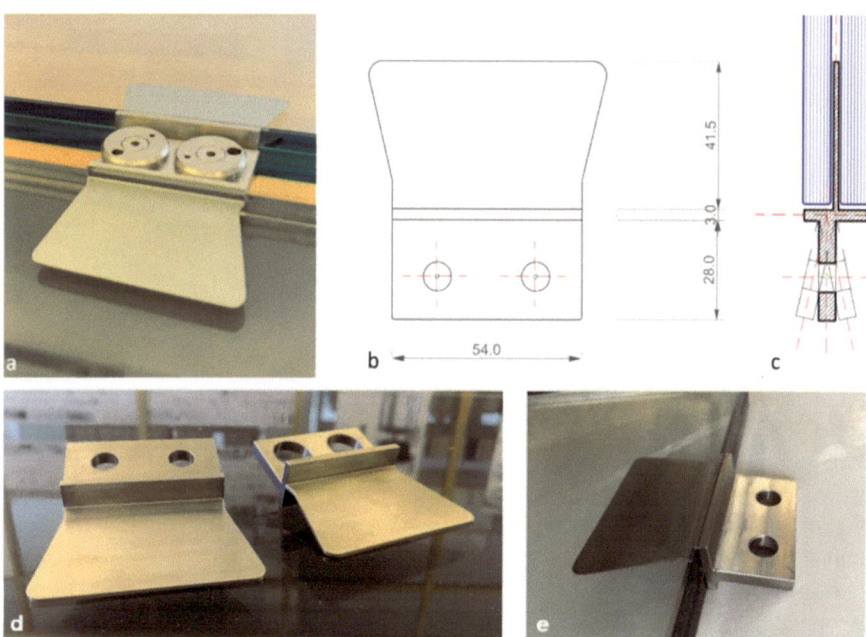

Bild 14 Aufbau und Einsatz des Schwalbenschwanzfittings (© knippershelbig GmbH)

2.2.2 Numerische Analyse der Verbindungen

Numerische Analysen der Fittings und Parameter-Einflussstudien wurden unter anderem im Rahmen von Studienarbeiten an der Hochschule Luzern [29, 30] durchgeführt. Dabei wurde der ausgeführte Fitting verschiedenen Zwangsverschiebungen (1 mm) in der Ebene (Schub parallel zur Glaskante, Zug orthogonal zu Glaskante, siehe Bild 15) beziehungsweise erzwungener Biegung um die Glaskante ausgesetzt. Das nichtlineare, hyperelastische Materialmodell des Interlayers wurde zuvor über einen Curve Fit basierend auf Herstellerdaten [33, 34] und veröffentlichten Angaben zu einem einlaminierten Blechstreifen aus [26] implementiert [30]. Es zeigt sich, dass mit zunehmender Lasteinwirkungsdauer aus axialem Zug ein steigender Lastanteil (>70 %) über das einlaminierte Blech übertragen wird (Bild 15), während der Anteil der Kraft im Kantenlaminat sinkt. Die ausmittige Position des T-Stegs führt dabei stets zu einem geringen Biegeanteil im Fitting und leichten Kraftunterschieden in den beiden Kantenverklebungen.

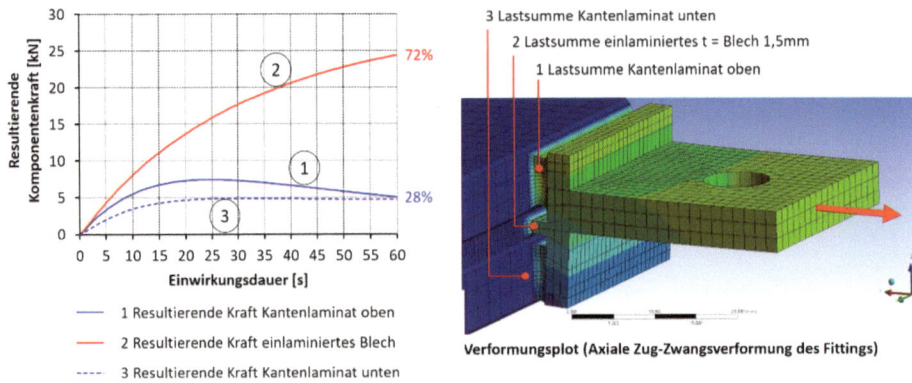

Bild 15 Verteilung der Zuglasten auf das einlaminierte Blech und die Kantenlaminate (© P. Joos)

An der Eintrittsstelle des Fittings in das VSG treten beim Lastfall **axialen Zuges** erhöhte Spannungen im Glas auf; maximale Hauptzugspannungen im Glas werden im Diskontinuitätsbereich am Fittingende 40 mm tief im Laminat erreicht (Bild 16, Stelle 1). Die Schubspannungen im PVB sind am Fittinganfang und -ende (0 mm und 40 mm Pfadposition) leicht erhöht, bleiben aber ansonsten erwartungsgemäß konstant über die Fittinglänge. Die erste Hauptspannung im PVB hingegen entwickelt sich linear über die Fittinglänge und zeigt deutliche Maxima an der Eintrittsstelle des Fittings in das VSFG (0 mm) und direkt an dessen Ende (40 mm) (Bild 16). **Biegung** des Fittings um die Glaskante erzeugt Spannungsmaxima im PVB und im Glas in Nähe der Glaskante (Bild 17, Diagramm 1 und Diagramm 2). Das einlaminierte Blech (Bild 17, Diagramm 3) erfährt sehr hohe Vergleichsspannungen an der Eintrittsstelle in das VSG, die auf den ersten 15 mm rasch abklingen. Dies ist ein Hinweis auf das gewünschte Fließ- beziehungsweise Plastifizierungsvermögen des Metallfittings, vergleiche Abschnitt 2.2.3.

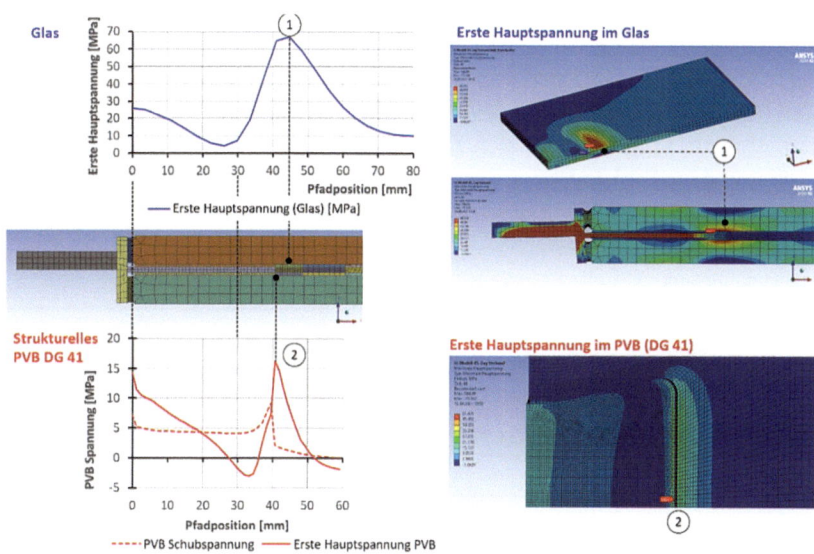

Bild 16 Spannungsverteilung (axialer Zug) in Glas und PVB über die Fittinglänge (© P. Joos)

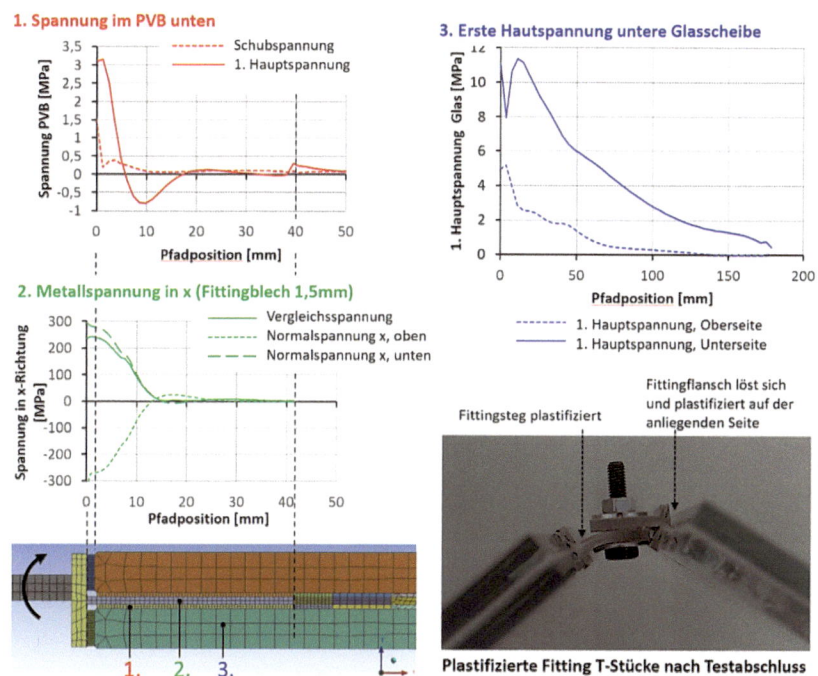

Bild 17 Verteilung der Spannungen aus Biegung über die Länge des Fittingblechs (© P. Joos)

2.2.3 Versuche

An Prüfkörpern verschiedenen Aufbaus der Interlayerschichtung wurden Kurzzeit- und Langzeitversuche zur Charakterisierung des Lastabtragsverhaltens der Fittingverbindung vorgenommen (Tabelle 1). Für den axialen Zugversuch wurde ein Fitting weggesteuert quer zur Kante gezogen (Bild 18a); der Biegeversuch erfolgte über einen modifizierten Vierpunktbiegungsaufbau analog zur EN 1288-3 (Bild 18b).

Tabelle 1 Versuchsübersicht

Versuchstyp	Aufbau Interlayer		
	Typ „1" DG41 und RB41 geschichtet	Typ „2" Nur strukturelles PVB DG41	Typ „3" Nur Standard - PVB RB41
Zug axial „Z" (in der Ebene)	6 Prüfkörper	3 Prüfkörper	3 Prüfkörper
	1 x Resttragfähigkeit	1 x Resttragfähigkeit	1 x Resttragfähigkeit
Biegung „B"	4 Prüfkörper	1 Prüfkörper	1 Prüfkörper
Schub „S" (kantenparallel)	-	-	-
Kriechen, axialer Zug „ZK"	5 Prüfkörper	-	-
Kriechen, Biegung „BK"	3 Prüfkörper	-	-

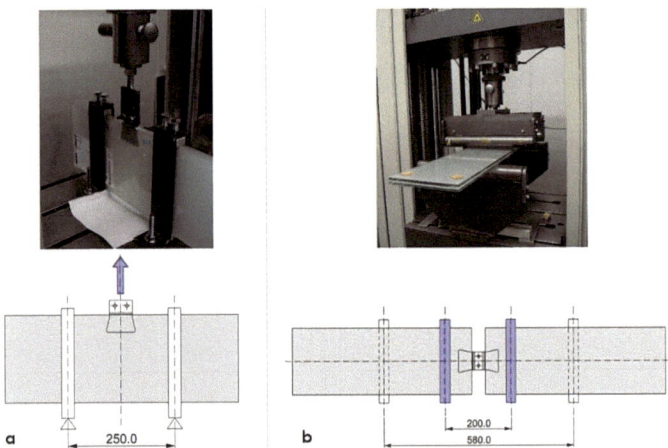

Bild 18 Versuchsaufbauten: a) Zwangsverschiebung axialer Zug; b) Vierpunktbiegung (© T. Wüest, Hochschule Luzern HSLU)

2 Entwicklung und Nachweis der laminierten Verbindungen

Aus technischen und zeitlichen Gründen mussten die Prüfkörper aus Floatglas hergestellt werden, während bei der Glasschale TVG verwendet wird. Im axialen Zugversuch versagten überraschend nahezu alle Prüfkörper des Typs 1 mit geschichtetem Interlayer aus DG41 und RB41 durch Glasbruch bei Kräften von ca. 32–40 kN (Bild 19, blaue Kurven), wobei der Prüfkörper nicht auseinanderfiel. Es ist anzunehmen, dass dies aufgrund von Spannungsspitzen am Ende des Fittings im Glas, verursacht durch den Steifigkeitssprung in den unterschiedlichen geschichteten Interlayertypen, ausgelöst wurde. Dies bedarf noch näherer Untersuchung. Bei Verwendung von TVG oder ESG wäre kein Glasbruch aufgetreten. Prüfkörper des Typs 2 mit rein strukturellem PVB DG41 hingegen versagten auf Delamination (Bild 19, rote Kurven und Bild 22b) bei Zugkräften von bis zu 41 kN. Alle Prüfkörper zeigten ein gutes Resttragfähigkeitsverhalten bei Wiederbelastung nach dem ersten Bruch (Bild 20) und konnten im Fall von Typ 2 Kräfte bis 5,3 kN aufnehmen, ehe der Fitting vollends delaminierte und sich stark verschob (Bild 22c). Auch in den Biegeversuchen zeigte sich eine hohe Duktilität der Prüfkörper, die typenunabhängig ein ähnliches Last-Verformungsverhalten aufwiesen (Bild 21). Nach einem elastischen Anfangsverhalten zeigt sich ein nichtlinearer Bereich, in welchem sich sowohl ein Teil des Flansches des Fittings von der Glaskante löst als auch das T-Stück eine plastisches Rotationsgelenk ausbildet. Bei einer Vertikalverformung von ca. 60 mm stößt dann ein Fittingteil an die Schraubenköpfe und es bildet sich ein erneuter Anstieg der Kurve mit weiterem Plastifizieren des T-Stücks der Fittings aus (Bild 21, Pfeil), bis das Glas bei 100 mm bis 140 mm Verformung lokal bricht. Auch hier bleibt die Verbindung trotz Glasbruch bestehen (Bild 22e und Bild 22f).

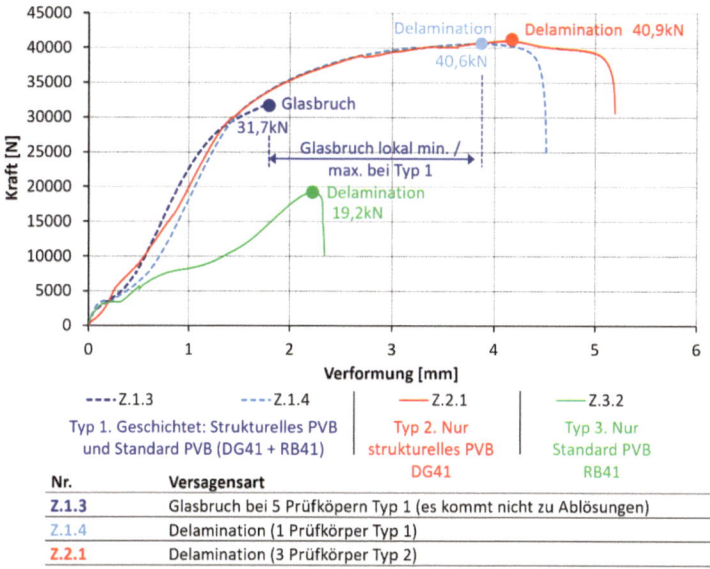

Bild 19 Auszugsweise, typische Ergebnisse aus axialen Zugversuchen (© T. Fildhuth und T. Wüest, Hochschule Luzern HSLU)

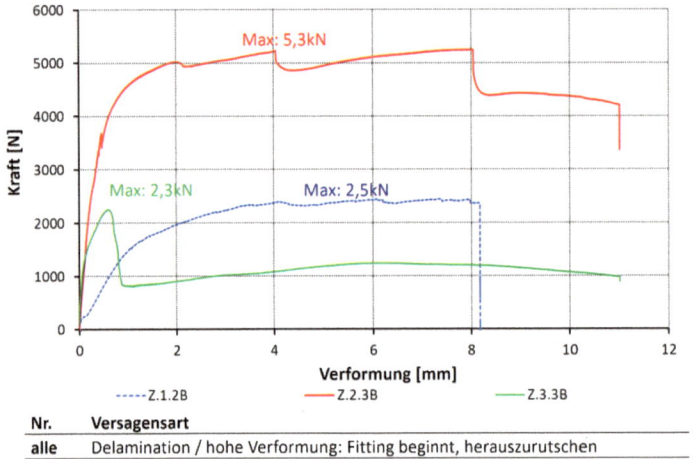

Nr.	Versagensart
alle	Delamination / hohe Verformung: Fitting beginnt, herauszurutschen

Bild 20 Ergebnisse Resttragfähigkeitsversuche (axialer Zug) (© T. Fildhuth und T. Wüest, Hochschule Luzern HSLU)

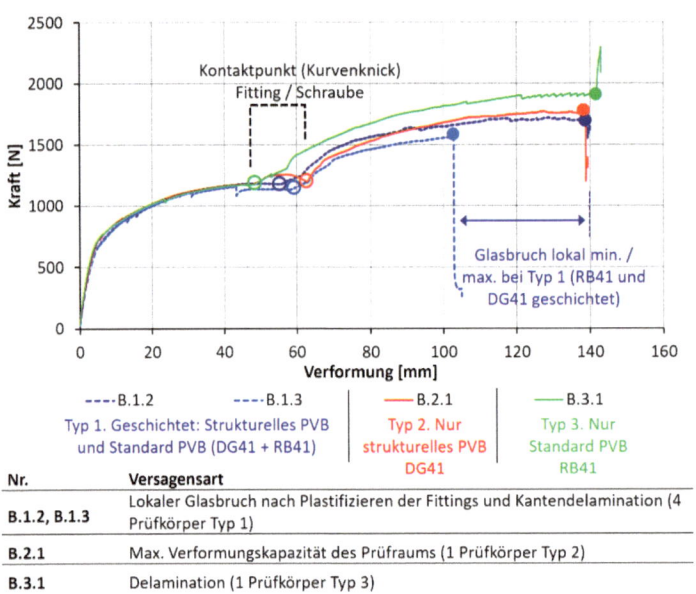

Nr.	Versagensart
B.1.2, B.1.3	Lokaler Glasbruch nach Plastifizieren der Fittings und Kantendelamination (4 Prüfkörper Typ 1)
B.2.1	Max. Verformungskapazität des Prüfraums (1 Prüfkörper Typ 2)
B.3.1	Delamination (1 Prüfkörper Typ 3)

Bild 21 Auszugsweise, typische Ergebnisse aus Vierpunktbiegeversuchen (© T. Fildhuth und T. Wüest, Hochschule Luzern HSLU)

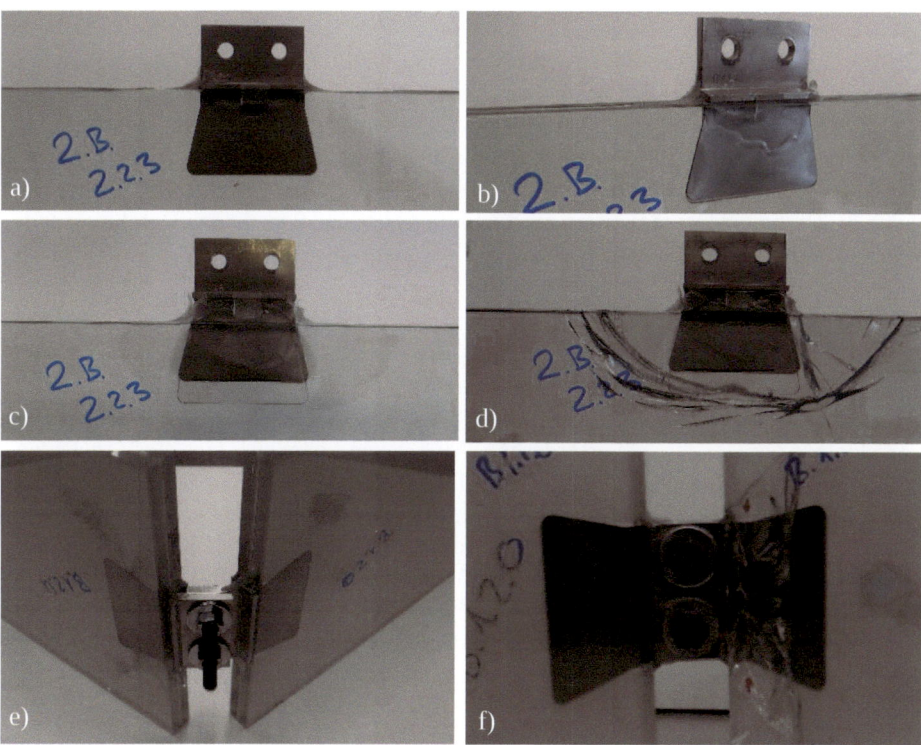

Bild 22 Prüfkörper Typ 2 (nur strukturelles PVB) nach Versuchen; a) Prüfkörper vor Zugversuch; b) Teildelamination nach Zugversuch; c) Delamination und Auszug im Resttragfähigkeitsversuch; d) Glasbruch 1,5 Stunden nach Entlastung; e) Plastische Maximalverformung nach Biegeversuch; f) Glasbruch bei extremer Verformung nach Biegeversuch (© T. Wüest, Hochschule Luzern HSLU)

3 Zusammenfassung und Ausblick

3.1 Zusammenfassung

Im Rahmen zweier unterschiedlicher Projekte, einer modularen Glasschale und eines gläsernen Flaghsipstore mit Ganzglastüren, sind einlaminierte metallische Fittings zum Einsatz gekommen.

Im Fall der Glastüren handelt es sich um gefräste, zweiteilige gestufte Titanfittings, die mittels Ionomer-Interlayer in eine 25 mm breite taschenartige Aussparung im 4-fach VSG der drehbaren Glastür einlaminiert sind. Die Schubverbundfläche beträgt etwa 600 cm^2 und ermöglichte in Tests und FE-Analysen den Ansatz eines Drehmomentes von 11,5 kNm (elastisch), was einer resultierenden Kraft von ca. 14,4 kN auf die Mitte der Drehtür entspricht. Das maximale auftretende Moment im GZT ist 5,7 kNm, so dass eine hohe Sicherheit gegeben ist. Momente aus dem maßgeblichen Erdbebenfall überschreiten unter Umständen die zulässigen Spannungen des TVG und des Interlayers, was durch duktiles Verhalten in Form einer plastischen Rotation des auswechselbaren Fittinganschlusses erreicht wird. Auch nach einem ungünstigen Bruch einer äußeren Glasscheibe können noch Momente über 5 kNm aufgenommen werden und selbst bei vollständig gebrochenem VSG durch alle Schichten besteht eine Resttragfähigkeit der Tür mit den Fittings. Die Verwendung eines dicken, taschenartigen Fittings war bei diesen Glastüren durch die Drehmomentenbelastung um die Fittingachse und den nötigen Durchmesser des Türzapfens am Fitting zwingend.

Im Falle der modularen Glasschale steht die Aufnahme von Membrankräften (Druck, Zug, Schub in der Schalenfläche) im Vordergrund. Eine gewisse Biegesteifigkeit ist dennoch zur Aufnahme von Momenten aus der Diskontinuität (Steifigkeitssprung) an der Fuge, aus asymmetrischen Einwirkungen und zur Erzielung der korrekten Geometrie bei der Montage der Glasmodule erforderlich. Als Lösung bietet sich hier die Verwendung von Fittings aus Chrom-Nickel-Stahl (oder Titan) mit schwalbenschwanzförmigen, dünnen in die Zwischenschicht einlaminierten Blechen zum Membrankrafteintrag über Schubverbund an. Als Interlayer ist im Projekt das strukturelle PVB Saflex® Structural (DG41) verwendet worden. Die laminierte Verbundfläche beträgt nur 48 cm^2 je Fitting. Zusätzlich wird der Fitting zur Erreichung der Biegesteifigkeit um die Glaskante an die beiden Glasstirnseiten mittels DG41 angeklebt (ca. 8,6 cm^2 Zusatzklebefläche an der Kante). Axiale Zugkräfte im Fitting können elastisch bis 20 kN aufgenommen werden, bei 40 kN Kurzzeitlast wird Delamination beobachtet. Vorsicht ist bei der Verwendung unterschiedlicher, schichtweiser Interlayer geboten, um Steifigkeitssprünge und Glasbruch zu vermeiden. Auch Biegemomente sind gut aufnehmbar (elastischer Bereich bis ca. 600 N im Vierpunkt-Biegeversuch, d. h. 0,08 kNm). Ein duktiles Verhalten der Verbindung für Biegung und Zug lässt sich durch die Auslegung des Fittings und durch das Delaminationsverhalten passend einstellen. Nach Glasbruch oder partieller Delamination des Fittings bleibt eine Resttragfähigkeit von bis zu 5 kN (Zug) bestehen.

Beide Lösungen sind somit an die individuellen Beanspruchungen und Funktionen angepasst und zeigen die Möglichkeit der Ausbildung hochbelasteter struktureller Glasanschlüsse mit duktilem Verhalten und hoher Resttragfähigkeit nach Glasbruch. In beiden Fällen kann die durchgängige Optik der homogenen Glasoberfläche beibehalten werden, da die Fittings in das Glas einlaminiert sind. Ein Vorteil des in die Zwischenschicht einlaminierten Fittingtyps ist die Möglichkeit, nur 2-fach VSG verwenden zu können, sofern das verformungsbedingt möglich ist. Der Vergleich beider Lösungen unterstreicht die Tatsache, dass strukturelle Glasverbindungen fast immer eine fallabhängige, individuelle Lösung darstellen und sorgfältig unter Berücksichtigung aller nichtlinearen Materialeigenschaften zu entwickeln sind.

3.2 Ausblick

In der Zwischenschicht einlaminierte Verbindungen sind attraktive Lösungen für strukturelle Glasverbindungen, da sie hohe Festigkeiten, Duktilität im Rahmen des Sicherheitskonzeptes und ein zurückhaltendes, ästhetisch ansprechende Erscheinungsbild ermöglichen. Die Duktilität wird durch die Materialkombination aus Lamination (Kleben) und Metallbauteil mit den Mitteln plastischer Reserven, Lastumlagerung/alternative Lastpfade, Amortisierung durch Fließen und Plastifizieren erreicht und kann meist zielgerichtet eingestellt werden. In die Zwischenschicht einlaminierte Fittings sind aufgrund hoher aufnehmbarer Kräfte bei geringem Materialeinsatz interessant; vor allem ermöglichen sie die Verwendung von verhältnismäßig dünnem Verbundsicherheitsglas mit nur zwei Glasschichten. Eine Herausforderung stellt der homogene Übergang des dünnen Bleches für die Lamination in den deutlich dickeren Außenteil des Fittingelements dar, der besonders empfindlich ist und alle Kräfte übertragen muss, die auftreten. Bei der Glasschale ist daher der Fitting aus einem Stück gefräst worden. Eine wirtschaftlichere Variante sollte eher aus zwei Teilen zusammengesetzt werden – dem dünnen Fittingblech zur Lamination und dem dickeren Verbinderteil. Weiterer Entwicklungsbedarf besteht bei der Einstellbarkeit des Winkels des Fittings, um unterschiedliche Winkel der Gläser zueinander mit geringem Aufwand zu ermöglichen. Außenanwendungen/Einwirkung von Umwelteinflüssen, Dauerhaftigkeit und Risiken aus Delamination erfordern noch weitere Studien. Lineare Metallfittings an Kanten mit geringer Laminationstiefe sind ein interessantes Feld für weitere Entwicklungen und Analysen. Im aktuellen Glasbau stehen die steifen, lokalen Fittingverbindungen in Konkurrenz zu reinen strukturellen Silikonverklebungen entlang durchgängiger Kanten.

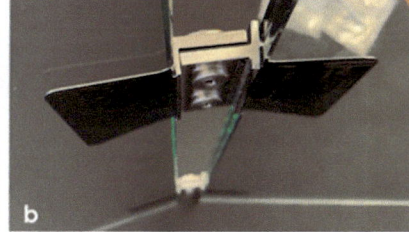

Bild 23 Vergleichsansicht der beiden Fittingtypen; a) stufenförmig einlaminierter Fitting in vierfach-VSG; b) Fitting mit Lamination die Zwischenschicht, zweifach-VSG (© knippershelbig GmbH)

4 Projektbeteiligte

Am Projekt waren folgende Unternehmen und Büros beteiligt:

Tabelle 2 Projektbeteiligte Glasschale

Funktion	Unternehmen
Bauherr / Auftraggeber	Eastman Chemical BV
Konzeption, Entwurf	knippershelbig GmbH Stuttgart KHIC / imagine computation GmbH Frankfurt a. M.
Interlayermaterial	Eastman Chemical BV Solutia Deutschland GmbH
Tragwerksplanung Ausführung fassadenbauseitig und Versuchsplanung	knippershelbig GmbH Stuttgart
Glaselemente, Lamination	Thiele Glas GmbH
Herstellung Prüfkörper	Yachtglass GmbH & Co. KG
Metallbau, Fittings, Installation	Kurt Hüttinger GmbH & Co. KG
Versuchskonzept, -durchführung und Auswertung	HSLU Hochschule Luzern, Technik & Architektur, CC Gebäudehülle
Studienarbeiten	Pascal Joos & Antoine Yersin, Hochschule Luzern, CC Gebäudehülle

5 Literatur

[1] Bagger, A. (2010) *Plate Shell Structures of Glass – Studies leading to guidelines for structural design* [Dissertation]. DTU Civ. Eng., Lyngby / Danmark.

[2] Fildhuth, T.; Lippert, S. et al. (2012) *Design and Joint Pattern Optimisation of Glass Shells* in: Conference proceedings IASS 2012, Seoul.

[3] Fildhuth, T.; Knippers, J. (2012) *Layout Strategies and Optimisation of Joint Patterns in Full Glass Shells* in: Bos, Louter, Nijsse, Veer [Eds.] *Challenging Glass 3 – Conference on Architectural and Structural Applications of Glass*, TU Delft.

[4] Baitinger, M. (2009) *Zur Bemessung von SL-belasteten Anschlüssen im konstruktiven Glasbau* [Dissertation]. Technische Hochschule Aachen (now RWTH Aachen) Aachen

5 Literatur

[5] Bedon, C.; Santarsiero, M. (2018) *Laminated glass beams with thick embedded connections – Numerical analysis of full-scale specimens during cracking regime.* Composite Structures 195, S. 208–324. https://doi.org/10.1016/j.compstruct.2018.04.083

[6] O´Callaghan, J.; Bostick, C. (2012) *The Apple glass cube: version 2.0* in: *Challenging glass 3.* Pp. 57–67. IOS Press, Delft.

[7] Torres, J.; Guitart, N.; Teixidor, C. (2017) *Glass fins with embedded titanium inserts for the facades of the new medical School of Montpellier* in: Glass Structures and Engineering.

[8] Santarsiero, M.; Moupagitsoglou, K. (2018) *Energy-based Approach for Dissipative Structural Glass System in Seismic Regions* in: Louter, Bos, Belis, Veer, Nijsse [Eds.] *Challenging Glass 6 – Conference.* Delft University of Technology. https://doi.org/10.7480/cgc.6.2200

[9] Bajtek, J.; Netušil, M.; Eliášová, M. (2020) *Experimental Analysis of Laminated Embedded Steel Insert in Load Bearing Connections* in: Louter, Bos, Belis, Veer, Nijsse [Eds.] *Challenging Glass 7 Conference Proceedings,* Ghent. https://doi.org/10.7480/cgc.7.4476

[10] Behling, S.; Fuchs, A.; Peters, S. (2009) *Transparente Experimente – Projekte aus Forschung und Entwicklung.* Detail 7/8 2009. S. 762.

[11] Kothe, C.; Kothe, M.; Wünsch, J.; Weller, B. (2016) *Adhäsive Verbindungen für punktuelle Befestigungssysteme in Fassaden und Glastragwerken* in: *Stahlbau, Vol. 85,* Issue S1, S. 361–371, Berlin. https://doi.org/10.1002/stab.201690173

[12] Bedon, C.; Santarsiero, M. (2018) *Transparency in structural glass systems via mechanical, adhesive and laminated point connections –Existing research and developments.* Adv. Eng. Mater., Vol 20, issue 5. https://doi.org/10.1002/adem.201700815

[13] Blandini, L. (2005) *Structural Use of Adhesives in Glass Shells* [Dissertation]. D93 at the ILEK, University of Stuttgart.

[14] Veer, F.; Wurm, J.; Hobbelman, G. (2003) *The Design, Construction and Validation of a Structural Glass Dome* in: *GPD Glass Processing Days Conference Proceedings,* Tampere.

[15] Ioannidou-Kati, A.; Santarsiero, M.; Louter, C. (2018) *Edge-laminated Transparent Structural Silicone Adhesive (TSSA) Steel-to-Glass Connections* in: *Challenging Glass 6 Conf. Proc.,* Delft (2018). https://doi.org/10.7480/cgc.6.2159

[16] Schulz, I.; Drass, M.; Teich, M.; Schneider, J. (2021) *Planungsschritte zur Umsetzung eines Ganzglaspavillons nach dem Faltwerkprinzip* Weller, B.; Tasche, S. [Hrsg.] *Glasbau 2021.* Berlin: Ernst & Sohn. S. 307–318.

[17] Kassnel-Henneberg, B. (2017) *Verbindungen aus Glas* in: Weller, B.; Tasche, S. [Hrsg.] *Glasbau 2017*. Berlin: Ernst & Sohn GmbH. S. 466.

[18] Marinitsch, S. (2015) *Stabilitätsprobleme bei Faltwerken aus Glas* [Dissertation]. E206 – Institut für Hochbau und Technologie, TU Wien.

[19] Marinitsch, S.; Schranz, C.; Teich, M. (2016) *Folded plate structures made of glass laminates: a proposal for the structural assessment* in: *Glass Structures & Engineering*. pp. 451–460. https://doi.org/10.1007/S40940-015-0002-1

[20] Carvalho, P. L.; Cruz, P. (2012) *Connecting trough reinforcement – Experimental Analysis of a Glass Connection using Perforated Steel Plates* in: *Challenging Glass 3*.

[21] Carvalho, P. L.; Cruz, P.; Veer, F. (2014) *Connecting through the reinforcement – design, testing, and construction of a folded reinforced glass structure* in: *Journal of Façade, Design and Engineering 2*. S. 109–122

[22] Feirabend, S. (2010) *Steigerung der Resttragfähigkeit von Verbundsicherheitsglas mittels Bewehrung in der Zwischenschicht* [Dissertation]. Universität Stuttgart.

[23] Willareth, P.; Meyer, D. (2013) *Oberlicht neu gefaltet*. Aus: TEC 21, Heft 7–8: Zürich: Hallenbad City Zürich, Band 139. http://doi.org/10.5169/seals-323675

[24] Puller, K. (2012). *Untersuchung des Tragverhaltens von in die Zwischenschicht von Verbundglas integrierten Lasteinleitungselementen* [Dissertation]. ILEK, Universität Stuttgart.

[25] Volakos, E.; Davis C.; Teich, M.; Lenk P.; Overend, M. (2020) *Structural performance of a novel liquid-laminated embedded connection for glass* in: *Glass Structures and Engineering*. S. 487–510. https://doi.org/10.1007/s40940-021-00162-w

[26] Louter, C. (2019) *Metal-to-glass bond strength of structural PVB* in: *Glass Performance Days 2019*. Tampere. pp. 49–55.

[27] Santarsiero, M. (2015) *Laminated connections for structural glass applications.* [PhD thesis n° 6828]. Ecole Polytechnique Federale de Lausanne.

[28] Santarsiero, M.; Louter, C.; Nussbaumer, A. (2017) *Laminated connections for structural glass components: a full-scale experimental study* in: *Glass Structures and Engineering 2*. Springer. Pp. 79–101.

[29] Yersin, Antoine (2020) *Einlaminierte, tragende Glasverbindungen in VSG – Numerische Untersuchungen zur Anwendung unter Einsatz von strukturellem PVB* [Bachelor thesis]. University of applied Sciences and Arts Lucerne / Horw.

[30] Joos, Pascal (2021) *Verhalten struktureller laminierter Glasverbinder. Untersuchung von strukturellem PVB unterschiedlicher Schichtung für einlaminierte Fittings* [Bachelor thesis], University of applied Sciences and Arts, Lucerne/Horw.

[31] Schieber, R.; Fildhuth, T.; Haller, M.; Stevels, W. (2021) *Building a frameless glass structure with structural PVB interlayers and stainless steel fittings* in: *Proceedings to Engineered Transparency*. Berlin: Ernst & Sohn. Pp. 163–181.

[32] Stevels, W.; Fildhuth, T.; Wüest, T. et al. (2022) *Design Base for a Frameless Glass Structure Using Structural PVB Interlayers and Stainless-Steel Fittings* in: Louter, Bos, Belis, Veer, Nijsse [Eds.] *Challenging Glass Conference Proceedings Vol. 8*. Ghent.

[33] Schuster, M.; Thiele, K.; Schneider, J. (2021) *Investigations on the viscoelastic material behaviour and linearity limits of PVB* in: *Proceedings to Engineered Transparency*. Berlin: Ernst & Sohn. Pp. 207–223.

[34] Stevels, W.; D'Haene, P. (2020) *Determination and verification of PVB interlayer modulus properties* in: *Online proceedings to Challenging Glass 7*. Ghent.

Schädigungseffekte in weichen Polymeren für Glasstrukturverbindungen

Eric Euchler[1], Ricardo Bernhardt[1], Konrad Schneider[1], Sven Wießner[1,2], Markus Stommel[1,2]

1 Leibniz-Institut für Polymerforschung Dresden, Institut für Polymerwerkstoffe, Hohe Straße 6, 01069 Dresden, Deutschland; euchler-eric@ipfdd.de; bernhardt@ipfdd.de; schneider@ipfdd.de

2 Technische Universität Dresden, Institut für Werkstoffwissenschaft, Helmholtzstraße 7, 01069 Dresden, Deutschland; wiessner@ipfdd.de; stommel@ipfdd.de

Abstract

Eine typische Verbindungstechnik für Glasstrukturen ist der laminierte Verbund mit weichen polymerbasierten Klebstoffen, wie Silikon. Infolge geometrischer Zwänge im laminierten Verbund, zeigen diese ein spezifisches mechanisches Verhalten: Eine sich unter Deformation einstellende überhöhte Spannungsmehrachsigkeit kann zur Kavitation führen. Zur Beschreibung dieses Schädigungsmechanismus unter praxisrelevanten Bedingungen sind angepasste, innovative Prüfmethoden wie die *In situ*-Dilatometrie und Röntgen-Mikrotomographie erforderlich. Diese sich ergänzenden experimentellen Ansätze ermöglichen sowohl präzise als auch ortsaufgelöste Informationen zur Entwicklung von Kavitäten in weichen Polymeren wie Elastomeren und Klebstoffen.

Damage effects in soft polymeric adhesives for glass structure connections. A typical joining technique for glass structures is the laminated joint by soft polymer-based adhesives such as silicone. As a result of geometric constraints within the laminate, the polymers exhibit specific mechanical behavior: An excessive deformation-induced stress multiaxiality can lead to cavitation. To describe this damage mechanism under practically relevant conditions, advanced and innovative testing methods, such as *in situ* dilatometry and X-ray microtomography, are required. These complementary experimental approaches provide both precise and spatially resolved information on the development of cavities in soft polymers, such as elastomers and adhesives.

Schlagwörter: weiche Polymere, eingeschränkte Deformation, Kavitation, Dilatometrie, Röntgen-Mikromotographie

Keywords: soft polymers, constraint strain, cavitation, dilatometry, X-ray microtomography

1 Deformation und Schädigung in Polymeren für Glasverbunde

Die Verbindung von Glaskonstruktionen kann mittels weicher polymerer Werkstoffe, z. B. Silikon oder Polyvinylbutyral (PVB), als Klebstoff in einem Laminataufbau realisiert werden. Im Gegensatz zu klassischen Verbindungstechniken, wie Gelenk- und Punktbefestigungen, bietet eine laminare Verbindung technisch relevante Vorteile unter anderem durch die Reduzierung von Wärmebrücken und den Abbau von lokalen Spannungsspitzen [1]. Ein wichtiges Gütekriterium ist die Langlebigkeit und

Dauerhaftigkeit der Transparenz einer solchen laminierten Glaskonstruktion [2]. In diesem Zusammenhang weisen polymerbasierte Klebstoffe eine nachteilige Werkstoffeigenschaft auf. Infolge von äußerer Belastung und einhergehender Deformation kann ein Schädigungsmechanismus in der Polymerschicht initiiert werden, welcher zu ungewollter Lichtbrechung durch die Bildung von Defekten und Hohlräumen führt. Diese Schädigung ist als Kavitation bekannt und tritt bei weichen Polymeren infolge erhöhter Spannungsmehrachsigkeit unter eingeschränktem Potenzial zur Formänderung auf [3]. Hervorgerufen durch den laminierten Aufbau wirken geometrische Zwangsbedingungen, die das Deformations- und Versagensverhalten von polymerbasierten Klebstoffen beeinflussen und zum Einsetzen des ungewünschten Kavitationsphänomens führen können. Die geometrisch induzierten Zwänge lassen sich z. B. über das Aspektverhältnis zwischen Grund- und Mantelfläche der Klebschicht quantifizieren [4]; je höher dieser Faktor, desto höher die Spannungsmehrachsigkeit und dementsprechend stärker ausgeprägt ist die Kavitation.

Experimentelle Untersuchungen sind in diesem Zusammenhang wichtig, um Glasverbunde sowohl konstruktiv als auch werkstofflich optimal auslegen zu können. In diesem Beitrag werden spezielle experimentelle Methoden vorgestellt, die zur Charakterisierung des Deformations- und Versagensverhaltens von weichen Polymerwerkstoffen unter querdehnungsbehinderter Zugbelastung geeignet sind. Im Ergebnis solcher gezielten Untersuchungen können Werkstoffe hinsichtlich des Widerstands gegen Einsetzen von Kavitation verglichen und ingenieursrelevante Kennwerte abgeleitet werden, welche den Kavitationsverlauf in Abhängigkeit von Werkstoffkonzept oder geometrischem Aspektverhältnis beschreiben.

2   Charakterisierung der Kavitation in weichen Polymeren

Obwohl die Charakterisierung des makroskopischen Deformations- und Versagensverhaltens von weichen Polymeren, wie Elastomeren, mittels experimenteller Daten ein Forschungsfeld mit großer Aktivität ist, wurden zugrundeliegende mikromechanische Prozesse in diesem Kontext bislang kaum diskutiert. Beispiele für deformationsinduzierte mikrostrukturelle Veränderungen sind (i) Netzwerkumlagerungen, (ii) Kettenorientierung oder -ausrichtung sowie Kristallisation oder (iii) Kettenbruch und Kavitation. Die zuletzt genannten Schädigungsprozesse können infolge lokal vorherrschender Spannungsüberhöhungen bei extremen Deformationen, z. B. an Rissspitzen, auftreten [5]. Erste experimentelle Nachweise bzgl. der Präsenz von Kavitäten in der Umgebung von Rissfronten konnten Zhang et al. [6] in ihren Untersuchungen mit Kleinwinkel-Röntgenstreuung (engl. *small-angle X-ray scattering*, SAXS) liefern. Die experimentell bestimmbaren Änderungen im Streuverhalten von auf Zug belasteten Elastomeren weisen auf strukturelle Schädigung durch die Bildung von Kavitäten im Nanometerbereich hin. Typische Durchschnittsgrößen von Kavitäten entlang einer Rissspitzenfront sind im Bereich 20–40 nm [7].

Um einerseits die Kavitation nicht nur unter komplexen Deformationsszenarien, wie an Rissspitzen, zu untersuchen und anderseits die Kavitation in laminierten Verbindungen, wie Glasverbundstrukturen, zu analysieren, ist die Verwendung alternativer Prüfkörpergeometrien notwendig. Die Forschergruppe um Alan Gent untersuchte das Phänomen der Kavitation erstmals systematisch und führte dafür die sogenannten *Poker-Chip*-Experimente durch [8]. Diese Prüfkörpergeometrie zeichnete sich dadurch aus, dass eine dünne, zylinderförmige Elastomerprobe zwischen zwei steifen Probenhaltern fixiert ist. Anknüpfend an weitere Studien [4, 9] werden in diesem Beitrag die Prüfkörper nicht als *Poker-Chip*, sondern als *Pancake* bezeichnet. Unter makroskopischer Zugbelastung wird infolge des extremen Geometrieverhältnisses zwischen Prüfkörperradius r und -dicke h ein mehrachsiger Spannungszustand mit einer ausgeprägten hydrostatischen Komponente im Zentrum einer *Pancake*-Geometrie generiert. Diese Spannungsmehrachsigkeit entsteht durch die erheblich eingeschränkte laterale Kontrahierbarkeit der *Pancake*-Geometrie. Infolge der dominierenden hydrostatischen Spannungskomponente werden die Bildung und das Wachstum von Kavitäten initiiert und forciert. Wie von Gent & Lindley [3] beschrieben, weisen die experimentell ermittelten Kraft-Verschiebungs-Kurven auf eine hohe Materialsteifigkeit bei sehr kleinen Verschiebungen hin, gefolgt von einem ausgeprägten Steifigkeitsverlust, analog zur Streckgrenze bei thermoplastischen Kunststoffen. Das lokale Kraftmaximum korrespondiert nach Interpretation von Gent & Lindley mit dem Einsetzen der Kavitation beobachtbar durch die Entstehung erster Defekte im Zentrum von *Pancake*-Prüfkörpern [3, 4]. Diese Defekte weiten sich zu mikroskopischen Kavitäten auf und können schließlich als makroskopische Risse sichtbar werden [10]. Für die experimentelle Untersuchung der Kavitation in weichen Polymerwerkstoffen sind u. a. die Methoden Dilatometrie [11, 12], optische [13, 14] oder akustische [15] Analyse und Röntgen-Mikrotomographie [16–18] geeignet.

3 Experimentelles

3.1 *Pancake*-Prüfkörper

In dieser Studie wurden zur Herstellung von *Pancake*-Prüfkörpern (Bild 1) Proben aus der Mitte vernetzter Elastomerplatten entnommen. Diese Proben wurden mit dem Klebstoff *Loctite406*, Henkel AG, zwischen die Stirnflächen zweier zylindrischer Probenhalter aus Polykarbonat geklebt. Für die in dieser Arbeit durchgeführten Experimente mit der *In situ*-Dilatometrie und Röntgen-Mikrotomographie (µCT) wurden *Pancake*-Prüfkörper mit unterschiedlichen Maßen r und h verwendet, wobei sich allerdings gezeigt hat, dass das Deformations- und Schädigungsverhalten kaum beeinflusst wird, solange das Radius-Dicken-Verhältnis, d. h. der Geometriefaktor S konstant bleibt [4]. Der Geometriefaktor S berechnet sich aus r und h wie folgt:

$$S = \frac{gebundene\ Prüfkörpergrundfläche}{freie\ Prüfkörpermantelfläche} = \frac{\pi r^2}{2\pi r h} = \frac{r}{2h} \tag{1}$$

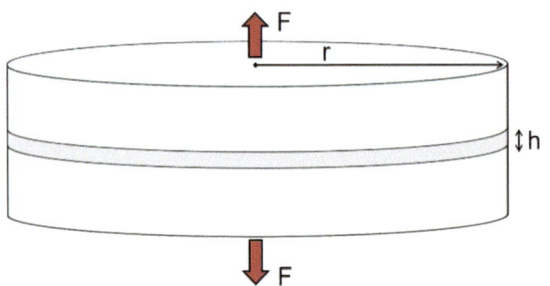

Bild 1 Typische *Pancake*-Geometrie zur Charakterisierung der Kavitation in polymeren Werkstoffen: r und h sind Prüfkörperradius und -dicke, F ist die global wirkende Kraft
(© E. Euchler, [41])

3.2 In situ-Dilatometrie

Zur Charakterisierung des Kavitationsverlaufs in weichen Polymeren wurde in dieser Studie die Dilatometrie als experimentelle Methode genutzt. Das Grundprinzip der *In situ*-Dilatometrie besteht darin, neben dem mechanischen Verhalten auch Informationen zur Volumenänderung eines Prüfkörpers zu erhalten. Die relative Volumenänderung kann ermittelt werden, indem ein Prüfkörper in einer einseitig offenen, mit einer Flüssigkeit gefüllten Messzelle mechanisch belastet wird. Sobald sich durch die äußere Krafteinwirkung nicht ausschließlich die Form, sondern auch das Volumen des Prüfkörpers ändert, wird ein Teil des Flüssigkeitsvolumens aus der Messzelle verdrängt. Diese Verdrängung ist messbar, in dem die Füllstandsänderung in einer angeschlossenen Messkapillare optisch verfolgt wird. In Bild 2 ist der Aufbau eines solchen Experiments schematisch dargestellt. Im Ergebnis eines solchen Dilatometrie-Experiments werden mechanische Kenngrößen, wie die auf den Prüfkörper wirkende Kraft F und die Dicken- bzw. Längenänderung des Prüfkörpers Δh ermittelt. Mit diesen Daten können unter Berücksichtigung der ursprünglichen Prüfkörpergeometrie mit der Grundfläche $A_0 = (\pi\, r^2)$ und der initialen Dicke h_0 die technische Spannung σ sowie die technische Dehnung ε berechnet werden. Ergänzt werden diese mechanischen Daten durch Informationen zur volumetrischen Deformation. Aus der Füllstandsänderung in den Messkapillaren kann die relative Volumenänderung J aus der experimentell bestimmten Volumenänderung ΔV und dem initialen Prüfkörpervolumen V_0 bestimmt werden; siehe Gl. (4). J ist ein indirekter Ausdruck des Volumens einer Kavitätenpopulation. Dieses integrale Ergebnis kann zur Bestimmung des Kavitationsbeginns und -verlaufs dienen, bietet aber keine Aussage zu Größe und Anzahl einzelner Kavitäten der Population. Weitere Informationen zur Messmethode sind z. B. in [19] zu finden.

$$\sigma = \frac{F}{A_0} \qquad (2)$$

$$\varepsilon = \frac{\Delta h}{h} \qquad (3)$$

$$J = \frac{\Delta V}{V_0} = \frac{\Delta V}{\pi r^2 h} \tag{4}$$

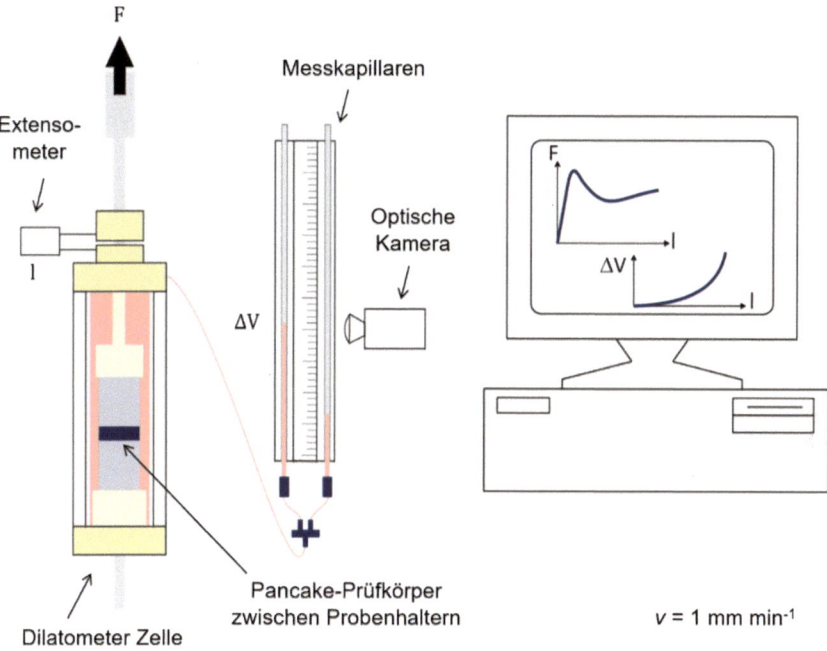

Bild 2 Schema zur *In situ*-Dilatometrie: Durch Methodenkopplung können sowohl das mechanische Verhalten (F-l) als auch die Volumenänderung (ΔV-l) experimentell ermittelt werden (© E. Euchler, [41])

3.3 *In situ*-Röntgen-Mikrotomographie

Ergänzend zur *In situ*-Dilatometrie bietet die *In situ*-Röntgen-Mikrotomographie (µCT) die Möglichkeit der Visualisierung und Ortsauflösung einzelner Kavitäten der Gesamtpopulation. Damit können Entstehung und Wachstum von Kavitäten im Inneren von *Pancake*-Prüfkörpern unter fortschreitender makroskopischer Deformation verfolgt und analysiert werden. Die µCT ist ein kontakt- und zerstörungsfreies, bildgebendes Messverfahren. Dabei wird das zu untersuchende Objekt mit Röntgenphotonen durchstrahlt, wobei Unterschiede im Absorptionsverhalten einzelner Phasen ausgenutzt werden. Nach Fourier-Transformation der projizierten Durchstrahlungsbilder können aus den rekonstruierten Schnittbildern 3D-Informationen erzeugt werden, welche die Analyse zusammenhängender morphologischer Phasen und Domänen im untersuchten Objekt ermöglichen.

Zur Realisierung von *In situ*-μCT-Experimenten an *Pancake*-Prüfkörpern wurde ein spezielles Messequipment genutzt. Mithilfe einer angepassten Messzelle können dabei die *Pancake*-Prüfkörper verstreckt und bei definierten Deformationsstufen abgescannt werden. Die Deformation wird über einen Hochlast-Linearaktor vom Typ L-239.50SD (Physik Instrumente (PI) GmbH & Co. KG) gesteuert. Neben Informationen zur Verstreckung werden auch Kraftdaten über einen Sensor (Burster Präzisionsmesstechnik GmbH & Co KG; $0 < F < 500$ N) zeitsynchronisiert gespeichert. Diese instrumentierte Prüfvorrichtung wurde durch eine Halterung mit Schnellspannsystem für die Nutzung in einer präklinischen μCT-Anlage vom Typ vivaCT75 (SCANCO Medical AG) vorbereitet. Bild 3 zeigt schematisch das experimentelle Set-up für *In situ*-μCT-Experimente. Folgende Randbedingungen wurden für die μCT-Scans festgelegt: Röntgenröhrenspannung 45 kV, Targetstrom 177 μA, Belichtungszeit 130 ms, Winkel-Inkrement 0,12°. Daraus ergab sich eine Scan-Dauer von etwa 15 min und eine nominelle Pixelauflösung von 10 μm. Für weitere Informationen wird der Leser auf bereits veröffentlichte Publikationen verwiesen [19, 20].

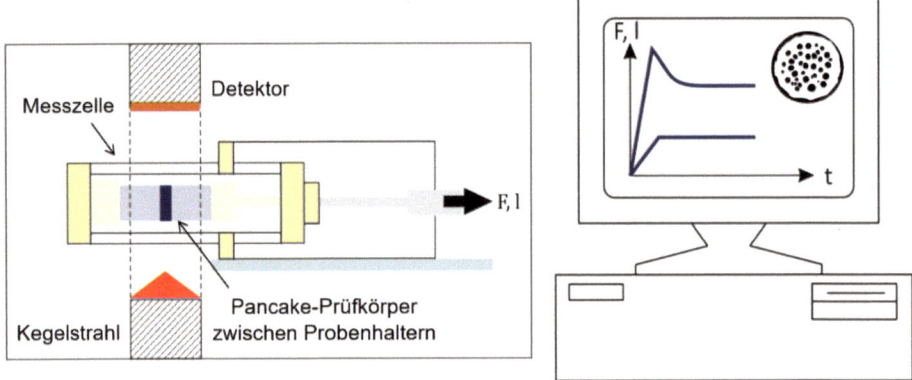

Bild 3 Messaufbau für *In situ*-μCT-Experimente: Die Methodenkopplung ermöglicht die Zuordnung von ortsaufgelösten 3D-μCT-Informationen und mechanischen Belastungsstufen (F-l) (© E. Euchler, [41])

3.4 Materialien

Im Rahmen dieser Studie wurden weiche Elastomere ohne Verstärkungsfüllstoffe genutzt: (i) auf Basis von Styrol-Butadien-Kautschuk (SBR) vom Typ SBR Nipol 1502 (Zeon Co.) und (ii) auf Basis von Polydimethylsiloxan (PDMS) vom Typ SYLGARD® 184 (Dow Chemical Co.). Die schwefelvernetzenden SBR-Elastomere wurden mittels Heizpressen verarbeitet und die PDMS-Elastomere bei Raumtemperatur den Herstellerangaben folgend ausgehärtet, um daraus die in Kapitel 3.1 beschriebenen *Pancake*-Prüfkörper herzustellen.

4 Charakterisierung des Kavitationsverhaltens weicher Polymere

Beispielhaft zeigt Bild 4 das mechanische Verhalten eines ungefüllten SBR-Elastomers in *Pancake*-Geometrie unter Zugbelastung (rot, volle Linie). Zum Vergleich ist das Deformationsverhalten von SBR bei uniaxialer Zugbelastung (schwarz, volle Linie) dargestellt. Letzteres zeigt ein gummitypisches Spannungs-Dehnungs-Verhalten, welches das hyperelastische Deformationsverhalten von Elastomeren widerspiegelt. Infolge der *Pancake*-Geometrie hingegen ist der Kurvenverlauf von einer sehr hohen anfänglichen Steifigkeit bestimmt, die sich ab einem lokalen Spannungsmaximum reduziert. Bei fortschreitender Deformation erhöhen sich die Spannungswerte wieder bis zum finalen Versagen. Der Verlauf der relativen Volumenänderung J als Funktion der Dehnung (rot, gestrichelte Linie) zeigt, dass infolge querdehnungsbehinderter Zugbelastung die Volumenänderung gegenüber der Formänderung dominiert und zunimmt. Dies lässt den Schluss zu, dass in *Pancake*-Prüfkörpern, im Gegensatz zur uniaxialen Zugdeformation, Kavitation stattfindet.

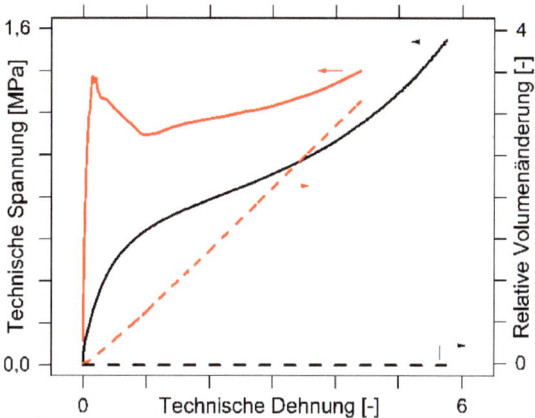

Bild 4 Mechanisches Verhalten eines SBR-Elastomers in Pancake-Geometrie (rot) und bei uniaxialer Zugbelastung (schwarz): Technische Spannung (volle Linien) und relative Volumenänderung (gestrichelte Linien) sind als Funktionen der technischen Dehnung dargestellt (© E. Euchler, [41])

Das finale Versagen eines *Pancake*-Prüfkörpers ist zumeist in der Äquatorebene zu beobachten, da dort die Deformationen am höchsten sind. An den so entstehenden Prüfkörperhälften lässt sich die Kavitätenpopulation mit mikroskopischer Bruchflächenanalyse optisch charakterisieren. Die Ergebnisse zeigen, dass in Abhängigkeit vom Geometriefaktor S ein erheblicher Anteil der Bruchfläche von Kavitäten bedeckt ist und lediglich der Probenrand keine Schädigung erfahren hat [19]. Aufnahmen der Raster-Elektronenmikroskopie (REM) verdeutlichen, dass die zunächst scheinbar sphärischen oder ellipsoiden Kavitäten auf den Bruchflächen durch sternförmig verlaufende seitliche Risse gekennzeichnet sind. Die Kavitäten sind demnach infolge irreversibler Schädigung,

d. h. Risswachstum, entstanden [19]. Wahrscheinlich sind diese seitlichen Risse unter Zugbelastung geöffnet und lassen die Kavitäten deshalb im räumlichen als sphärische Objekte erscheinen [21]. Ergebnisse systematischer Studien [4, 19] haben gezeigt, dass das Kavitationsverhalten immens vom Geometriefaktor S abhängig ist. Mit steigendem S verstärkt sich die Überhöhung des lokalen Maximums im Spannungs-Dehnungs-Verlauf und die Kavitätenanzahl steigt an, während die durchschnittliche Kavitätengröße sinkt [19].

Mittels *In situ*-µCT-Experimenten kann die Entwicklung einer Kavitätenpopulation während der Deformation visualisiert und verfolgt werden. Bild 5 zeigt repräsentative µCT-Schnittbilder der Äquatorialebene *Pancake*-Prüfkörpers ($S = 5$) aus SBR bei verschiedenen Belastungsstufen. Mit fortschreitender Zugdeformation kann die Entwicklung einzelner Kavitäten der Gesamtpopulation charakterisiert werden. Das Kavitationsverhalten kann dabei wie folgt zusammengefasst werden:

- Die unbelasteten Ausgangsproben zeigen keine Kavitäten; potenziell vorhandene intrinsische Hohlräume bzw. Fehlstellen sind unterhalb des räumlichen Auflösungslimits der µCT.
- Die ersten Kavitäten entstehen im Zentrum der *Pancake*-Geometrie; dort ist die Spannungsmehrachsigkeit am höchsten.
- Mit fortschreitender makroskopischer Zugbelastung nimmt die Anzahl der Kavitäten zu und bereits existierende Kavitäten vergrößern sich.
- Beim Erreichen einer kritischen Belastungsstufe werden keine weiteren Kavitäten gebildet, was darauf hindeutet, dass die infolge der geometrischen Zwangsbedingungen lokal wirkenden Spannungsüberhöhungen abgebaut sind.

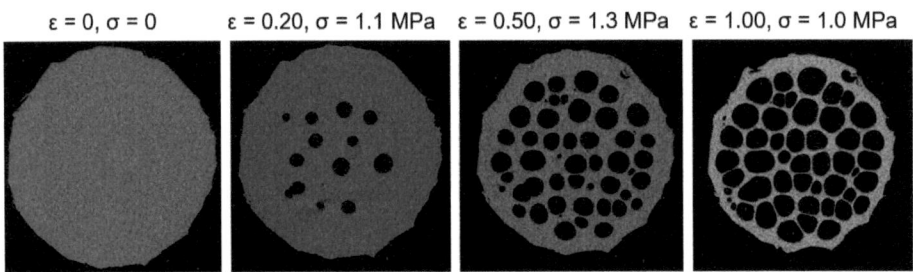

Bild 5 µCT-Schnittbilder der Äquatorebene eines ungefüllten SBR-Elastomers in Pancake-Geometrie ($S = 5.0$) mit korrespondierenden Werten der technischen Dehnung ε und technischen Spannung σ; Die Skalierung ergibt sich aus $r = 5$ mm (© E. Euchler, Leibniz-Institut für Polymerforschung Dresden)

Während das Deformations- und Versagensverhalten unter Berücksichtigung von überhöhter Spannungsmehrachsigkeit in *Pancake*-Prüfkörpern für SBR-basierte Elastomere, mit und ohne Füllstoffverstärkung, inzwischen ausführlich beschrieben und

4 Charakterisierung des Kavitationsverhaltens weicher Polymere

besser verstanden ist [19, 20], fehlt für PDMS-basierte Elastomere noch eine experimentelle Datenbasis. Da sich andere Forschergruppen, u. a. Drass et al. [22], auf Untersuchungen an silicapartikelverstärkten PDMS-Werkstoffen konzentriert haben, sind die grundlegenden Versagensmechanismen in ungefülltem PDMS noch nicht geklärt. Erste Experimente mittels *In situ*-µCT zeigen, dass sich die Beobachtungen hinsichtlich der Kavitation in PDMS-Elastomeren merklich von denen für SBR-basierte Elastomere unterscheiden. Bild 6 zeigt µCT-Schnittbilder der Äquatorebene eines PDMS-Elastomers in *Pancake*-Geometrie, inklusive korrespondierender mechanischer Kennwerte für die jeweilige Belastungsstufe.

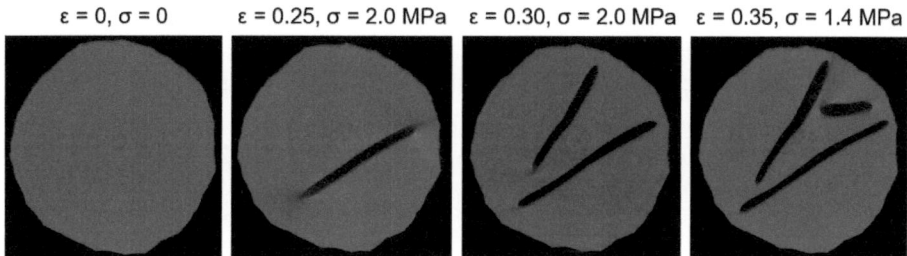

Bild 6 µCT-Schnittbilder der Äquatorebene eines ungefüllten PDMS-Elastomers in *Pancake*-Geometrie ($S = 5.0$) mit korrespondierenden Werte der technischen Dehnung ε und technischen Spannung σ; Die Skalierung ergibt sich aus $r = 5$ mm (© E. Euchler, Leibniz-Institut für Polymerforschung Dresden)

Analog zu den experimentellen Befunden an SBR, entstehen auch im PDMS mit fortschreitender Zugbelastung neue Defekte und bereits existierende Kavitäten vergrößern sich. Doch während die Kavitation in SBR-Elastomeren durch die Entstehung sphärischer Defekte gekennzeichnet ist (Bild 5), zeichnet sich der Versagensmechanismus bei PDMS durch die Bildung länglicher Risse im Inneren der *Pancake*-Geometrie aus. Aufgrund des Messregimes, mit dem unterschiedliche Deformationsniveaus stufenweise untersucht werden, können keine Aussagen zur Entstehung und Ausbreitung dieser inneren Risse getroffen werden. Wahrscheinlich entsteht analog zu den SBR-Elastomeren ein erster Defekt, welcher sich aber anschließend nicht omni-direktional zu scheinbar sphärischen Kavitäten ausbreitet, sondern einer Vorzugsrichtung, einer Rissausbreitungsrichtung, folgt. Als ein möglicher Grund für das unterschiedliche Kavitationsverhalten ist die Netzwerkstruktur der Werkstoffsysteme zu nennen, welche maßgeblich von der Chemie im Entstehungsprozess des Polymernetzwerkes abhängt. Typische Vernetzungsmethoden für Elastomere, wie Schwefel-Vulkanisation, Peroxid-Vernetzung und Elektronen- bzw. γ-Bestrahlung, führen zu hochkomplexen Strukturen mit breiter stochastischer Verteilung der Netzknotenabstände. Damit verbunden ist eine starke Heterogenität in der Netzwerkdichte [23, 24]. Selbst lokal homogene Strukturen implizieren nicht, dass die gesamte Netzwerktopologie frei von Unordnung oder Defekten ist. Chassé et al. [25]

zeigten, dass PDMS-Elastomere – hergestellt mit 2-funktionellem Vernetzer (1,1,3,3-Tetradimethyldisiloxan) und cis-Dichlorbis(diethylsulfid)platin(II) als Katalysator – geringere Vernetzungsinhomogenitäten als schwefelvulkanisierte Elastomere haben können, was sich deutlich auf das Deformations- und Versagensverhalten auswirkt. Im Zusammenhang mit dem in Bild 6 gezeigten Kavitationsverlauf für PDMS lässt sich ableiten, dass sich durch eine niedrigere Vernetzungsinhomogenität im PDMS weniger kritische Bereiche bilden, die ein Defektwachstum ermöglichen. Die homogene Vernetzungsdichte und die kaum verstreckbaren Polymerkettensegmente des PDMS führen wohl dazu, dass aufgrund der höheren Steifigkeit entstandene Defekte sich schließlich schlagartig ausbreiten und längliche Risse bilden.

5 Zusammenfassung und praktische Relevanz

Bei Elastomeren wurde das Schädigungsphänomen der Kavitation bereits in der ersten Hälfte des 20. Jahrhunderts beobachtet und beschrieben [26–30]. Insbesondere Gent et al. forcierte in den 1960er Jahren den Wissenszuwachs zum Thema Kavitation [3, 31, 32]. Nachdem die Kavitation in der darauffolgenden Zeit bis zur Jahrtausendwende überwiegend analytisch diskutiert wurde [33–36], erweckte das Thema durch die Verfügbarkeit neuer hochauflösender experimenteller Untersuchungsmethoden sowie modernster Rechentechnik erneut Interesse [37–39]. In jüngerer Vergangenheit wurde deutlich, dass Experimente zur Charakterisierung der Kavitation auch für Verbundwerkstoffe, insbesondere für laminierte Glasverbindungen, von höchster Wichtigkeit sind [9, 40]. Die für solche Untersuchungen notwendigen speziellen und angepassten Messtechniken, wie *In situ*-Dilatometrie und *In situ*-µCT, sind geeignet, Materialkennwerte sowie potenzielle Schädigungsparameter abzuleiten. Auf Basis dieser Daten kann zukünftig die Materialmodellierung optimiert und schließlich die Vorhersagekraft von Simulation, z. B. zum Deformations- und Versagensverhalten von Glasverbunden, erhöht werden. Bisherige experimentelle Ergebnisse zeigen, dass die Kavitation in Elastomeren und polymeren Klebstoffen ein komplexes Phänomen ist und von einer Vielzahl von Faktoren beeinflusst wird. Der Vergleich des Kavitationsverhaltens von SBR- und PDMS-basierten Werkstoffen verdeutlicht, dass insbesondere die Netzwerkstruktur einen erheblichen Einfluss auf die Entstehung und das Wachstum von Defekten haben kann. Weitere experimentelle Untersuchungen unter gezielter Einstellung der Homogenität der Netzknotenverteilung in polymeren Werkstoffen sind nötig, um dieses Phänomen besser zu verstehen.

6 Danksagung

Die Autoren danken Sumitomo Rubber Industries Ltd., Kobe, Japan für die finanzielle Unterstützung bei den experimentellen Untersuchungen an SBR-Elastomeren.

7 Literatur

[1] Santarsiero, M.; Louter, C.; Nussbaumer, A. (2016) *Laminated connections for structural glass applications under shear loading at different temperatures and strain rates* in: Construction and Building Materials 128. S. 214–237. 10.1016/j.conbuildmat.2016.10.045

[2] Sitte, S.; Brasseur, M.; Carbary, L.D.; Wolf, A.T.F. (2011) *Preliminary Evaluation of the Mechanical Properties and Durability of Transparent Structural Silicone Adhesive (TSSA) for Point Fixing in Glazing* in: Journal of Astm International 8. S. 1–27. 10.1520/JAI104084

[3] Gent, A.N.; Lindley, P.B. (1961) *Internal Rupture of Bonded Rubber Cylinders in Tension* in: Rubber Chemistry and Technology 34. S. 925–936. doi:10.5254/1.3540264

[4] Hocine, N.A.; Hamdi, A.; Naït Abdelaziz, M.; Heuillet, P.; Zaïri, F. (2011) *Experimental and finite element investigation of void nucleation in rubber-like materials* in: International Journal of Solids and Structures 48. S. 1248–1254. 10.1016/j.ijsolstr.2011.01.009

[5] Lake, G.J.; Thomas, A.G.; Lawrence, C.C. (1992) *Effects of hydrostatic pressure on crack growth in elastomers* in: Polymer 33. S. 4069–4074. 10.1016/0032-3861(92)90607-X

[6] Zhang, H.; Scholz, A.K.; de Crevoisier, J.; Berghezan, D.; Narayanan, T.; Kramer, E.J.; Creton, C. (2015) *Nanocavitation around a crack tip in a soft nanocomposite: A scanning microbeam small angle X-ray scattering study* in: Journal of Polymer Science Part B: Polymer Physics 53. S. 422–429. 10.1002/polb.23651

[7] Zhang, H.; Scholz, A.K.; de Crevoisier, J.; Vion-Loisel, F.; Besnard, G.; Hexemer, A.; Brown, H.R.; Kramer, E.J.; Creton, C. (2012) *Nanocavitation in carbon black filled styrene–butadiene rubber under tension detected by real time small angle X-ray scattering* in: Macromolecules 45. S. 1529–1543. 10.1021/ma2023606

[8] Gent, A.N.; Lindley, P.B. (1957) *Internal Flaws in Bonded Cylinders of Soft Vulcanized Rubber subjected to Tensile Loads* in: Nature 180. S. 912–913. 10.1038/180912a0

[9] Drass, M.; Schwind, G.; Schneider, J.; Kolling, S. (2017) *Adhesive connections in glass structures—part I: experiments and analytics on thin structural silicone* in: Glass Structures & Engineering. S. 39–54. 10.1007/s40940-017-0046-5

[10] Mahajan, D.K.; Singh, B.; Basu, S. (2010) *Void nucleation and disentanglement in glassy amorphous polymers* in: Physical Review E 82. S. 011803. 10.1103/PhysRevE.82.011803

[11] Farris, R.J. (1964) *Dilatation of granular filled elastomers under high rates of strain* in: *Journal of Applied Polymer Science 8*. S. 25–35. 10.1002/app.1964.070080102

[12] Shinomura, T.; Takahashi, M. (1970) *Volume Change Measurements of Filled Rubber Vulcanizates under Stretching* in: *Rubber Chemistry and Technology 43*. S. 1025–1035. 10.5254/1.3547305

[13] Lindsey, G.H. (1967) *Triaxial Fracture Studies* in: *Journal of Applied Physics 38*. S. 4843–4852. 10.1063/1.1709232

[14] Le Cam, J.B.; Toussaint, E. (2009) *Cyclic volume changes in rubber* in: *Mechanics of Materials 41*. S. 898–901. 10.1016/j.mechmat.2009.02.004

[15] Kakavas, P.A.; Chang, W.V. (1991) *Acoustic emission in bonded elastomer discs subjected to uniform tension. II* in: *Journal of Applied Polymer Science 42*. S. 1997–2004. 10.1002/app.1991.070420725

[16] Bayraktar, E.; Montembault, F.; Bathias, C. (2004) *Multiscale observation of polymer materials in order to explain mechanical behaviour and damage mechanism by X-ray computed tomography* in: *Journal of Materials Science and Technology 20*. S. 27–31.

[17] Le Gorju Jago, K. (2012) *X-ray computed microtomography of rubber* in: *Rubber Chemistry and Technology 85*. S. 387–407. 10.5254/rct.12.87985

[18] Le Saux, V.; Marco, Y.; Calloch, S.; Charrier, P. (2011) *Evaluation of the fatigue defect population in an elastomer using X-ray computed micro-tomography* in: *Polymer Engineering and Science 51*. S. 1253–1263. 10.1002/pen.21872

[19] Euchler, E.; Bernhardt, R.; Schneider, K.; Heinrich, G.; Wießner, S.; Tada, T. (2020) *In situ dilatometry and X-ray microtomography study on the formation and growth of cavities in unfilled styrene-butadiene-rubber vulcanizates subjected to constrained tensile deformation* in: *Polymer 187*. S. 122086. 10.1016/j.polymer.2019.122086

[20] Euchler, E.; Bernhardt, R.; Wilde, F.; Schneider, K.; Heinrich, G.; Tada, T.; Wießner, S.; Stommel, M. (2021) *First-Time Investigations on Cavitation in Rubber Parts Subjected to Constrained Tension Using In Situ Synchrotron X-Ray Microtomography (SRµCT)* in: *Advanced Engineering Materials 23(11)*. S. 2001347. 10.1002/adem.202001347

[21] Pourmodheji, R.; Qu, S.; Yu, H. (2017) *Two possible defect growth modes in soft solids* in: *Journal of Applied Mechanics 85*, S. 0310011–03100110. 10.1115/1.4038718

[22] Drass, M.; Schneider, J.; Kolling, S. (2018) *Novel volumetric Helmholtz free energy function accounting for isotropic cavitation at finite strains* in: *Materials and Design 138*. S. 71–89. 10.1016/j.matdes.2017.10.059

[23] Valentín, J.L.; Posadas, P.; Fernández-Torres, A.; Malmierca, M.A.; González, L.; Chassé, W.; Saalwächter, K. (2010) *Inhomogeneities and chain dynamics in diene rubbers vulcanized with different cure systems* in: Macromolecules 43. S. 4210–4222. 10.1021/ma1003437

[24] Syed, I.H.; Stratmann, P.; Hempel, G.; Klüppel, M.; Saalwächter, K. (2016) *Entanglements, defects, and inhomogeneities in nitrile butadiene rubbers: Macroscopic versus microscopic properties* in: Macromolecules 49. S. 9004–9016. 10.1021/acs.macromol.6b01802

[25] Chassé, W.; Lang, M.; Sommer, J.-U.; Saalwächter, K. (2012) *Cross-Link Density Estimation of PDMS Networks with Precise Consideration of Networks Defects* in: Macromolecules 45. S. 899–912. 10.1021/ma202030z

[26] Schippel, H.F. (1920) *Volume increase of compounded rubber under strain* in: Industrial and Engineering Chemistry Research 12. S. 33–37. 10.1021/ie50121a010

[27] Holt, W.L.; McPherson, A.T. (1937) *Change of volume of rubber on stretching: Effects of time, elongation, and temperature* in: Rubber Chemistry and Technology 10. S. 412–431. 10.5254/1.3538995

[28] Busse, W.F. (1938) *Physics of Rubber as Related to the Automobile* in: Journal of Applied Physics 9. S. 438–451. 10.1063/1.1710439

[29] Yerzley, F.L. (1939) *Adhesion of neoprene to metal* in: Industrial and Engineering Chemistry Research 31. S. 950–956. 10.1021/ie50356a007

[30] Jones, H.C.; Yiengst, H.A. (1940) *Dilatometer studies of pigment-rubber systems* in: Industrial and Engineering Chemistry Research 32. S. 1354–1359. 10.1021/ie50370a018

[31] Gent, A.N.; Tompkins, D.A. (1969) *Nucleation and Growth of Gas Bubbles in Elastomers* in: Journal of Applied Physics 40. S. 2520. 10.1063/1.1658026

[32] Gent, A.N.; Tompkins, D.A. (1969) *Surface energy effects for small holes or particles in elastomers* in: Journal of Polymer Science, Polymer Physics Edition 7. S. 1483–1487. 10.1002/pol.1969.160070904

[33] Williams, M.L.; Schapery, R.A. (1965) *Spherical flaw instability in hydrostatic tension* in: International Journal of Fracture Mechanics 1. S. 64–72. 10.1007/bf00184154

[34] Ball, J.M. (1982) *Discontinuous equilibrium solutions and cavitation in nonlinear elasticity* in: Philosophical Transactions of the Royal Society of London, Series A 306. S. 557–611. 10.1098/rsta.1982.0095

[35] Horgan, C.O.; Polignone, D.A. (1995) *Cavitation in nonlinearly elastic solids: A review* in: Applied Mechanics Reviews 48. S. 471–485. 10.1115/1.3005108

[36] Diani, J. (2001) *Irreversible growth of a spherical cavity in rubber-like material: A fracture mechanics description* in: *International Journal of Fracture 112*. S. 151–161. 10.1023/a:1013311526076

[37] Lopez-Pamies, O. (2009) *Onset of Cavitation in Compressible, Isotropic, Hyperelastic Solids* in: *Journal of Elasticity 94*. S. 115–145. 10.1007/s10659-008-9187-8

[38] Le Cam, J.B. (2010) *A review of volume changes in rubbers: The effect of stretching* in: *Rubber Chemistry and Technology 83*. S. 247–269. 10.5254/1.3525684

[39] De Crevoisier, J.; Besnard, G.; Merckel, Y.; Zhang, H.; Vion-Loisel, F.; Caillard, J.; Berghezan, D.; Creton, C.; Diani, J.; Brieu, M.; Hild, F.; Roux, S. (2012) *Volume changes in a filled elastomer studied via digital image correlation* in: *Polymer Testing 31*, S. 663–670. 10.1016/j.polymertesting.2012.04.003

[40] Drass, M.; Schwind, G.; Schneider, J.; Kolling, S. (2017) *Adhesive connections in glass structures—part II: material parameter identification on thin structural silicone* in: *Glass Structures & Engineering*, S. 55–74. 10.1007/s40940-017-0048-3

[41] Euchler, E. (2021) *Charakterisierung des Deformations- und Versagensverhaltens von Elastomeren unter querdehnungsbehinderter Zugbelastung* [Dissertation]. Dresden: Thelem Universitätsverlag & Buchhandel.

Zustandsmonitoring struktureller Silikonklebungen mit faseroptischen Sensoren

Nicolas Wachter[1], Martin Ganß[2], Tommaso Baudone[3], Mascha Baitinger[3], Martien Teich[1], Torsten Thiel[4]

1 Seele GmbH, Gutenbergstraße 6, 86368 Gersthofen, Deutschland; nicolas.wachter@seele.com; martien.teich@seele.com

2 Materialforschungs- und -prüfanstalt an der Bauhaus-Universität Weimar, Coudraystraße 9, 99423 Weimar, Deutschland; martin.ganss@mfpa.de

3 Verrotec GmbH, Im Niedergarten 12, 55124 Mainz, Deutschland; mascha.baitinger@verrotec.de; baudone@verrotec.de

4 Advanced Optics Solutions GmbH, Overbeckstraße 39A, Dresden, Deutschland; thiel@aos-fiber.com

Abstract

Im Glas- und Fassadenbau nutzt man Silikonklebstoffe, um Glas mit metallischen Profilen oder Halterungssystemen lasttragend zu verbinden. Meist werden zusätzlich mechanische Sicherungssysteme eingesetzt und/oder die Klebfugen überdimensioniert, da Langzeiterfahrungen fehlen oder Restriktionen durch Richtlinien und Normen bestehen, die hohe pauschale Sicherheitsfaktoren nach sich ziehen. Um diese Hindernisse zu überwinden und zukünftig Klebfugen und Sicherungselement zu reduzieren, sind integrierte Sensoren und Monitoringverfahren erforderlich, die den Dehnungs- und Schädigungszustand der Klebung erfassen. Im Beitrag werden die Möglichkeiten der Integration und Nutzung faseroptischer Sensoren zur Zustandserfassung von Silikonklebverbindungen vorgestellt. Diesbezüglich werden die eingesetzten faseroptischen Messtechniken und das methodische Vorgehen sowie Ergebnisse an Kleinteilproben und einem Demonstrator diskutiert.

Measuring methods of structural silicone bonded joints with fibre-optic sensors. In glass and facade construction, silicone adhesives are used to connect glass to metal profiles or mounting systems in a load-bearing manner. In this case, however, additional mechanical safety systems are usually used and/or the glued joints are oversized, because of a lack of long-term experience or there are restrictions by guidelines and standards that result in high general safety. In order to overcome these obstacles and to reduce the number of glued joints and securing elements in the future, embedded sensors and measuring methods are required for monitoring the deformation and damage status of the joints. In the article, the possibilities and challenges of in the adhesive embedded fibre-optic sensors for condition monitoring of the silicone joints are presented. In this regard, the used fiber-optic measurement techniques and the methodical approach as well as results from laboratory samples and a demonstrator are discussed.

Schlagwörter: Glasklebungen, faseroptische Sensoren, Zustandserfassung

Keywords: structural glazing, fibre optic sensors, structural health monitoring

1 Einleitung – Klebverbindungen

Die Verbindungstechnik Kleben gewinnt im Bauwesen immer mehr an Bedeutung. Im Glasbau können durch Kleben hohe Spannungsspitzen in Lasteinleitungsstellen, wie sie bei herkömmlichen Verbindungstechniken wie Schrauben oder Klemmen entstehen, durch die Elastizität des Klebstoffes und über die Klebschichtdicke vermindert werden [1]. Zudem können durch die Verformbarkeit des Klebstoffes auftretende Wärmeausdehnungsunterschiede der Fügepartner kompensiert werden. Bevorzugt werden im konstruktiven Glasbau zweikomponentige Strukturklebstoffe auf Silikonbasis verwendet. Momentan fehlt es noch an geeigneten Bemessungsmodellen, die das komplexe, hyperelastische Materialverhalten von Silikonklebungen vollständig erfassen. Die Herstellung langlebiger Klebverbindungen muss somit sehr sorgfältig erfolgen und erfordert zudem die optimale Vorbereitung der Fügepartner, ein geeignetes Design der Klebfugengeometrie sowie die richtige Klebstoffauswahl und Klebetechnik. Oftmals fehlen Langzeiterfahrungen zu Klebungen. Diese diversen Herausforderungen haben zur Folge, dass i. d. R. zusätzlich mechanische Sicherungssysteme vorgeschrieben und/oder die Klebfugen auf Grund bestehender Richtlinien und Normen mit hohen Sicherheitsfaktoren beaufschlagt sind. Um diese Hindernisse zu überwinden und zukünftig Klebfugen schlanker zu gestalten sowie Sicherungselemente zu reduzieren, ist es notwendig, tiefgreifendes Wissen zu praxisrelevanten Klebungen auch hinsichtlich Langzeitverhalten zu generieren. Ein Ansatz hierbei ist die Etablierung und Weiterentwicklung von Monitoringverfahren, die es ermöglichen, direkt im eingebauten Zustand Verformungen, Änderungen und Schädigungen zu erfassen. Dies resultiert zum einem in einem besseren Verständnis der Klebung und ermöglicht gleichzeitig ein dauerhaftes Monitoring von geklebten Bauteilen und Strukturen. Schädigungen könnten früher erkannt werden, so dass schneller Maßnahmen zur Sicherung und Instandhaltung getroffen werden können.

2 Stand der Technik im Monitoring von Klebfugen

Wie zuvor erläutert, besteht bis heute Unsicherheit hinsichtlich der Dauerhaftigkeit von strukturell angewendeten Klebfugen im Konstruktiven Glasbau/Fassadenbau. Dies ist insbesondere darin begründet, dass eine automatisierte, maschinell gestützte Fertigung im Bauwesen selten umgesetzt werden kann und die Herstellqualität in Abhängigkeit der Fertigkeit des ausführenden Personals und der Umgebungsbedingungen stark variiert. Daneben können äußere Randbedingungen wie z. B. Temperaturbeanspruchung, Bewitterung, Nässe, Feuchtigkeit und UV-Beanspruchung während der Nutzungsdauer des Bauwerks zu veränderten Materialeigenschaften des Klebstoffes führen. Regelmäßige Inspektionen von tragend angesetzten Klebungen werden im Rahmen der bauaufsichtlich erforderlichen Zustimmungsverfahren gefordert und erfolgen in der Regel in einem ein-, zwei- oder bis zu fünfjährigem Rhythmus. Regelmäßige Inspektionen an eingebauten Klebfugen haben das Ziel, Veränderungen an der tragenden Verbindung rechtzeitig zu erkennen, einen etwaigen Tragverlust festzustellen und im Falle von Fehl- und Schadensfällen frühzeitig geeignete Maßnahmen einleiten zu können. Es existieren jedoch in Deutschland bis heute keine Regelwerke oder Normen, aus denen Anleitungen und technische Verfahren für Inspektionen an geklebten Glaskonstruktionen hervorgehen. Bisher werden vorwiegend Sichtprüfungen der Klebstofffuge durchgeführt, woraus sich nur ein stark eingeschränkter Rückschluss auf den tatsächlichen Zustand der Klebfuge ziehen lässt. Das bedeutet, dass aktuell Klebfugen von Sachverständigen vor Ort visuell durch optische Kontrolle geprüft werden. Schädigungen werden häufig sehr spät oder im Falle von verdeckt geklebten Systemen gar nicht detektiert. In wenigen Fällen kommen an ausgewählten Stellen Messfühler und Wegaufnehmer außerhalb der Verbindung zum Einsatz, um eine globale Verformungsveränderung über einen definierten Zeitraum aufzeichnen zu können. Anhand von thermischen Methoden und Ultraschallverfahren können bereits eingetretene Schädigungen (wie Delamination und Risse) detektiert werden, jedoch ist deren Anwendung noch nicht abschließend für die Praxis einsetzbar und darüber hinaus am Baukörper meist nur begrenzt geeignet. Ein großflächiger Einsatz dieser Verfahren erfolgt derzeit nicht. Zusammenfassend lässt sich sagen, dass Monitoringverfahren zur quantitativen Erfassung von Dehnungszuständen in Situ im Glas- und Fassadenbau praktisch nicht umgesetzt werden.

Für eine zuverlässige Bewertung der Standsicherheit von Klebfugen im eingebauten Zustand ist der im Inneren der Fuge vorhandene Dehnungszustand von Interesse. Dazu müssen reproduzierbare Monitoringverfahren praxistauglich gemacht werden, um kritische Dehnungszustände und Schädigungen in Klebfugen während des Lebenszyklus zu erfassen. Hierfür sind in die Klebfuge integrierbare Monitoringsysteme geeignet, die kontinuierlich wie auch alternativ diskontinuierlich Dehnungszustände aufzeichnen und quantitative Bewertungen zulassen.

Neue Möglichkeiten der Temperatur- und Dehnungsmessung offerieren sehr dünne faseroptische Sensoren auf Basis von optischen Glasfasern. Aufgrund der Unempfindlichkeit gegenüber elektromagnetischen Störungen und deren Korrosionsbeständigkeit haben sich faseroptische Sensoren in den letzten Jahren als „Structural Health Monitoring"-Systeme für verschiedene, spezielle Anwendungen [2, 3, 4] bewährt.

Das Vorsehen von Sensorfasern in der Klebfuge, womit sich der vorliegende Artikel befasst, stellt nach Auffassung der Autoren eine zielführende Methodik dar, um zeitgenau die Beanspruchung von Klebfugen zu erfassen. Aktuelle Forschungsergebnisse werden in diesem Aufsatz vorgestellt.

3 Verteilte Temperatur- und Dehnungsmessung mit faseroptischen Sensoren

Die im Bereich der Sensorik eingesetzten optischen Glasfasern bestehen üblicherweise aus einen Faserkern und einen umgebenden Fasermantel (auch Cladding genannt) mit unterschiedlichen optischen Eigenschaften. Durch den höheren Brechungsindex des Kerns gegenüber dem Mantel kommt es am Übergang zwischen Kern und Mantel zur

Reflexion eines eingebrachten Lichtstrahls. Dieser kann sich nahezu verlustfrei im Faserkern ausbreiten. Für den Schutz vor äußeren Einflüssen ist die Glasfaser umgeben von einem Coating - meistens einem Polymermaterial. Typische Durchmesser von optischen Glasfasern liegen zwischen 150–250 µm. Weitere Schutzcoatings oder Schutzschläuche können den Aufbau komplettieren. Grundlage für die Temperatur- und Dehnungsmessung mit faseroptischen Sensorverfahren ist die Führung der Lichtwelle durch den Kern der optischen Glasfaser und die Messung der Lichtwelleneigenschaften. Äußere Einflüsse wie Temperaturänderungen oder Verformungen (bzw. Dehnungen) idealerweise in Richtung der optischen Glasfasern resultieren in einer Änderung der optischen Messgröße und ermöglichen im Umkehrschluss das Erfassen von Temperaturen und mechanischen Dehnungen durch eine gezielte Analyse des eingekoppelten Lichtes. Bei optischen Sensorfasern wird zwischen punktuell messenden (wird hier nicht näher betrachtet), semi-verteilt messenden mit einigen definierten Messpunkten sowie verteilt messenden Sensoren bzw. Sensorsystemen unterschieden.

3.1   Semi-verteilt messende Sensoren – Faser-Bragg-Gitter-Sensoren

Bei den semi-verteilt messenden Sensoren haben die Faser-Bragg-Gitter-(FBG)-Sensoren eine große Bedeutung für Temperatur- und Dehnungsmessungen erlangt. FBG-Sensoren sind lichtleitende Einmodenfasern, in deren Faserkern durch intensives Laserlicht örtlich eine Änderung des Brechungsindex vorgenommen (= Bragg-Gitter) wird. Zum Erzeugen von Bragg-Gittern werden üblicherweise UV-Laser-Einschreibtechnologien genutzt. Auch Femto-Sekunden-Laser-Technologien setzen sich zunehmend durch, da für das Einschreiben der Bragg-Gitter das polymere Schutz-Coating nicht entfernt werden muss [5]. Ein weiteres spezielles Verfahren zur Herstellung von FBG-Sensoren ist das Ziehturmverfahren – hier werden direkt im Faserziehprozess mit einem interferometrischen Setup Bragg-Gitter mit einer Laserquelle eingeschrieben. Anschließend erfolgt die Beschichtung [6].

Die Einkopplung kohärenten Lichts in die so modifizierte optische Glasfaser resultiert in der Reflexion definierter Lichtwellenlängen am Bragg-Gitter. Diese Reflexion definierter Lichtwellenlängen macht man sich bei FBG zu nutze. Temperaturen oder mechanische Dehnungen resultieren in einer Veränderung des Bragg-Gitters und somit in einer Verschiebung der reflektierten Lichtwellenlängen. Über die Erfassung der Wellenlängenverschiebung mittels entsprechender Messgeräte (Interrogatoren) können die mechanischen Dehnungen und/oder Temperaturen quantifiziert werden [7]. Auf einer einzigen Sensorfaser kann eine Vielzahl von FBG angeordnet sein, die jeweils unabhängig voneinander zeitsynchron an verschiedenen Stellen Dehnungen und Temperaturen messen können [8]. Die Messmöglichkeiten von FBG-Sensoren in Glasklebungen mit mittel-steifen Epoxidharzbasierten- und Acrylatklebstoffen [9] sowie in Glaslaminaten [10] wurden bereits diskutiert. Theoretische Hintergründe sowie Informationen zur Auswertmethodik zu Faser-Bragg-Gitter-Sensoren sind beispielsweise hier zu finden [8].

3.2 Verteilt messende Sensoren – Frequenzbereichsreflektometrie (OFDR)

In den letzten Jahren haben sich faseroptische Sensoren bzw. Messsysteme etabliert, die es erlauben, ortsaufgelöst Temperaturen und Dehnungen über eine optische Glasfaser zu erfassen. Diese Messtechniken nutzen das an „Defekten" und Inhomogenitäten in der Faser selbst zurückgestreute Licht. Die optischen Glasfasern enthalten ein charakteristisches Reflexionssignal, dessen definierte Änderungen bei Temperatur- und Verformungseinwirkungen für die Ermittlung von Temperaturänderungen und Dehnungen analysiert werden. Für die Auswertung des im Faserinneren zurückgestreuten Lichtes kommen spezielle Interferometer-Messtechniken sowie definierte durchstimmbare Laserlichtquellen zum Einsatz. Für Messaufgaben mit hoher Ortsauflösung im Millimeter-Bereich über die gesamte Faser hat sich die optische Frequenzbereichsreflektometrie mit Auswertung der Rayleigh-Anteile im zurückgestreuten Licht über Frequenzanalyse etabliert. Mit dem Sensorverfahren können Dehnungen und Temperaturen quasi-kontinuierlich über die gesamte optische Glasfaser (über einer Länge von bis zu 70 m) mit hoher Ortsauflösung im unteren Millimeter-Bereich erfasst werden [11]. Andere Messverfahren nutzen die Auswertung der Raman- und Brillouin-Anteile im zurückgestreuten Licht. Diese Messverfahren haben üblicherweise eine niedrigere Ortsauflösung, so dass hier nicht weiter darauf eingegangen wird.

3.3 Verwendete faseroptische Sensoren und Messsysteme

Im Vorhaben wurden beide oben beschriebenen Messverfahren und entsprechende Sensorik verwendet. Für Sensormessungen mit FBG-Sensoren wurden zum einem FBG-Sensoren von FBGS (DTG® LBL-1550, FBGS Technologies GmbH, Deutschland) sowie FBG-Sensoren von AOS (LBL-1550, Advanced Optics Solutions GmbH, Deutschland) untersucht. Der Faserdurchmesser der FBGS-Sensoren beträgt 195 µm und diese Sensoren haben ein organisch-anorganisches Hybridcoating (Ormocer®-Coating). Die AOS-Sensoren mit 250 µm Durchmesser haben ein wärmebehandeltes Acrylat-Coating. Die Wärmebehandlung erfolgte bei 175 °C für 12 h und diente der Reduzierung von Schlupf zwischen optischer Glasfaser und Coating bei hohen Dehnungen. Für die Untersuchungen wurden je nach Probekörpergeometrie bzw. Demonstrator-Abmessungen sowie auf Basis von numerischen Simulationen die Anzahl, Lage und Länge der FBG-Sensoren definiert festgelegt. Fasern mit zwei bis zu sieben Faser-Bragg-Gittern mit Ausgangswellenlängen von ca. 1520 nm bis 1570 nm wurden verwendet. Die FBG-Länge beträgt 4 mm für FBG-Sensoren der AOS GmbH und 8 mm für Sensoren der FBGS GmbH. Das Faser-Bragg-Gitter-Auswertesystem von AOS (Advanced Optics Solutions GmbH, Deutschland) besteht aus einem CCD-Spektrometer mit vier Eingangskanälen mit Arbeitswellenbereich von 1510 nm bis 1580 nm. Mittels Geräte-Software kann das Spektrum des reflektierten Lichtes gemessen bzw. direkt der zeitliche Verlauf der Dehnungen und/oder Temperaturen erfasst werden. Verteilte Dehnungs- und Temperaturmessungen wurden mit einem kohärenten Frequenzbereichsreflektometer vom Typ ODiSI B von LUNA (LUNA Innovations Incorporated, USA; Vertrieb durch Polytec GmbH, Deutschland) realisiert. Mit dieser Messtechnik können Messpunkte mit einer Auflösung von ca. 0,65 mm entlang der Faser über einige Meter erfasst werden. Als Sensoren wurden optische Glasfasern mit unterschiedlichen Coatings (Ormocer, Acrylat, Polyimide) untersucht. Die Sensorfaserkonfektionierung i. e. Anspleißen der „Pig-Tails" bzw. Sensorstecker und Terminierung erfolgte mittels 3-Achs-Spleißgerät Fujikura 70S der Firma Fujikura (Fujikura Ltd, Japan).

4 Experimentelle Untersuchungen an Kleinteilproben

4.1 Materialien, Klebstoffe und Herstellung Kleinteilproben

Im Rahmen des Vorhabens wurden unterschiedliche Geometrien von geklebten Verbindungen untersucht mit dem Ziel, eine sehr genaue Positionierung der Sensorfasern sowie definierte mechanische Belastungszustände zu realisieren. In diesem Beitrag werden Untersuchungen an zwei Klebverbindungen vorgestellt. Die Geometrie Typ 1 ist eine einfach überlappt geklebte Verbindung mit einer Fugengeometrie von 100 mm x 10 mm x 8 mm (l x d x a). An diesen Verbindungen wurden Zugscherversuche mit Temperaturvariation und Kopfzugversuche durchgeführt. Die Geometrie Typ 2 ist ein im Glasbau typischer H-Probekörper mit Klebfugengeometrie 50 mm x 10 mm x 8 mm (l x d x a). Diese Geometrie wurde für die Aufbringung einer reinen Schubbelastung gewählt. Zudem wurde eine Temperaturbeaufschlagung mit paralleler Sensormessung in einer Klimasimulationskammer realisiert.

Die Fügepartner wurden aus Aluminium (EN AW 6060) gefertigt und die Klebung erfolgte mit zweikomponentigen Silikonklebstoffen (Ködiglaze S, H.B. Fuller/Kömmerling Chemische Fabrik GmbH oder DowSil 993 DOW). In Vorbereitung auf das Kleben wurden die Oberflächen mit Isopropanol gereinigt. Der Auftrag des Klebstoffes erfolgte über statische Mischer und Mischsysteme im Überschuss. Anschließend wurde die sichtbare Oberfläche sauber abgezogen. Um eine definierte Klebfugengeometrie für die Schubversuche der Probekörper Typ 2 zu realisieren, wurden spezielle Formen genutzt. Die Positionierung der Sensorfasern in der Klebfuge erfolgte am Rand der Fügepartner sowie 2 mm vom Rand entfernt. Hier wurde eine genaue Positionierung über definierte Abstandshalter oder über eine definierte erste Silikonschicht realisiert.

4.1.1 Mechanische und thermo-mechanische Versuche an Kleinteilproben

Die mechanische Belastung der Silikonklebungen erfolgte mit einer Z100 Universalprüfmaschine der Firma Zwick GmbH & Co. KG (Zwick GmbH & Co. KG, Deutschland) bei Raumtemperatur (+23 °C ± 2 °C) mit Prüfgeschwindigkeiten von 5 mm/min bzw. 10 mm/min. Die Proben wurden quasi-statisch zyklisch (Druck und Zugbelastung) zerstörungsfrei und bis zum Bruch belastet. Die zyklische Belastung wurde gewählt, um Mehrinformationen zum Verformungsverhalten und zur Reproduzierbarkeit der Sensorsignale zu erhalten. Silikonklebstoffe zeigen eine ausgeprägte Spannungsrelaxation („i. e.

4 Experimentelle Untersuchungen an Kleinteilproben

Mullins Effekt"). Die Messung der Kraft erfolgte über Kraftmessdosen. Die Längenmessungen wurden über den Traversenweg der Maschine und/oder wenn möglich Langwegextensometer oder Wegaufnehmer realisiert. Für die Aufbringung der reinen Schubbelastung bei Typ 2-Proben wurden spezielle Klemmsysteme genutzt. Das Klemmsystem und der experimentelle Versuchsaufbau ist exemplarisch in Bild 1 dargestellt. Parallel zu den Versuchen wurden mittels optischer Messtechnik Verschiebungen und Dehnungen auf der Probe gemessen, um den Belastungszustand zu validieren.

Eine einfache thermische Belastung mit zyklischen Temperaturwechseln von 10 °C bis 80 °C bei rel. Luftfeuchte von ca. 50 % wurde in einer Klimakammer Feutron KPK400V (Feutron Klimasimulations GmbH, Deutschland) simuliert. Diesbezüglich wurden die Probekörper in den Klimaschrank gehangen (siehe Bild 2) und während der Temperaturbeaufschlagung die FBG-Sensordaten erfasst. Die minimalen und maximalen Werte von 10 °C und 80 °C wurden jeweils für 1 h gehalten.

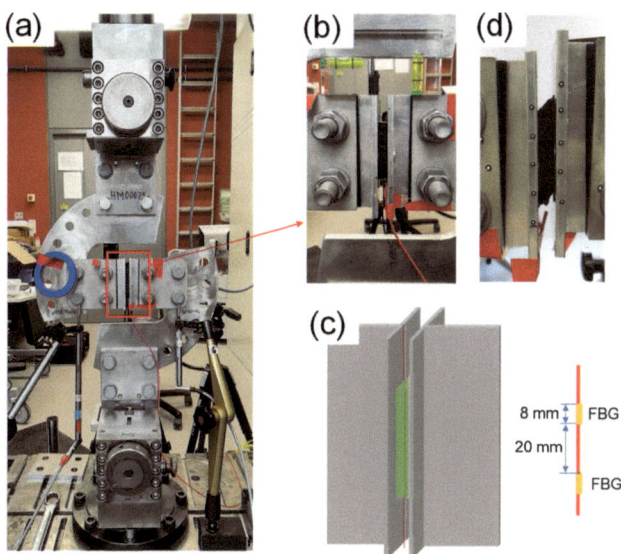

Bild 1 Darstellung des Versuchsaufbaus für die Kleinteilproben Typ 2: a) Bild des Versuchsaufbaus der Zugscherversuche mit spezieller Vorrichtung für Aufbringung von reinem Schub auf die Silikonklebverbindungen; b) Detail der Klebfuge mit integrierten FBG-Sensoren; c) Schemata der Verbindung Typ 2 mit FBG-Sensorkonzept sowie d) deformierte Klebung mit beginnendem Versagen am Rand während des Zugscherversuchs (© M. Ganss, MFPA Weimar)

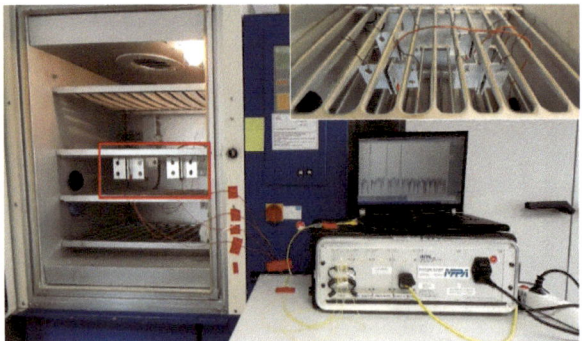

Bild 2 Foto des Versuchsaufbaus – Thermische Beanspruchung der Silikonklebverbindungen mit integrierten FBG-Sensoren in einer Klimakammer (© M. Ganss, MFPA Weimar)

4.2 Untersuchungen an Demonstrator-Bauteilen

4.2.1 Herstellung

Für die Darstellung der Möglichkeiten der faseroptischen Messtechnik wurde im Projekt-Konsortium ein Demonstratorbauteil entworfen und bei der Seele GmbH zwei Varianten unter Variation der Position und der Sensorik hergestellt. Prinzipiell besteht das Bauteil aus einem Einscheibensicherheitsglas (ESG, Dicke 10 mm) mit Abmaßen von 1000 mm x 2000 mm, welches mit zweikomponentigem Silikon-Klebstoff an zwei Aluminium-schwerter geklebt wurde. Die Kleblänge beträgt 1000 mm und geht über die gesamte Scheibenhöhe. Die Fugenbereite beträgt 20 mm und die Klebfugendicke 10 mm. Der Aufbau des Bauteils ist schematisch in Bild 3 dargestellt.

4 Experimentelle Untersuchungen an Kleinteilproben

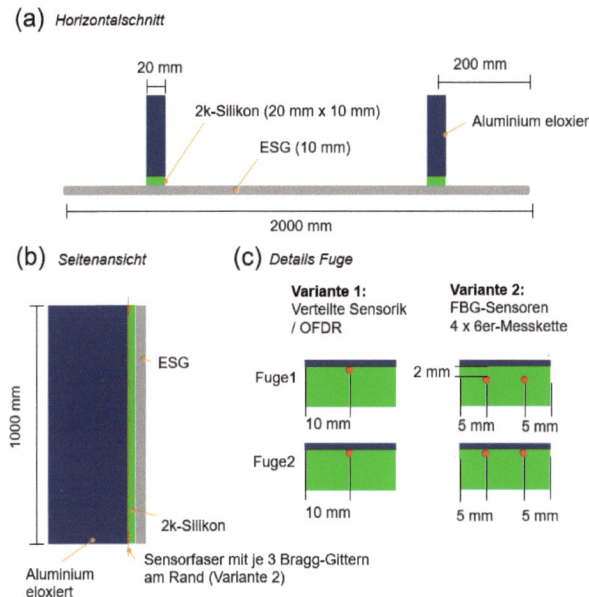

Bild 3 Schematische Darstellung des Demonstratorbauteils; a) Horizontalschnitt; b) Seitenansicht und c) Detail der Fuge mit Sensorvarianten (© M. Ganss, MFPA Weimar)

Es wurden zwei Varianten gefertigt. Für Variante 1 wurden in jede Klebfuge eine optische Glasfaser mit Polyimide-Coating mittig an der Aluminium-Oberfläche platziert (nachfolgend Demonstrator 2.1 bezeichnet). Anschließend wurde eine definierte Kleberaupe mit einer Vorrichtung aufgebracht und geklebt. Vor dem Kleben erfolgte eine gründliche Reinigung der Fügepartner. An die optische Glasfaser wurde anschließend ein Stecker und ein spezielles Ende zur Terminierung gespleißt, so dass die optische Glasfaser mit OFDR als verteilt messender Sensor genutzt werden kann. Für die Variante 2 des Bauteildemonstrators (nachfolgend als Demonstrator 2.2 bezeichnet) wurden vier Faser-Bragg-Gitter-Sensoren mit wärmebehandeltem Acrylat-Coating in die Fuge appliziert. In einer Fuge wurden die Sensoren oberflächennah am Aluminium und in der zweiten Fuge in 2 mm Abstand vom Aluminium positioniert. Für letztere Variante wurde eine 2 mm hohe Silikonschicht aufgetragen. Nach Aushärtung erfolgte die Applikation der Sensorfasern und anschließend die Klebung des Bauteils. Alle Sensorfasern wurden leicht vorgespannt. Die eingesetzten FBG-Sensoren weisen pro Sensorfasern sechs Bragg-Gitter auf. Die Ausgangswellenlängen, die Lage sowie die Abstände der Bragg-Gitter wurden auf Basis der Realgeometrie und von Dehnungsdaten aus Finite-Elemente-Methode-Simulationen unter Nutzung eines hyper-elastischen Materialmodells für den Klebstoff festgelegt. Die Bragg-Gitter sind 4 mm lang und befinden sich am Klebfugenrand. Das jeweils erste Bragg-Gitter liegt 1 mm vom Rand entfernt. Der Abstand der einzelnen Bragg-Gitter beträgt 6 mm.

4.3 Mechanische Untersuchungen

Die mechanischen Versuche am Demonstratorbauteil erfolgten in einem Versuchsstand der MFPA Weimar. Die Lagerung erfolgte auf den Aluminiumschwertern und durch Fixierung der Aluminiumschwerter am Belastungsrahmen, so dass eine Rotation vermieden wird. Über einen 400 mm breiten Belastungsschuh erfolgte die vertikale Belastung des ESG, was eine Schubverformung der Fuge zur Folge hatte. Die vertikale Verschiebung der Scheibe wurde mit zwei Wegaufnehmern jeweils an den unteren Scheibenrändern (10 mm Abstand zum Rand) erfasst. Bild 4 zeigt zwei Fotos und ein Schemata des Demonstrators mit Versuchsaufbau. Die Belastung wurde über einen Prüfzylinder (50 kN Kraft, 500 mm Weg) aufgebracht.

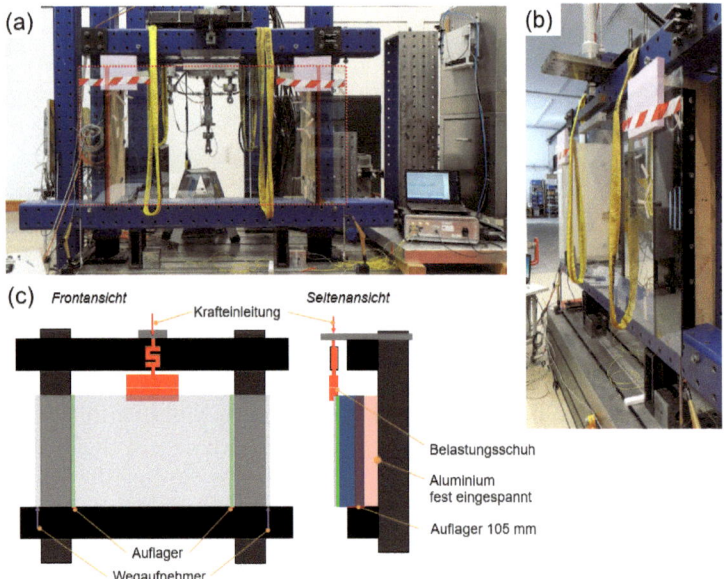

Bild 4 Demonstrator und Versuchsaufbau vertikale Belastung; a) Frontalansicht; b) Seitenansicht; c) Schematische Darstellung des Aufbaus zum besseren Verständnis (© M. Ganss, MFPA Weimar)

Die Kraftmessung erfolgte mit einer Kraftmessdose von 20 kN vom Typ Kap-S (Angewandte System Technik GmbH, Deutschland). Die Datenerfassung erfolgte mit einem Universalmessverstärker QuantumX (Hottinger Brüel & Kjaer GmbH, Deutschland) in Kombination mit einer LabView-basierten (National Instruments, USA) Aufnahme-Software. Beide Demonstrator-Bauteile wurden definiert bis 5 kN und 10 kN belastet. Während der mechanischen Belastung wurden die Sensordaten mit den entsprechenden faseroptischen Messtechniken (siehe 3.3) erfasst. Im Anschluss an die erste Versuchskampagne wurde beim Demonstrator 2.1. eine der Klebfugen gezielt geschädigt. Glasseitig wurde mit einem Cuttermesser die Silikonfuge von der Mitte aus über eine Länge von

10 cm, 30 cm und 50 cm aufgeschnitten. Nach jeder Schädigung wurde der Demonstrator 2.1 erneut vertikal mit 5 kN belastet.

5 Ergebnisse und Diskussion

5.1 Ergebnisse und Diskussion aus den Untersuchungen an Kleinteilproben

5.1.1 Mechanische Untersuchungen

In zerstörungsfreien und zerstörenden Zugscherversuchen und Kopfzugversuchen bei Raumtemperatur erfolgte die Bewertung der Sensorsignale hinsichtlich Qualität und Reproduzierbarkeit. In Bild 5 ist beispielhaft der zeitliche Verlauf der Dehnung zweier FBG-Sensoren (Lage am Aluminium) und der Kraftverlauf aus einem Zugscherversuch einer H-Probe (Typ 2) dargestellt. Die Verbindung wurde mehrfach zyklisch auf eine maximale Zugkraft von 300 N (drei Zyklen) und Druckkraft von -300 N (drei Zyklen) belastet. Danach erfolgte eine Belastung bis zum Versagen der Klebfuge (siehe Bild b, Bruchbild – kohäsiv versagte Klebung).

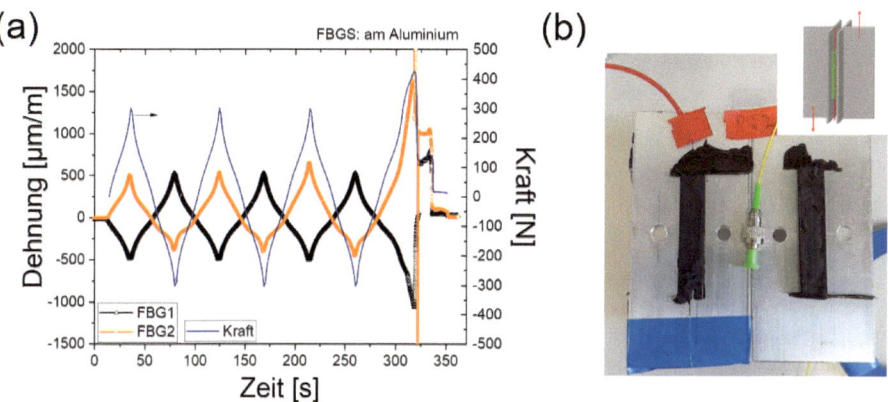

Bild 5 Ergebnisse aus mechanischen Untersuchungen an H-Proben (Typ 2); a) Kraft und Dehnungsdaten der FBG-Sensoren als Funktion der Zeit bis zum Versagen der Probe; b) Bruchbild einer versagten H-Probe mit intaktem FBG-Sensor (© M. Ganss, MFPA Weimar)

Die Dehnungssignale der FBG-Sensoren folgen sehr gut dem zyklischen Kraftverlauf. Beim Anstieg der Kraft bis zum Versagen der Klebfuge erfolgt eine deutliche Änderung des Dehnungssignals beider FBG-Sensoren abhängig von der Lage in der Fuge bis zu Dehnungen von >1500 µm/m und ca. -1000 µm/m, gefolgt von einer signifikanten Dehnungsreduktion auf Null bei vollständigem Versagen der Fuge. Die Sensoren waren nach Versagen der Klebung intakt. Mit den FBG-Sensoren können qualitativ Dehnungen reproduzierbar erfasst und auch das Versagen der Verbindung über eine Dehnungsreduktion detektiert werden. Die zahlreichen Untersuchungen zeigen, dass der gemessene Dehnungswert sowohl von der Positionierung der Bragg-Gitter in Klebfugenlängsrichtung als auch von der Positionierung der Sensorfasern in Dickenrichtung der Klebfuge abhängig ist. Geringfügige Positionsunterschiede können in einer Änderung des Dehnungswertes resultieren, so dass die exakte Positionierung sichergestellt werden muss. Für die Verdeutlichung der Problematik sind in Bild 6a Kraft-Dehnungs-Kurven für H-Proben unter Schubbelastung mit Variation der Sensorposition in Dickenrichtung der Klebfuge dargestellt. Bei Positionierung der Sensorfaser 2 mm in der Klebfuge werden deutlich höhere positive Dehnungen (5-fach) gemessen als bei Positionierung direkt am Rand der Fügepartner bei gleicher äußerer Belastung mit einer Kraft von 300 N. Zudem wird aus Bild 6a ersichtlich, dass die negativen Dehnungen („Druckdehnungen") insbesondere bei Positionierung des FBG-Sensors 2 mm in der Fuge eine deutliche Hysterese zeigen und geringere negative Dehnungswerte auftreten als bei direkt am Fügepartner befindlichen FBG-Sensoren. Dies ist möglicherweise auf ein „Ausknicken" bzw. „Ausbeulen" der eher steifen Sensorfasern im weich-elastischen Silikonmaterial zurückzuführen.

Zusammenfassend aus den Untersuchungen an Kleinteilproben unter Schubbeanspruchung ist festzuhalten, dass mit FBG-Sensoren qualitativ Dehnungen in der Klebfuge reproduzierbar gemessen werden können. Die Dehnungswerte sind hier aber signifikant von der Lage der Sensoren abhängig.

Eine weitere Herausforderung aber auch Möglichkeit der Nutzung von FBG-Sensoren verdeutlichen die Ergebnisse in Bild 6b. Hier wurde die Klebung Typ 1 mit vier FBG-Sensoren jeweils am Fügepartner (siehe Schemata in Bild 6b) über einen Zeitraum von 30 min auf Zug („Kopfzugversuch") mit einer Kraft von ca. 650 N belastet.

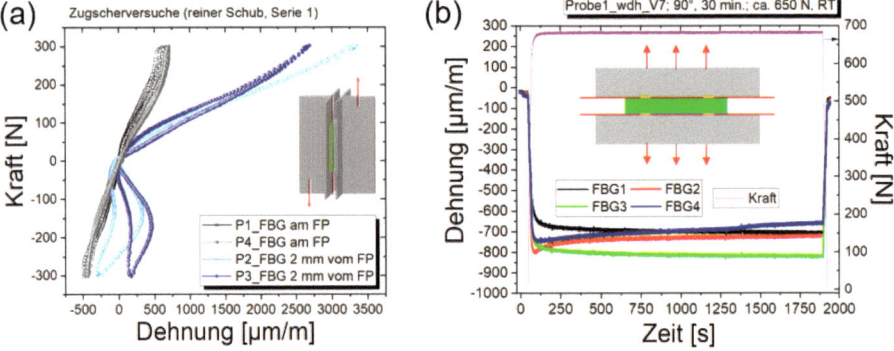

Bild 6 Ergebnisse der Sensormessungen; a) Kraft-Dehnungs-Kurven von H-Proben (Typ 2) mit Variation der Sensorposition in der Klebung; b) Kraft- und Dehnungsdaten der FBG-Sensoren als Funktion der Zeit einer auf Zug belasteten Klebung über 30 min Versuchszeit der Proben Typ 1 (© M. Ganss, MFPA Weimar)

Die Zugbelastung der Klebfuge resultiert in den FBG-Sensoren am Rand der Fügepartner in negativen Dehnungen im Bereich von ca. -650 µm/m bis -800 µm/m. Unter Zugbelastung treten auf Grund der Querkontraktion des Klebstoffes Stauchungen und damit negative Dehnungen in der Fuge auf. Die negativen Dehnungen konnten qualitativ mit FEM-Untersuchungen bestätigt werden. Die Untersuchungen an den Kleinteilproben zeigen somit tendenziell, dass auch senkrecht zu den Sensoren Dehnungen gemessen werden können. Dies konnte auch bereits beim Demonstrator 2.1 durch einfaches händisches Drücken auf die Scheibe mit dem Auftreten von negativen Dehnungen nachgewiesen werden. Bei intelligenter Sensorpositionierung sollte dies die Erfassung von Dehnungen als Folge von Winddruck- und Windsog-Belastungen erlauben.

5.1.2 Thermo-mechanische Untersuchungen

Das faseroptische Sensorsignal ist ein Mischsignal aus mechanisch induzierten Dehnungen, Temperaturdehnungen und Temperatur, so dass für den Einsatz des faseroptischen Sensorverfahrens als Zustandserfassung von Silikonklebungen der Einfluss der Temperatur auf die Sensorsignale der eingebetteten Sensoren analysiert werden muss. Darauf basierend können die Messmöglichkeiten evaluiert und Konzepte für die Temperaturkompensation abgeleitet werden.

Beispielhaft wird in diesem Beitrag der Einfluss einer zyklischen Temperaturbelastung von 10 °C bis 80 °C für H-Proben mit unterschiedlicher Positionierung der FBG-Sensoren in Dickenrichtung der Klebfuge vorgestellt. Die Sensorsignale als Mischsignal aus Temperatur und Dehnungen – hier der Einfachheit halber als „Mischsignal" bezeichnet – sind in Bild 7a als Funktion der Zeit dargestellt. Aus der Abbildung wird deutlich, dass die Sensorsignale sehr gleichmäßig dem zyklischen Temperaturverlauf folgen. Geringfügige Änderungen der Maximal- und Minimalwerte innerhalb der Serien könnten auf Lageabweichungen der Sensoren und auf Klebstoff-Inhomogenitäten zurückzuführen sein. Bei der Detailanalyse wird ersichtlich, dass die „Mischsignale" der FBG-Sensoren, welche sich direkt am Rand der Aluminium-Fügepartner befinden, signifikant höhere Werte aufweisen als FBG-Sensoren, welche sich 2 mm in der Silikonfuge befinden. Der Einfluss der Lage der Sensoren in der Klebfuge wird in Bild 7b deutlich.

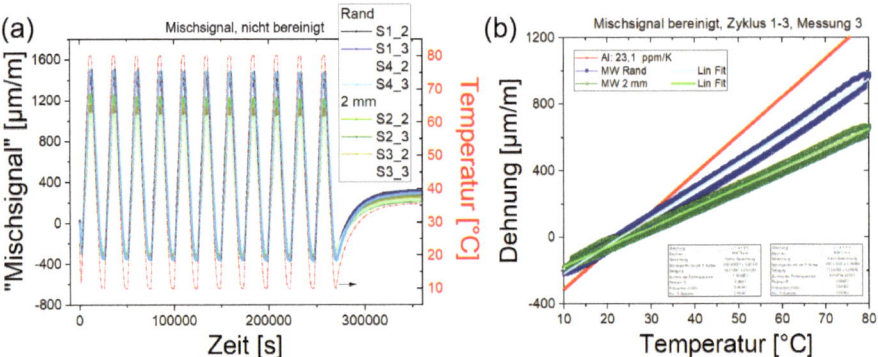

Bild 7 Sensordaten der FBG-Sensoren in der Klebfuge während der Temperaturbelastung von 10 °C bis 80 °C; a) Mischsignal aus Temperatur und Dehnungen – hier der Einfachheit halber als Dehnungen bezeichnet – als Funktion der Zeit während der Temperaturzyklen und b) bereinigte, „Temperatur induzierte Dehnungen" als Funktion der Temperatur (© M. Ganss, MFPA Weimar)

In Bild 7b sind die bereinigten Mischsignale in Form der Dehnung (Temperaturdehnung) als Funktion der Temperatur für FBG-Sensoren direkt am Fügepartner und 2 mm vom Fügepartner entfernt dargestellt. Diesbezüglich wurde der Einfluss der Temperatur auf das Sensorsignal aus dem Mischsignal herausgerechnet. Zusätzlich ist die aus dem Ausdehnungskoeffizienten von Aluminium berechnete Temperaturausdehnung gegen die Temperatur aufgetragen. Es wird deutlich, dass die gemessenen Temperaturdehnungen der FBG-Sensoren geringer als die Temperaturausdehnung des Aluminiums sind. Das ist auf die gummi-elastischen Eigenschaften des Silikons zurückzuführen. Trotz direkter Anbindung des FBG-Sensors am Aluminium kann die Temperaturausdehnung des Aluminiums auf Grund von Relaxationen im Silikon nicht direkt an den Sensor übertragen werden. Der Anstieg an die Dehnungs-Temperatur-Kurve mit ca. 17 ppm/K ist geringer als die Temperaturausdehnung des Aluminiums mit ca. 23 ppm/K. Dieser „Reduktions-Effekt" wird deutlich größer, wenn sich der Sensor 2 mm in der Silikonfuge befindet. Die Temperaturdehnungen sind deutlich geringer. Der Anstieg an die Kurve beträgt ca. 12 ppm/K. Schlussfolgernd aus den thermo-mechanischen Untersuchungen ist festzuhalten, dass die Sensorposition in Dickenrichtung der Fuge das Dehnungssignal beeinflusst. Bei der Kompensation des Mischsignals muss dies – beispielsweise durch einen Korrekturfaktor und/oder geeignete Positionierung der Sensoren – berücksichtigt werden.

5.2 Untersuchungen am Demonstratorbauteil

5.2.1 Sensormessung in der Klebfuge mit FBG-Sensoren

Die Bewertung der Möglichkeiten der faseroptischen Sensorik erfolgten im Rahmen des Vorhabens an verschiedenen Demonstratoren. In alle Demonstratoren konnten Sensorfasern in die Klebfuge integriert werden. Eine Applikation ist auch in der Klebfuge über

5 Ergebnisse und Diskussion

Aufbringen einer Silikonschicht möglich. Die Applikation erfordert aber mehr Zeitaufwand, da die Aushärtungszeit der Klebschicht abgewartet werden muss. Alle eingebrachten Sensoren konnten nach Applikation und Transport der Demonstratoren genutzt werden. Hier werden exemplarisch Ergebnisse aus Untersuchungen am Demonstrator 2 (siehe Bild 3, Bild 4) unter Variation der Sensoren und Messtechnik (Demonstrator 2.1: optische Glasfaser / OFDR und Demonstrator 2.2.: FBG-Sensormessketten / FBG-Messsystem) vorgestellt. In ersten Versuchen erfolgte die Belastung der Demonstratoren 2.1 und 2.2. durch vertikale Lasteinleitung in die Scheibe, so dass die Klebfugen auf Schub beansprucht wird. Bild 8a zeigt schematisch das Sensornetzwerk für den Demonstrator 2.2. im Detail. Wie in 4.2.1 beschrieben, befinden sich in den Klebfugen des Demonstratorbauteils vier Sensorfasern mit jeweils sechs Bragg-Gittern, die jeweils am Rand der Klebfugen positioniert sind. Zwei Sensorfasern sind oberflächennah am Aluminium und zwei Sensorfasern 2 mm in der Klebfuge platziert (siehe Bild 8a, unten). Insgesamt stehen 24 Messstellen zur Verfügung. Beispielhaft sind in Bild 8b der zeitliche Kraftverlauf sowie die Dehnungen eines FBG-Sensor (L1_FBG4) der vertikalen Belastung am Demonstrator 2.2. dargestellt. Der Demonstrator wurde in zwei Versuchskampagnen zweimal auf 5 kN und danach zweimal auf 10 kN belastet. Die Kräfte wurden für mindestens 5 min gehalten. Die Dehnungswerte des FBG-Sensors (grüne Kurve in Bild 8b) folgen sehr gut dem Kraftverlauf. Eine Erhöhung der Kraft von 5 kN auf 10 kN resultiert in einer Erhöhung der Dehnungen von ca. 440 µm/m auf ca. 1040 µm/m (Faktor ≈2,36). Die zeitliche Synchronisation der Daten erlaubt die Generierung von Kraft-Dehnungs-Kurven (siehe Einschub Bild 8b), die das nicht-lineare Verhalten des Silikons verdeutlichen.

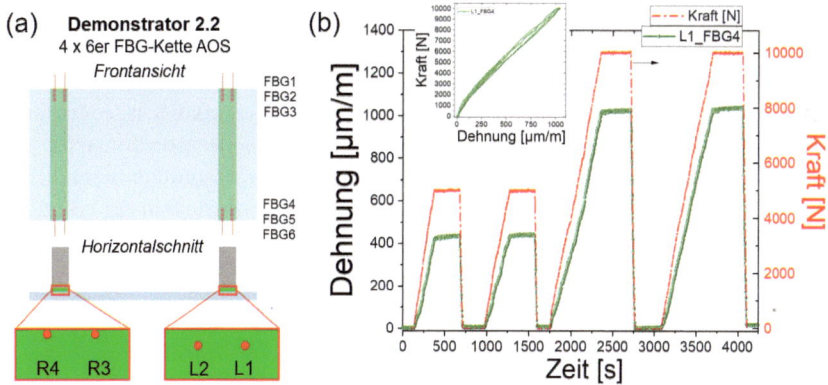

Bild 8 Ergebnisse der Auswertung des Demonstrator 2.2; a) Schemata des Sensornetzwerkdesigns in der Klebfuge des Demonstrators 2.2. für ein besseres Verständnis bezüglich der Sensordaten; b) Kraft und Sensordaten (L1-FBG4) als Funktion der Zeit aus vertikalen Belastungsversuchen am Demonstrator 2.2 (© M. Ganss, MFPA Weimar)

Ein Überblick über den Einfluss der Sensorposition (i. e. Lage in Dickenrichtung und Lage in Klebfugenhöhe) vermittelt Bild 9 für eine Sensormesskette 2 mm in der Klebfuge

(Bild 9a) und für eine Sensormesskette direkt am Fügepartner (Bild 9b). Hierbei wird beim Vergleich der Daten deutlich, dass die positiven Dehnungen, welche am unteren Rand der Klebfuge auftreten (FBG4, FBG5, FBG6) für die Sensormesskette 2 mm im Silikon größer sind als bei Applikation der Sensorfasern direkt am Fügepartner. Diese Unterschiede wurden mit FEM-Untersuchungen bestätigt.

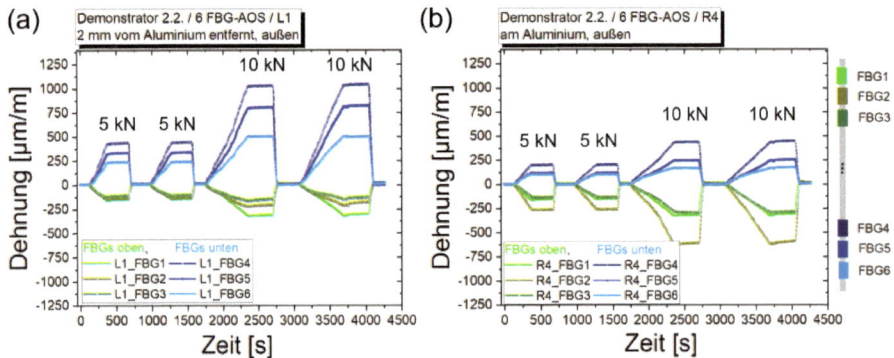

Bild 9 Ausgewählte Sensordaten der FBG-Sensoren in der Klebfuge aus Belastungsversuchen des Demonstrators 2.2; a) Sensordaten vs. Zeit für Sensorposition 2 mm vom Aluminium und b) Sensordaten vs. Zeit für Sensorposition am Aluminium (© M. Ganss, MFPA Weimar)

Es zeigte sich in allen Messungen, dass die auftretenden positiven Dehnungen vom Rand zum Inneren ($\varepsilon_{FGB6} < \varepsilon_{FBG5} < \varepsilon_{FBG4}$) größer werden. Dies belegen auch Untersuchungen mit verteilt messenden Sensoren am Demonstrator 2.1 (hier nicht dargestellt). Die Bragg-Gitter (FBG1, FBG2, FBG3) im oberen Bereich der Klebfuge messen negative Dehnungen. Die Mehrfachmessungen verdeutlichen, dass die FBG-Sensordaten reproduzierbar sind. Hier sind aber insbesondere die negativen Dehnungen der Sensorpositionen am oberen Rand der Klebfuge (FBG1, FBG2, FBG3) bei Lage der Sensorfasern 2 mm im Silikon mit Vorsicht zu betrachten, da es zu einem „Ausknicken" der Sensorfasern auf Grund der weich-elastischen der Silikonfuge kommen kann.

Die Ergebnisse aus zahlreichen Untersuchungen an Kleinteilproben werden durch die Untersuchungen am Demonstratorbauteil bestätigt. Die mit faseroptischen Sensoren gemessenen Dehnungswerte sind reproduzierbar. Die Höhe der Dehnungswerte ist signifikant von der Positionierung abhängig.

5.3 Einfluss der Schädigung der Klebfuge auf die Dehnungsmessung mit faseroptischen Sensoren

Der Einfluss einer Schädigung der Klebfuge auf die Sensorsignale wurde am Demonstrator 2.1 durch Einbringung definierter Schädigungen getestet. Nach eingebrachter Schädigung erfolgte die vertikale Belastung mit paralleler Messung der Dehnungen der Sensorfasern über die Frequenzbereichsreflektometrie. Die Messtechnik erlaubt eine zeit- und ortsaufgelöste Dehnungsmessung über die gesamte Faserlänge im Abstand von ca. 0,65 mm. In Bild 10 ist ein Überblick über die Sensor-Ergebnisse eines Belastungsversuches bei 50 cm Schädigung des Demonstrators 2.1 dargestellt.

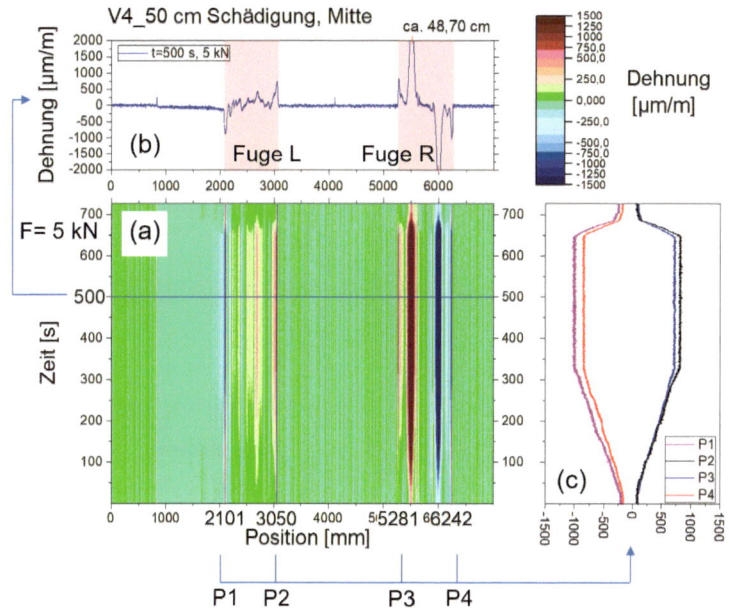

Bild 10 Orts- und zeitausgelöste Dehnungsdaten der verteilten Sensormessung für Belastungsversuch mit einer Schädigung von 50 cm in der rechten Klebfuge; a) Übersichtsbild mit farblicher Darstellung der Dehnungen; b) Dehnungsschnitt für unterschiedliche Sensorpositionen bei 5 kN; c) Dehnungsdaten als Funktion der Zeit am Rand der Klebfugen (© M. Ganss, MFPA Weimar)

Bei den Untersuchungen wurde die Kraft kontinuierlich auf 5 kN erhöht und kraftgesteuert für 5 min gehalten. Die zeit- und ortsaufgelösten FOS-Dehnungswerte als Antwort auf die Belastung sind in Bild 10a dargestellt. Die Höhe der Dehnungen ist hierbei farblich dargestellt (Skala rechts oben im Bild 10). Aus dem Diagramm wird ersichtlich, dass insbesondere an den Rändern der Klebfugen sowie durch die eingebrachte Schädigung Dehnungsspitzen – positive am unteren Rand und negative Dehnungen am oberen Rand der Fuge – auftreten. Der mit FOS ermittelte Dehnungsverlauf über die gesamte Sensorlänge bei einer konstanten Kraft von 5 kN ist in Bild 10b dargestellt. Hier werden insbesondere die Dehnungsspitzen am Rand der Fugen sowie durch die Schädigung induzierte Dehnungsspitzen (rot und blau) ersichtlich. Bild 10c zeigt eine zeitliche Auswertung der Dehnungsspitzen bei konstanter Sensorposition am Rand der Klebungen (P1, P2, P3, P4).

Hierbei treten an den Sensorpositionen P1 und P4 am oberen Rand der Fuge negative Dehnungen auf. Sensorposition P2 und P3 weisen positive Dehnungen auf, da sie sich am unteren Rand der Klebfugen befinden. Die Dehnungen folgen dem Kraftverlauf.

In Bild 11 sind Detailauswertung der Belastungsversuche mit Schädigung am Demonstrator 2.1 dargestellt.

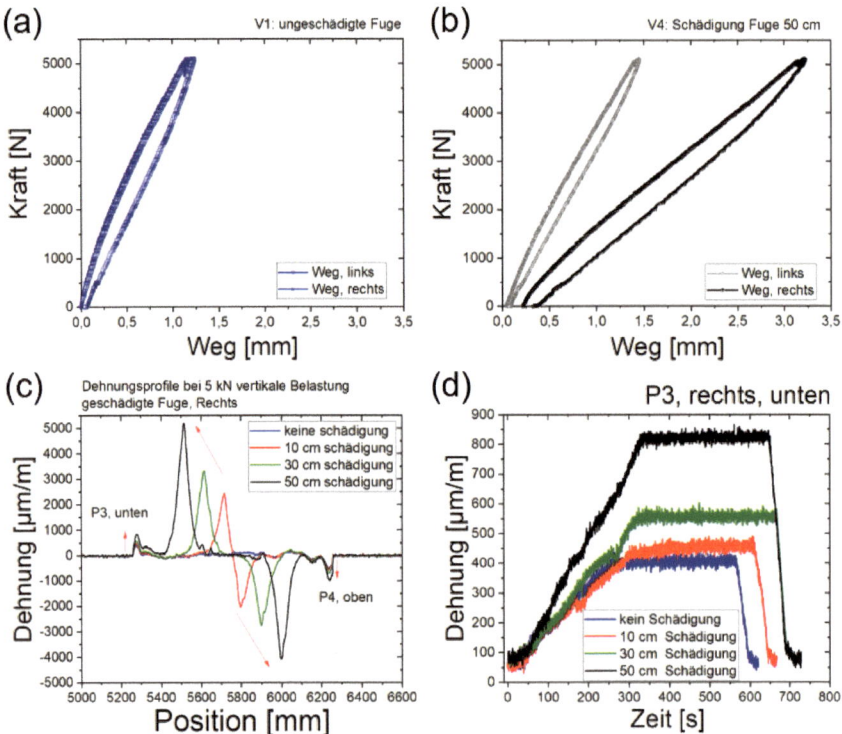

Bild 11 Kraft-Weg-Daten und Sensordaten aus Untersuchungen mit geschädigter Klebfuge: a) Kraft-Weg-Daten des nicht geschädigten Demonstrators 2.1; b) Kraft-Weg-Daten des Demonstrators 2.1 mit Schädigung von 50 cm; c) ortsaufgelöste Dehnungsdaten bei einer Belastung von 5 kN für unterschiedlich geschädigte Zustände; d) Dehnungsdaten vom unteren Rand der Klebung (Maximalwert) für unterschiedliche Schädigungszustände (© M. Ganss, MFPA Weimar)

Die Kraft-Weg-Kurven sind exemplarisch für den Versuch mit nicht geschädigter Fuge sowie für den Versuch mit geschädigter Fuge (50 cm) in Bild 11a und b gezeigt. Der Einfluss der Schädigung auf das Verformungsverhalten des Demonstrators 2.1 wird an der vertikalen Verschiebung des ESG, welche durch Wegaufnehmer links und rechts erfasst wurden, deutlich. Auf der Seite der geschädigten Fuge erhöht sich die Verschiebung des ESG (Weg, rechts) mit einem Faktor ≈2,6 bei einer Kraft von 5 kN im Vergleich zum nicht geschädigten Zustand. Auch im Bereich der nicht geschädigten Fuge des geschädigten Demonstrator 2.1 erhöht sich die Verschiebung (Weg, links) minimal im Vergleich zum nicht geschädigten Zustand (vergleiche Bild 11a und b). Die lokale Schädigung wird auch direkt in den Sensordaten deutlich. Bereits während der Einbringung der Schädigung konnten live in den Sensordaten Dehnungsumlagerungen beobachtet werden. Ausgewählte Sensordaten aus den Belastungsversuchen zeigt Bild 11c und d. In Bild 11c sind die Dehnungen als Funktion der Sensorposition bei einer konstanten Kraft von 5 kN für die unterschiedlichen Schädigungsstufen (i. e. nicht geschädigt, 10 cm Schaden, 30 cm Schaden, 50 cm Schaden) dargestellt. Hier wird ersichtlich, dass auf Grund der Schädigung bereits deutliche Dehnungsspitzen, welche höher als Dehnungsspitzen am Fugenrand sind, auftreten. Die Abstände der Dehnungsspitzen entsprechen dabei ungefähr der Schädigungslänge. Zudem erhöhen sich die Dehnungswerte der Dehnungsspitzen mit zunehmender Länge der Schädigung. Der Einfluss der Schädigung auf das Dehnungsverhalten in der Fuge wird zudem an den Sensormesspunkten am Rand der Klebfuge deutlich (P1, P2, P3, P4). Bild 11d zeigt den zeitlichen Verlauf der Dehnungswerte für Sensorpositionen am unteren Rand der geschädigten Fuge (P3). Insbesondere bei einer Kraft von 5 kN ist eine deutliche Erhöhung der Dehnung mit zunehmender Schädigung zu erkennen. Die Schädigung von 50 cm resultiert in einer Verdopplung der mit FOS gemessenen Dehnung bei 5 kN im Vergleich zum nicht geschädigten System. Hier ist anzumerken, dass auch in der nicht geschädigten Fuge im unteren Randbereich (P2) eine geringfügige Dehnungserhöhung auftritt. Zudem gibt es ebenfalls eine Änderung der negativen Dehnungen im oberen Bereich der Klebfuge. P4 am oberen Rand der geschädigten Klebfuge weist eine Verdopplung der Dehnungen von -500 µm/m auf -1000 µm/m bei Schädigung von 50 cm Länge auf. Die Untersuchungen mit verteilt messender Sensorik und OFDR-Messtechnik verdeutlichen somit, dass mit faseroptischen Sensoren zeit- und ortsaufgelöst qualitativ Dehnungen in der Silikonklebfuge erfasst werden können. Bei Schädigung der Klebfuge wurden insbesondere im Bereich der Schädigung Dehnungsspitzen deutlich. Die Schädigung resultiert gleichzeitig in einer Änderung der Dehnungswerte insbesondere am Rand der Klebfuge. Somit erlaubt die faseroptische Sensormessung einen deutlichen Informationsgewinn mit Detektion lokaler Ereignisse.

6 Zusammenfassung und Ausblick

Die Untersuchungen im Rahmen des anwendungsorientierten Forschungsprojektes verdeutlichen die Möglichkeiten, gleichzeitig aber auch die Herausforderung der Nutzung integrierter faseroptischer Sensoren für die Zustandserfassung von Silikonklebverbindungen. Es zeigte sich an Kleinteilproben und Demonstrator-Bauteilen, dass eine Applikation von faseroptischen Sensoren in Silikonklebfugen praktisch umsetzbar ist. Für die Auslegung der Sensormessketten und Planung des Sensornetzwerkes empfiehlt sich die Realisierung von numerischen Simulationen, so dass signifikante Stellen bzw. Bereiche über die richtige Positionierung der Sensoren erfasst werden.

In allen mechanischen und thermo-mechanischen Untersuchungen an Kleinteilproben und Demonstratoren konnten reproduzierbare Sensordaten, die auf die Verformungen der Klebfuge oder die Wärmeausdehnung der Fügepartner zurückzuführen waren, erfasst werden. Insbesondere die mechanischen Belastungsversuche an den Demonstrator-Bauteilen verdeutlichen, dass mit faseroptischen Sensoren qualitativ Dehnungen und die Schädigung der Silikonfuge detektiert werden können. Achtsamkeit ist insbesondere bei der Positionierung der Sensoren geboten, da geringfügige Änderungen der Sensorlage signifikanten Einfluss auf die Dehnungswerte haben. Dies konnte mit FEM-Studien bestätigt werden. Eine quantitative Bewertung der gemessenen Dehnungswerte stellt sich bisher noch als schwierig dar, da keine anderen konventionellen Messverfahren für Vergleichsmessungen des Dehnungsverhaltens in der Klebfuge herangezogen werden können. Eine Bewertung von Klebverbindungen erfolgt oftmals nur global mit Kraft bzw. Schubspannungen sowie Verschiebungen bzw. Gleitung der gesamten Verbindung. Lokale Dehnungen in der Fuge werden bisher kaum betrachtet. Zudem ist die Wechselwirkung zwischen der „steifen" Sensorfaser und der „weich-elastischen" Klebfuge noch nicht grundlegend geklärt. Eine Betrachtung der Wechselwirkung erfordert weitere experimentelle und theoretische Forschungsarbeiten unter Nutzung numerischer Simulationsmethoden mit Beachtung des komplexen Materialverhaltens des Silikonklebstoffes. Die Untersuchungen zeigen nichtsdestotrotz, dass bereits jetzt eine qualitative Zustandsbewertung möglich sein kann. Die Ergebnisse müssen im Weiteren in die Praxis transferiert und validiert werden.

7 Danksagung

Die dargestellten Ergebnisse stammen aus einem Forschungs-Vorhaben des zentralen Innovationsprogramm Mittelstand (ZIM). Das ZIM-Vorhaben ZF4044115PR8 wurde im Rahmen des Zentralen Innovationsprogramms Mittelstand vom Bundesministerium für Wirtschaft und Klimaschutz (BMWK) aufgrund eines Beschlusses des Deutschen Bundestages gefördert. Wir danken für die Förderung. Ein Teil der faseroptischen Methodenentwicklung und der Sensordatenanalyse konnte von dem Projekt FOS4FDM des Wachstumskerns „VIPO" Virtuelle Produkt-/Prozessentwicklung und -optimierung partizipieren. Wir danken dem Bundesministerium für Bildung und Forschung (BMBF) für die finanzielle Unterstützung.

M. Ganß dankt A. Berbig, M. Krüger, J. Winge und K. Haftendorn (alle MFPA, Weimar) für die Unterstützung bei den mechanischen Untersuchungen an Kleinteilproben und am Demonstrator. Herzlicher Dank geht an Dr. W. Wittwer von H.B. Fuller/Kömmerling Chemische Fabrik GmbH für die fruchtbaren Diskussionen.

8 Literatur

[1] Habenicht, G. (2009) *Kleben – Grundlagen, Technologien, Anwendungen.* 6te Auflage, Berlin Heidelberg: Springer-Verlag. S. 795 ff.
ISBN 978-3-540-85264-3

[2] Schroeder, K.; Ecke, W.; Apitz, J.; Lembke, E.; Lenschow, G. (2006) *Fibre Bragg Grating Sensor System Monitors Operational Load in a Wind Turbine Rotor Blade* in: *Meas. Sci. Technology 17.* S. 1167.

[3] Richards, W. L.; Parker, A. R.; Ko, W. L.; Piazza, A.; Chan, P. (2012) *Application of Fiber Optic Instrumentation* in: *RTO AGARDograph 160*, Flight Test Instrumentation Series 22. ISBN 978-92-837-0164-4

[4] Zhou, Z.; Graver, T.W.; Hsu, L.; Ou, J. (2003) *Techniques of Advanced FBG sensors: fabrication, demodulation, encapsulation and the structural health monitoring of bridges* in: *Pacific Science Review 5*. S. 116.

[5] He, J.; Xu, B.; Xu, X.; Liao, C.; Wang, Y. (2021) *Review of Femtosecond-Laser-Inscribed Fiber Bragg Gratings: Fabrication Technologies and Sensing Applications* in: *Photonic Sensors*, Vol. 11, No. 2, 203-22621.

[6] Lindner, E.; Mörbitz, J.; Chojetzki, C.; Becker, M.; Brückner, S.; Schuster, K.; Rothhardt, M.; Bartelt H. (2011) *Draw tower fiber Bragg gratings and their use in sensing technology*, Proceedings Fiber Optic Sensors and Applications VIII; Volume 8028, 80280C on SPIE Defense, Security, and Sensing, Orlando, Florida, United States.

[7] Othonos, A.; Kalli, K. (1999) *Fiber Bragg Grating sensors and Applications in Telecommunications and Sensing*. Artech House Print.

[8] Peters, K. (2009) *Fibre Bragg Gratings Sensors*, Chapter 61, in: Boller, C., Chang, F.-K., Fujino, Y., *Encyclopedia of Structural Health Monitoring*, Vol. 2, Wiley & Sons. S. 1103.

[9] Ganß, M.; Daum, M.; Breidenbach, M. L.; Beinersdorf, H.; Kuhne, M.; Hildebrand, J. (2015) *Untersuchungen an thermo-mechanisch beanspruchten Glasklebverbindungen mit integrierten faseroptischen Sensoren* in: Weller, B.; Tasche, S. [Hrsg.] *Glasbau 2015*. Berlin: Ernst & Sohn. S. 361.

[10] Fildhuth, T.; Knippers, J. (2014) *Dehnungsmessung in gekrümmten Glaslaminaten mit faseroptischen Sensoren* in: Weller, B.; Tasche, S. [Hrsg.] *Glasbau 2014*. Berlin: Ernst & Sohn. S. 289.

[11] Samiec, D. (2011) *Verteilte faseroptische Temperatur- und Dehnungsmessung mit sehr hoher Ortsauflösung* in: *Photonik 6*. S. 34.

Untersuchung des Prozesses zum Unterwasserkleben von Halterungssystemen

Linda Fröck[1], Nikolai Glück[1], Wilko Flügge[2]

1 Fraunhofer IGP, Institut für Großstrukturen in der Produktionstechnik, Albert-Einstein-Str. 30, 18059 Rostock, Deutschland; linda.froeck@igp.fraunhofer.de; nikolai.glueck@igp.fraunhofer.de

2 Universität Rostock, Lehrstuhl Fertigungstechnik, Albert-Einstein-Str. 30, 18059 Rostock, Deutschland; fertigungstechnik@uni-rostock.de

Abstract

Betrieb und Wartung von Wasserbauwerken und -fahrzeugen erfordern häufig die nachträgliche Montage von Ausrüstungsgegenständen, wie Sensoren, Sonarsender oder Korrosionsschutzequipment unter Wasser. Durch Schweißen und oder mechanisches Fügen entstehen metallurgische/mechanische Kerben, weshalb im abgeschlossenen IGF-Projekt „Unterwasserkleben" ein geklebtes Haltersystem grundlegend entwickelt wurde. Ziel des Vorhabens „Unterwasserklebprozess" ist die Untersuchung des Einflusses der Prozessparameter des mehrstufigen Injektionsprozesses (Medien, Zeiten, Drücke, etc.) auf die Verbindungsgüte und die Entwicklung eines entsprechenden teilautomatisierten Werkzeugs für den Einsatz durch Taucher oder ferngesteuerte Systeme.

Investigation of the process of underwater bonding of holder systems. Operation and maintenance of waterway structures and vehicles often requires the subsequent installation of equipment such as sensors, sonar transmitters or corrosion protection equipment under water. Welding and or mechanical joining creates metallurgical/mechanical notches, which is why a glued holder system was fundamentally developed in the completed IGF project "Underwater Bonding". The intent of the project "Underwater Bonding Process" is to investigate the influence of the process parameters of the multi-stage injection process (media, times, pressures, etc.) on the bonding quality and the development of a corresponding semi-automated tool for use by divers or remote operated vehicles.

Schlagwörter: Kleben, Unterwasser, Halter

Keywords: bonding, underwater, holder

1 Problemstellung

Zur Gewährleistung eines reibungslosen Ablaufs im Bereich des maritimen Anlagenbaus sowie der Offshore-Branche bedarf es der Auseinandersetzung mit weitreichenden technischen Aufgabengebieten im Bereich des Schiff- und Wasserbaus. In diesem Zusammenhang stehen technische Anbauteile, die direkt im Unterwasserbereich Informationen sammeln, weitergeben oder weitere Funktionen, wie zum Beispiel Korrosionsschutz oder Energieversorgung, erfüllen. Dazu gehören u. a. Kabel, Rohrleitungen, Monitoringsysteme und Messinstrumente sowie Sonarsender oder Anoden von Korrosionsschutzsystemen. Diese werden zudem im Zuge kontinuierlicher Instandhaltungs- und Modernisierungsmaßnahmen an Spundwänden, Schleusenanlagen oder Schiffsrümpfen nachträglich ausgetauscht oder montiert. Zur sicheren Befestigung sind Halterungen notwendig (Bild 1). Dabei handelt es sich um Anschlussstrukturen in Verbindung mit einem Befestigungselement, wie beispielsweise einem Stehbolzen, einer Öse oder einer Gewindebuchse. Diese Halterungen müssen sowohl statische als auch dynamische Lasten übertragen können.

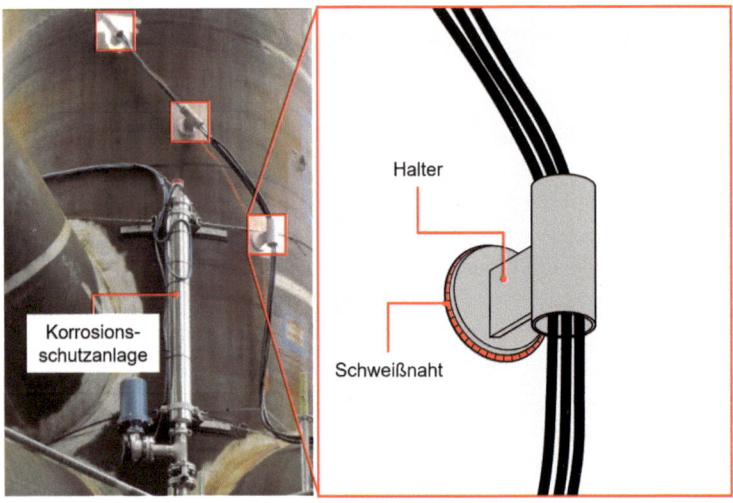

Bild 1 Korrosionsschutzanlage an Offshore-Gründung mit Kabelführung und angeschweißtem Halter (R. Schollenberg [1])

Eine Trockenlegung der Fügestelle kann in vielen Fällen nicht gewährleistet werden oder ist, bedingt durch Ausfallzeiten und aufwendige technische Maßnahmen, mit sehr hohen Kosten verbunden. Aus diesem Grund werden Reparaturen und Nachrüstungen solcher Haltersysteme in der Regel direkt unter Wasser mittels des nassen Unterwasserschweißens ausgeführt.

Das Unterwasserschweißen bringt den Vorteil einer sofortigen Tragfähigkeit der Verbindungsstelle mit sich. Jedoch birgt es diverse Risiken für die ausführenden Taucher, wie zum Beispiel Stromschläge und Explosionen sowie technische Gefahren in einem besonders hohen Maße. Schweißarbeiten können zudem die Grundstrukturen, an denen die Halter angebracht werden, gefährden, da sie im Allgemeinen zu einer Minderung der Dauerfestigkeit strukturrelevanter – und im Unterwasserbereich in der Regel schwingend beanspruchter – Bauteile führen. Die Wärmeeinbringung führt zusätzlich zur Zerstörung von Korrosionsschutzbeschichtungen sowie zu Verzug und Eigenspannungen in den Bauteilen. Das Kleben solcher Halterstrukturen im Unterwasserbereich kann aufgrund der geringen Wärmeeinbringung und dem daraus resultierenden Entfall der oben genannten Probleme ein alternatives Fügeverfahren für solche Anschlussstrukturen darstellen, ist durch den Anwendungsbereich des Unterwassereinsatzes jedoch mit speziellen Herausforderungen verbunden.

2 Stand der Technik

Aktuell werden bereits Klebstoffsysteme für die Reparatur von Booten und Schwimmbecken eingesetzt. Zudem sind Klebstoffe, wie zum Beispiel 2K-Injektionsharze, für die Sanierung von Rissen, Hohlräumen bzw. Fehlstellen in Materialien wie Beton, Holz und Faser-Kunststoff-Verbunden erhältlich [2, 3], die prinzipiell für die Verwendung unter Wasser geeignet sind [4]. Zudem gibt es bereits wissenschaftliche Untersuchungen, in denen hauptsächlich die Reparaturmöglichkeiten in der Offshoreindustrie beleuchtet werden [5–8]. Schäffer [8] erzielte beispielsweise für Klebungen mit speziellen Epoxidharzen und Proben aus Stahl nach acht Jahren Seewasserauslagerung im Labor bei Raumtemperatur eine Festigkeit der Klebverbindung vergleichbar zu unausgelagerten Referenzproben. Zudem konnte in [9] die Eignung eines Cyanacrylat-Klebstoffes zum Kleben von Polycarbonat bei Temperaturen nahe dem Gefrierpunkt nachgewiesen werden. Für das Kleben im Unterwasserbereich existieren folglich bereits erste Lösungsansätze zur Klebstoffapplikation. Bei diesen wird das Wasser, was die Klebefläche benetzt, im Vorfeld der Klebung mithilfe von Druckluft bzw. mit dem Saugnapfprinzip einer Muschel verdrängt. Im Anschluss daran erfolgt die Klebstoffapplikation in die entstehende Kavität [10]. Neben dem Wasser als umgebendes Medium spielen die niedrigen Temperaturen im Unterwasserbereich (Jahresminimaltemperaturen im Bereich von ca. 2 °C [11] und Jahresdurchschnittstemperaturen bei ca. 10 °C [12]) eine große Rolle, da sie eine enorme Herausforderung an die Klebstoffapplikation sowie die -aushärtung darstellen.

Die prinzipielle Durchführbarkeit von Unterwasserklebungen wird durch die oben genannten Systeme belegt. Der industrielle Einsatz wurde bislang jedoch durch das Fehlen von Basiswissen bzgl. Adhäsionsaufbau, Vernetzung sowie dem Langzeitverhalten von Unterwasserklebungen stark begrenzt.

Die größte Herausforderung beim Einsatz der Klebtechnik im Unterwasserbereich stellt die Betriebsphase dar. Unterschiedliche wasserbedingte Alterungsmechanismen wirken an der Klebung und müssen getrennt voneinander betrachtet werden, vgl. Bild 2.

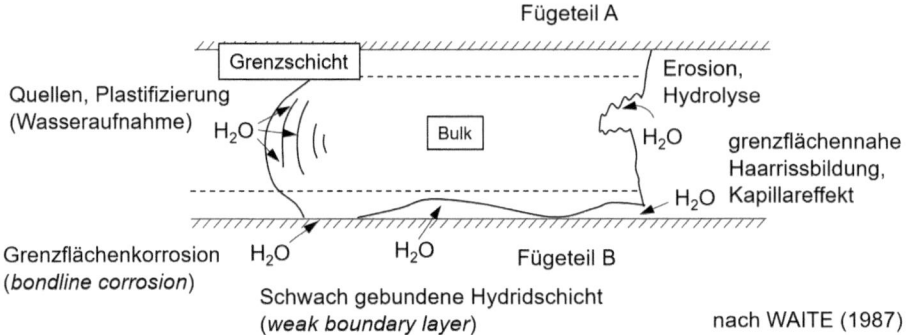

Bild 2 Verhalten von Klebstoffen unter Wassereinfluss nach [10]

So kann ein langfristiger Wassereinfluss unter anderem zum Eindiffundieren von Wassermolekülen in die Klebschicht führen. Als Folge dessen kommt es zum sogenannten „Weichmachereffekt", der unter anderem zu einer Verringerung der inneren Festigkeit des Klebstoffes führt. Insbesondere in oberflächennahen Bereichen mit erhöhtem Sauerstoffgehalt kann eine Korrosion des Untergrundes erfolgen, die bis unter die Klebung wandern kann. Dieser Vorgang führt, unabhängig von der Festigkeit oder der Qualität der Klebung, zum Verlust der Tragfähigkeit des Untergrunds und somit zu einem frühzeitigen Versagen der Verbindung. Durch eine geeignete Oberflächenvorbehandlung oder eine hydrolysebeständige Beschichtung des Grundwerkstoffes kann diesem Problem begegnet werden [13, 14, 15].

In dem Projekt „Entwicklung eines Verfahrens zum prozesssicheren Kleben von Halterungen unter Wasser (IGF-Nr. 19493 BR)" wurden bereits Proben für das Kleben von Halterungen für den Unterwasserbereich hergestellt und im Freiwasser gealtert. Wie in Bild 3 zu sehen ist, kommt es insbesondere im Bereich der nichtabgedichteten An- und Abgussstellen zur Korrosion am Fügeteil. Eine sehr gute Adhäsion ist folglich für eine optimale Klebverbindung unabdingbar und eine Anpassung des Halterdesigns notwendig.

Bild 3 Versagensbeginn an An-/Abgussbohrungen [16] (© J. Gatzke, Fraunhofer IGP)

3 Entwicklung eines Klebprozesses und Halterdesigns für den Unterwassereinsatz

Das im Rahmen des Projektes weiterentwickelte Halterdesign wird in Bild 4 dargestellt. Es handelt sich dabei um einen Halter für eine Klebstoffinjektion mit einer Schlauchtülle für den Anguss sowie dem Abguss. Zudem ist der Halter mit einer doppelseitigen Dichtung ausgestattet, die gemeinsam mit der Grundstruktur, auf die der Halter aufgebracht wird, eine Kavität für den Klebstoff bildet. Versuche mit unterschiedlichen Ausführungen des An- und Abgusses haben gezeigt, dass ein Abklemmen der Schläuche nach der Klebstoffinjektion zu einem optimalen Aushärtungsergebnis Unterwasser führt.

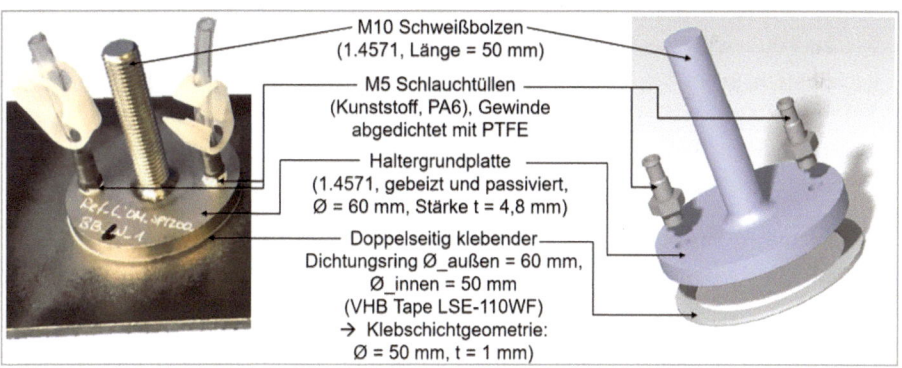

Bild 4 Weiterentwickeltes Halterdesign (© J. Gatzke, Fraunhofer IGP)

Nachfolgend wird dieses Halterdesign für die Versuche zur Ermittlung einer geeigneten Oberflächenbehandlung verwendet.

4 Auswahl der Oberflächenbehandlung

Aufgrund der Gegebenheiten im Unterwasserbereich und der daraus resultierenden Beschaffenheiten der Oberflächen bezüglich Beschichtung, Bewuchs und Korrosion ist eine mechanische Oberflächenbehandlung unumgänglich. Da diese für eine Klebflächenvorbereitung nicht ausreichend ist, erfolgt im Anschluss ein Reinigungsprozess. Nachfolgend wird die Auswahl dieser beiden Behandlungsschritte getrennt dargestellt.

4.1 Mechanische Oberflächenvorbehandlung

Auf Grundlage des Vorgängerprojektes „Entwicklung eines Verfahrens zum prozesssicheren Kleben von Halterungen unter Wasser" (IGF-Nr. 19493 BR) sowie hinsichtlich der Praxistauglichkeit für die Taucher*innen im Feld erfolgt die Auswahl von möglichen mechanischen Oberflächenvorbehandlungsverfahren. Betrachtet werden:

- Manuelles Schleifen mit Schleifpapier P80 im Kreuzschliff unter Wasser (S80),
- Drahtspannstrahlen mittels SubSea BristleBlaster® der Firma Monti-Werkzeuge GmbH (BB),
- Korundstrahlen an Luft als Referenz mit Korund F54 (KS).

Zur Bewertung der unterschiedlichen mechanischen Oberflächenbehandlungen werden die Probenbleche (Material S355GP) in drei Wassertypen unterschiedlicher Wasserqualitäten und Zusammensetzungen 26 Tage lang ausgelagert. Die unterschiedlichen Wassertypen umfassen:

1. Natürliches Brackwasser mit einem gemessenen, natürlichen Salzgehalt von 0,71 %, was zu Vergleichszwecken auf 1 % angereichert wurde.
2. Künstlich hergestelltes Salzwasser mit einem Salzgehalt von 1 % sowie
3. Vollentsalztes Wasser (VE-Wasser) mit einem Salzgehalt von 0 %.

Anschließend zur mechanischen Oberflächenvorbehandlung wird die Rauheit mittels eines Rauheitsmessgerätes gemessen, die Reinheit nach DIN EN ISO 8501-1 bestimmt sowie Kontaktwinkelmessungen durchgeführt. Der Vergleich der Rauigkeiten wird in Bild 5a gezeigt.

4 Auswahl der Oberflächenbehandlung

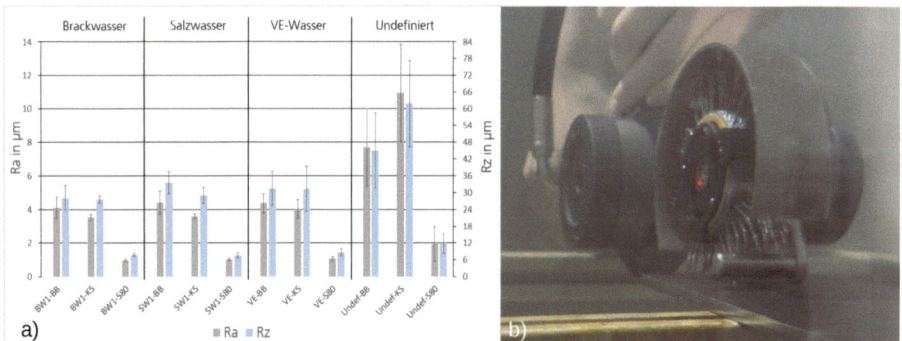

Bild 5 a) Vergleich der Rauigkeiten unterschiedlicher mechanischer Oberflächenvorbehandlungen; b) Drahtspannstrahlen unter Wasser (© L. Fröck, Fraunhofer IGP)

Der Vergleich der Rauigkeiten sowie die Bewertung der Reinheit zeigen, dass das Drahtspannstrahlen annähernd vergleichbare Oberflächenqualitäten wie das Korundstrahlen (Korund F54) an Luft erzielt. Außerdem ist das maschinelle Drahtspannstrahlen im Unterwasserbereich praxisnaher und reproduzierbarer als beispielsweise das manuelle Schleifen. Daher wird für die praktischen Versuche unter Wasser das Oberflächenvorbehandlungsverfahren Drahtspannstrahlen ausgewählt.

4.2 Auswahl von Prozessparametern für den Reinigungsprozess

Zur weiteren Prozessschrittauswahl der Oberflächenbehandlung werden die unterschiedlichen Verfahren mittels Sekundäranalytik bewertet. Nachfolgend werden die Ergebnisse des Bresle-Tests, der Kontaktwinkelmessungen sowie der Haftabzugsversuche dargestellt. Mithilfe dieser Untersuchungen lassen sich Aussagen über die Klebeignung der Oberfläche treffen.

4.2.1 Bresle-Test

Da kleinste Verunreinigungen die Adhäsion des Klebstoffes stark beeinträchtigen, ist eine geringe Salzkontamination der Oberfläche für die nachfolgende Klebung von hoher Bedeutung. Zudem können Salzrückstände die Ansammlungen von Korrosion begünstigen, wodurch die Haftfestigkeit zwischen dem Substrat und der Klebschicht gemindert wird [64]. Diesbezüglich soll mithilfe sogenannter Bresle-Tests die Menge der gelösten Salze auf der Substratoberfläche (S355) bestimmt und die Effektivität unterschiedlicher Reinigungsschritte bewertet werden. Dabei gilt es, den von der Bundesanstalt für Wasserbau (BAW) festgelegten Grenzwert der Flächenkonzentration für gestrahlte Oberflächen von 80 mg/m^2 zu unterschreiten [17].

Als Probekörper wird dabei ein Halterdummy, bestehend aus einer oberen Edelstahlplatte, welche vereinfacht den Halter repräsentiert, sowie einer unteren Platte als Substrat verwendet. Zwischen Halter- und Grundplatte wird über einen selbstklebenden Dichtungsring eine Kavität erzeugt. Über einen An- und Abgussschlauch, welche über Schlauchtüllen mit der Halterplatte verbunden sind sowie einer Spritze, wird die Spülung der Kavität mit den entsprechenden Reinigungsmedien ermöglicht. Die Effektivität der unterschiedlichen Reinigungsmittel wird anschließend mit dem Bresle-Test bewertet. Die Parameter der Herstellung sowie der Durchführung der Bresle-Tests sind in der nachfolgenden Tabelle 1 aufgeführt.

Tabelle 1 Herstellungsparameter der Proben für die Bresle-Tests

Parameter der Probenherstellung für die Bresle-Tests	
Haltermaterial	Edelstahl 1.4571
Substratmaterial	S355
Dichtung	Selbstklebender Dichtungsring (d_a/d_i = 50/40 mm)
Oberflächenvorbehandlung des Grundmaterials	1. Reinigung mit Isopropanol 2. Drahtspannstrahlen mit dem SubSea Bristle Blaster® 3. Reinigung mit Isopropanol
Spülvorgang	1. Einwirkzeit Salzwasser in der Kavität für mind. 1,5 min 2. 30 s mit 2 bar entlüften 3. Manueller Spülvorgang mit Reinigungsflüssigkeit jeweils innerhalb von 5 s; dazwischen Entlüften für mindestens 30 s mit 2 bar
Reinigungsmedien	Vollentsalztes Wasser (VE), Isopropanol (ISO), Methylethylketon (MEK),
Referenz	1. Kontamination mit Meerwasser (MW) + Trocknung 2. Kontamination mit MW + Reinigung mit Isopropanol 3. Kontamination mit MW + Reinigung mit MEK
Umgebungstemperatur	23 °C ± 2 °C
Parameter der Bresle-Tests	
Norm	DIN EN ISO 8502-6:2006-10 und DIN EN ISO 8502-9:2020-12
Prüfgerät	Leitfähigkeitstester Eutech ECTestr 11+
Substratmaterial	Edelstahl
Lösemittel	Vollentsalztes Wasser
Injiziertes Lösemittelvolumen	2,5 ml
Gesamtkontaktdauer zw. Lösemittel und Untergrund	10 min
Prüftemperatur	23 °C ± 2 °C
Anzahl der Versuche	drei Versuche je Reinigungsverfahren

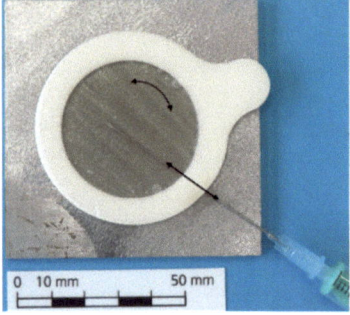

4 Auswahl der Oberflächenbehandlung

Zur Bestimmung des Salzgehaltes des Grundmaterials muss nach dem Reinigungsprozess der Halterdummy von diesem getrennt werden. Anschließend wird ein genormtes Membranpflaster auf die zu untersuchende Oberfläche geklebt und leicht angedrückt. Mit einer Spritze und einer Kanüle (0,80 x 50 mm) wird durch den Schaumstoff des Pflasters gestochen und 2,5 ml VE-Wasser in den Hohlraum injiziert (vgl. Bild in Tabelle 1). Anschließend wird die Verteilung des Mediums auf der zu untersuchenden Oberfläche für zehn Minuten ermöglicht.

Während dieser Zeit wird die Flüssigkeit etwa zehn Mal injiziert und wieder extrahiert, um zu gewährleisten, dass das VE-Wasser möglichst viele Salze von der Oberfläche absorbiert. Nach der letzten Injektion wird die Testflüssigkeit vollständig aus dem Pflaster entzogen und analysiert. Von der angezeigten elektrischen Leitfähigkeit wird die Leitfähigkeit des verwendeten VE-Wassers subtrahiert, woraus sich dann der tatsächliche Salzgehalt ergibt. Aufgrund der Pflastergröße sowie der molaren Leitfähigkeit der gelösten Salze (NaCl), kann die elektrische Leitfähigkeit in µS/cm mit dem Salzgehalt in mg/m² gleichgesetzt werden. Die Ergebnisse der Untersuchungen an den Referenzproben sowie an den Proben mit unterschiedlichen Vorbehandlungen sind in Bild 6 dargestellt.

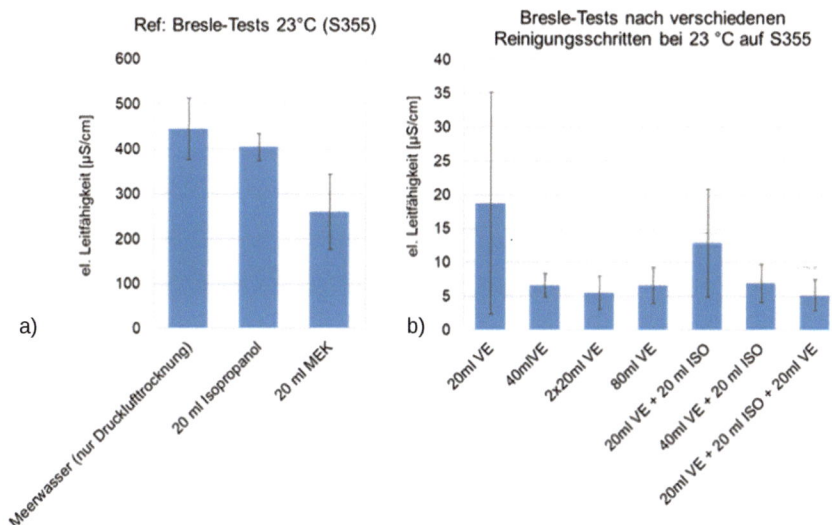

Bild 6 a) Ergebnisse der Bresle-Tests an Referenz-Proben sowie b) nach verschiedenen Reinigungsverfahren (© L. Fröck, Fraunhofer IGP)

4.2.2 Kontaktwinkelmessung

Zur weiteren Beurteilung der Effektivität der verschiedenen Reinigungsschritte wurden Kontaktwinkelmessungen nach DIN 55660 durchgeführt. Dabei wird untersucht, wie sich ein Flüssigkeitstropfen nach dem jeweiligen Reinigungsschritt auf der Stahloberfläche verhält. Dafür werden zunächst die verschiedenen Reinigungskombinationen an Halterdummys durchgeführt, wobei das entsprechende Reinigungsmedium für etwa 5 s injiziert wird. Die Trocknung der Kavität erfolgt mit ölfreier, trockener Druckluft für 45 s mit 2 bar.

Für die anschließenden Messungen werden die Prüfflüssigkeiten auf die Stahloberfläche gegeben und bei jedem Tropfen der Kontaktwinkel ermittelt (Bild 7 rechts). Mithilfe der Kontaktwinkel, ihren Oberflächenspannungen sowie deren polaren und dispersen Anteilen kann die freie Oberflächenenergie berechnet werden. Diese ist in Abhängigkeit von dem jeweiligen Reinigungsschritt im nachfolgenden Bild 7b dargestellt.

Wie in der Bild 7 zu erkennen ist, wird die höchste Oberflächenenergie nach der Reinigung mit 40 ml VE, 2 x 20 ml VE sowie 40 ml VE + 20 ml ISO ermittelt. Der größte polare Anteil wurde jedoch nach der Reinigung mit 20 ml VE + 20 ml ISO + 20 ml VE erreicht.

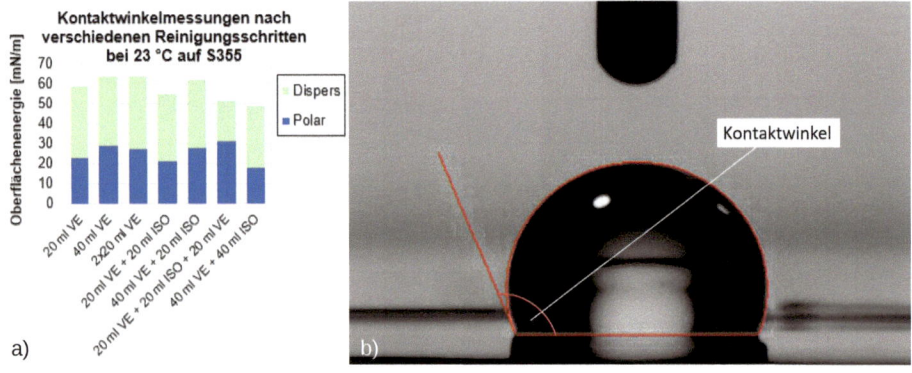

Bild 7 a) Ergebnisse der Kontaktwinkelmessungen nach den verschiedenen Reinigungsschritten; b) Tropfen bei der Kontaktwinkelmessung (© L. Fröck, Fraunhofer IGP)

4.2.3 Haftzugversuch

Für die Validierung der Ergebnisse aus den Bresle-Tests und Kontaktwinkeltests wurden Haftzugversuche nach DIN EN ISO 4624:2016 durchgeführt (Bild 8). Dabei wird im ersten Schritt ein Aluminiumprüfkörper auf die zu untersuchende Oberfläche geklebt. Nach einer vollständigen Aushärtung für 24 h bei Raumtemperatur sowie dem Entfernen der äußeren Klebstoffreste folgt das Anbringen des Zugprüfgerätes und die Prüfung durch das Abreißen des Haftzugkörpers mit definierter Zugrate.

5 Alterung der Proben unter Realbedingungen

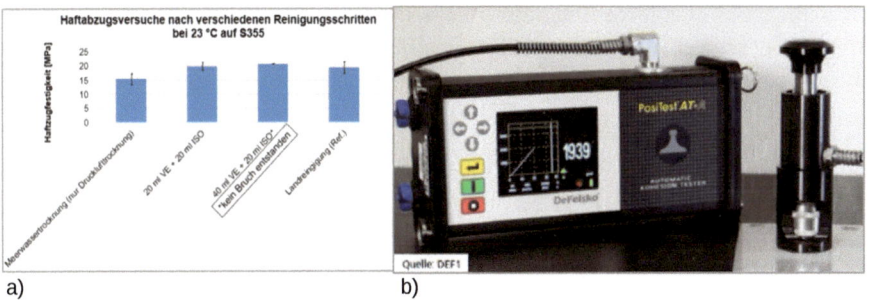

Bild 8 a) Ermittelte Haftfestigkeiten; b) Haftfestigkeitstester (© L. Fröck, Fraunhofer IGP)

Die dabei ermittelte Haftfestigkeit wird im Zusammenhang mit den vorangegangenen Reinigungsschritten in der Bild 8 dargestellt. Dem Bild ist zu entnehmen, dass lediglich bei der Verwendung von 40 ml VE-Wasser und 20 ml Isopropanol, mit zwischenzeitlicher Trocknung, kein Bruch entsteht, wodurch sich diese Kombination als am besten geeignet herausstellt.

4.2.4 Auswahl der Schritte des Reinigungsverfahrens

Basierend auf diesen Ergebnissen werden die weiteren Vorbehandlungsschritte ausgewählt (siehe Bild 9).

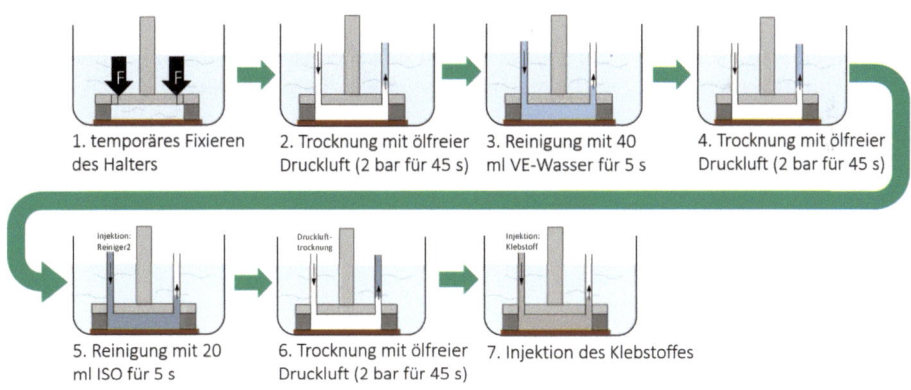

Bild 9 Schritte der Oberflächenbehandlung (© L. Fröck, Fraunhofer IGP)

5 Alterung der Proben unter Realbedingungen

Um die Wirksamkeit der gewählten Oberflächenbehandlung zu untersuchen, wurden Proben zunächst mechanisch behandelt und anschließend dem beschriebenen Reinigungsprozess unterzogen und verklebt. Danach wurden die Proben im Salzwasser in Rostock für mehrere Wochen ausgelagert. Nach definierten Auslagerungsdauern wurden Proben entnommen, gereinigt, bei Normalklima gelagert und zerstörend geprüft. Die entstandenen Bruchbilder werden in Bild 10 gezeigt. Den Bruchbildern ist zu entnehmen, dass eine Korrosion im Bereich der Klebfläche erfolgreich unterbunden werden konnte.

Bild 10 a) Proben vor der Auslagerung, b) Proben nach der Auslagerung in der Warnow in Rostock, c) Bruchbilder vor und nach Alterung (© L. Fröck, Fraunhofer IGP)

6 Zusammenfassung

Das Projekt konnte erfolgreich zeigen, dass eine vollständige Oberflächenbehandlung bestehend aus mechanischer Vorbehandlung und anschließender Reinigung Unterwasser durchgeführt werden kann. Für die mechanische Behandlung der Oberfläche hat sich der SubSea BristleBlaster® der Firma Monti-Werkzeuge GmbH bewährt. Bei einer anschließenden Reinigung stellte sich eine Kombination aus 40 ml VE-Wasser sowie 20 ml Isopropanol als vorteilhaft heraus. Während einer Auslagerung unter Realbedingungen sind in den ersten 24 Wochen keine Korrosionsunterwanderungen aufgetreten.

7 Danksagung

Das IGF-Vorhaben „Unterwasserkleben" der Forschungsvereinigung Schweißen und verwandte Verfahren e.V. (DVS) wurde unter der IGF-Vorhaben Nr. 21.002 BG über die Arbeitsgemeinschaft industrieller Forschungsvereinigungen (AiF) im Rahmen des Programms zur Förderung der Industriellen Gemeinschaftsforschung (IGF) vom Bundesministerium für Wirtschaft und Energie aufgrund eines Beschlusses des Deutschen Bundestages gefördert.

8 Literatur

[1] Schollenberg, R. (2019) *Foto Halterung*. Wismar: Nordic Yards Wismar GmbH.

[2] Sika Australia Pty Limited (2014) *Sikadur®-53 – Product Datasheet*. Water displacing epoxy resin grout.

[3] Henkel Corporation (2018) *Technical Data Sheet – Loctite Epoxy Marine* [Online]. Available: http://www.loctiteproducts.com/p/epxy_mrn_s/technical-data/Loctite-Epoxy-Marine.htm.

[4] CSE Sales Ag (2019) *CSE Underwater – Technisches Merkblatt* [Online]. Available: http://www.cseconstruction.de/media/downloads/2015/06/Technisches_Merkblatt_CSE_ Underwater.pdf, [Zugriff am 20 08 2019].

[5] Bowditch, R.; Clarke, J. D.; Stannard, K. J. (1987) *The Strength and Durability of Adhesive Joints Made Underwater* in: Adhesion 11. S. 1–6.

[6] Clarke, J. D.; Sharp, J. V.; Bowditch, M. R. (1986) *An underwater adhesive-based repair method for offshore structures*. S. 113–121.

[7] Lane, J. M. (2001) *Deep – Sea Bonding: The development of resin systems and processes for underwater bonding and sealing* in Habenicht, G. [Hrsg.] Kleben. Nr. 44, 32. S. 27–29.

[8] Allan, R. C.; Bird, J.; Clarke, J. D. (2013) *Use of adhesives in repair of cracks in ship structures* in: Materials Science and Technology. S. 853–859.

[9] Cloete, W.; Focke, W. (2010) *Fast underwater bonding to polycarbonate using photoinitiated cyanoacrylate* in: International Journal of Adhesion and Adhesives (30). pp. 208–213.

[10] Waite, J. H. (1987) *Nature's underwater adhesive specialist* in: International Journal of Adhesion and Adhesives, Nr. 7. S. 9–14.

[11] J. F., (2002) *Statistische Analyse mehrjähriger Variabilität der Hydrographie in Nord- und Ostsee*. Universität Hamburg.

[12] MeteoGroup Deutschland GmbH, *Klimadaten Ostsee*, [Online]. Available: http://www.wetter.de/klima/europa/deutschland/ostsee-r12.html [Zugriff am 2019 08 21].

[13] Habenicht, G. (2006) *Kleben. Grundlagen, Technologien, Anwendungen: mit 37 Tabellen*. Berlin: Springer.

[14] Da Silva, L. F. M.; Sato, C. (2013) *Design of Adhesive Joints under Humid Conditions*. Berlin, Heidelberg: Springer.

[15] J. R. Weitzenböck (2012) *Adhesives in marine engineering*, Woodhead Publishing Limited.

[16] Glück, N. (2019) *Entwicklung eines Verfahrens zum prozesssicheren Kleben von Halterungen unter Wasser*, Schlussbericht (IGF-Vorhaben Nr. 19493 BR).

[17] VGB PowerTech e.V. VGB/BAW-Standard (2016) *Korrosionsschutz von Offshore-Windenergieanlagen und Windparkkomponenten*, VGB PowerTech Service GmbH, Verlag technisch-wissenschaftlicher Schriften.

Redundante Punkthaltersysteme im Konstruktiven Glasbau durch hybride Verklebung

Dominik Offereins[1], Geralt Siebert[1]

1 Universität der Bundeswehr München, Institut für Konstruktiven Ingenieurbau, Werner-Heisenberg-Weg 39, 85579 München, Deutschland; dominik.offereins@unibw.de; geralt.siebert@unibw.de

Abstract

Die Untersuchung von Klebverbindungen im Konstruktiven Glasbau stellt gegenwärtig ein sehr aktives Forschungsgebiet dar. Das Konzept der hybriden Verklebung bezieht sich dabei auf Punkthaltersysteme, die Fassadenverglasungen mit der tragenden Unterkonstruktion verbinden. Dabei wird durch die Kombination eines steifen Primärklebstoffs mit einem weicheren Sekundärklebstoff ein redundantes Tragverhalten erzeugt. Zur Untersuchung der generellen Machbarkeit des Systems wurden uniaxiale Zugversuche im gealterten und ungealterten Zustand an einem weichen strukturellen Silikonklebstoff und einem steifen Epoxidharzklebstoff durchgeführt. Mit den gewonnenen Versuchsdaten wurde zudem jeweils ein erstes Materialmodell in einer FEM-Software erstellt.

Redundant point-fixings in structural glazing applications using hybrid bonding. The investigation of bonded joints in structural glazing is currently a very active field of research. The concept of hybrid bonding refers to point-fixing systems that connect facade glazing to the steel substructure. A redundant load-bearing behavior is created by combining a stiff primary adhesive with a softer secondary adhesive. To investigate the general feasibility of the system, uniaxial tensile tests were performed in the aged and unaged conditions on a soft structural silicone adhesive and a stiff epoxy resin adhesive. The test data obtained were also used to create an initial material model in FEM software in each case.

Schlagwörter: Glasbau, Klebstoffe, FEM, hybride Klebung, Redundanz

Keywords: structural glazing, adhesives, FEM, hybrid bonding, redundancy

1 Einleitung

Das Konzept der hybriden Verklebung für Punkthaltersysteme im Konstruktiven Glasbau ist ein vergleichsweise neues Forschungsgebiet. Während zu geklebten Punkthalterverbindungen mittlerweile eine Reihe an Abhandlungen existieren (siehe bspw. [1], [2], [3]), die teilweise bereits die Verwendung eines zusätzlichen Klebstoffs zum Schutz der eigentlichen Verbindung vorschlagen [4], gibt es nur wenige Arbeiten, die eine Nutzung des Sekundärklebstoffs zur Generierung einer zusätzlichen Redundanz im Tragsystem miteinbeziehen [5], [6].

Durch die Kombination eines steifen und eines weichen Klebstoffs in einem Punkthalter, sollen mit dem Konzept der hybriden Verklebung die Schwächen der jeweiligen Klebstoffe ausgeglichen werden. Steife Klebstoffe (im Folgenden „Primärklebstoffe" genannt) sind in der Lage, hohe Lasten aufzunehmen, weisen jedoch in der Regel Schwächen in der Alterungs- und Umweltbeständigkeit auf. Außerdem ist die Dehnfähigkeit insbesondere bei flächiger Anwendung begrenzt. Weiche Klebstoffe (im Folgenden „Sekundärklebstoffe") sind dagegen zumeist umwelt- und alterungsbeständig und in der Lage, hohe Dehnungen aufzunehmen. Die maximale Tragfähigkeit ist jedoch limitiert. In Bild 1 ist der Entwurf eines hybriden Punkthalters im Querschnitt dargestellt.

Dem Sekundärklebstoff kommt dadurch nicht nur die Aufgabe zu, den Primärklebstoff vor Umwelteinwirkungen wie Feuchte zu schützen, sondern auch im Falle eines weginduzierten Versagens des Primärklebstoffs für eine Resttragfähigkeit zu sorgen, um bspw. ein Herabfallen von Fassadenverglasungen zu verhindern und somit für eine Redundanz im Tragsystem zu sorgen.

Die Primärklebstoffe werden in sehr geringen Klebschichtdicken (zwischen 0,1 mm und 2 mm) angewendet, wohingegen die Klebschichtdicke der Sekundärstoffe im Bereich mehrerer Millimeter liegen kann.

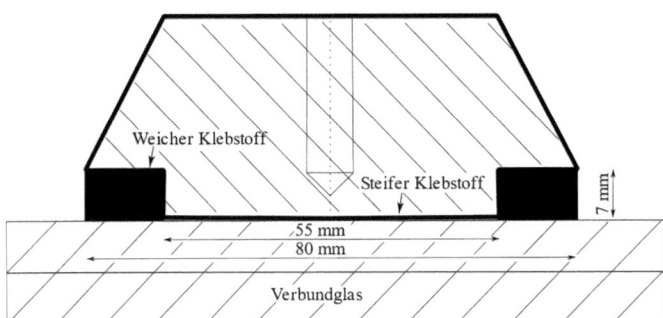

Bild 1 Darstellung eines Punkthalters mit hybrider Verklebung (© D. Offereins, G. Siebert, Universität der Bundeswehr München)

2 Auswahl geeigneter Klebstoffe

2.1 Primärklebstoffe

Es existiert eine große Auswahl an Klebstoffen bzw. Klebstoffprodukten, die für die Anwendung in Metall-Glas-Verklebungen infrage kommen. Generell kommen steife thermoplastische und duroplastische Klebstoffe wie Epoxidharzklebstoffe, Acrylate und Po-

2 Auswahl geeigneter Klebstoffe

lyurethane in Betracht. Auch das Ionomer SentryGlas®, das als Zwischenschicht für Verbundsicherheitsglas weit verbreitet ist, stellt grundsätzlich eine Möglichkeit für Primärklebstoffe in geklebten Punkthaltersystemen dar.

Polymerklebstoffe sind zwischen Einkomponenten (1K)- und Zweikomponenten (2K)-Klebstoffen zu unterscheiden. Während bei letzteren zwei separate Komponenten maschinell oder manuell miteinander vermischt werden müssen, liegt bei den 1K-Systemen die zweite Komponente in der Umgebung vor (bspw. Luftfeuchtigkeit) oder die Reaktion erfolgt durch (UV-) Strahlung. Gemeinsam haben die beiden Systeme, dass die Komponenten im (zäh-)flüssigen Zustand verarbeitet werden müssen. Im Gegensatz dazu wird SentryGlas® als Folie geliefert und im Autoklaven „ausgehärtet" bzw. der Verbund hergestellt.

Im vorliegenden Beitrag wurde der zweikomponentige Epoxidharzklebstoff Scotch-Weld 9323 B/A der Firma 3M untersucht. Der Klebstoff wurde bereits in [1] und [7] untersucht und zeigte vielversprechende Ergebnisse. Unter anderem konnte eine Glasübergangstemperatur zwischen 72 °C und 83 °C festgestellt werden [1]. Die Glasübergangstemperatur bzw. der Glasübergangsbereich stellt vor allem für Anwendungen in Gebäudefassaden eine wichtige Kenngröße dar, da sie mit einer erheblichen Materialerweichung einhergeht. In Gebäudefassaden können Temperaturen von bis zu 80 °C auftreten, was für einige Klebstoffe außerhalb ihres Anwendungsbereiches liegt.

2.2 Sekundärklebstoffe

Die infrage kommenden Klebstoffsysteme für die Sekundärklebstoffe begrenzen sich in erster Linie auf strukturelle Silikonklebstoffe, die der Gruppe der Elastomere zuzuordnen sind. Jedoch können auch hier Schmelzklebstoffe wie bspw. Ethylenvinylacetat (EVA), das derzeit vor allem bei Solaranlagen Anwendung findet, in Betracht gezogen werden.

Strukturelle Silikonklebstoffe werden mit der Structural Sealant Glazing (SSG)-Methode bereits verbreitet in Gebäudefassaden eingesetzt. Vorteil der Silikonklebstoffe bzw. der Elastomere im Allgemeinen ist, dass der Glasübergangsbereich weit unterhalb der Gebrauchstemperatur liegt und der Übergang im Anwendungsfall dementsprechend bereits stattgefunden hat. Dadurch weisen strukturelle Silikone eine hohe Temperaturbeständigkeit auf. Sie sind außerdem in der Lage, große Verformungen auszugleichen und gelten als witterungs- und alterungsbeständig.

EVA wird ähnlich wie Folien aus Polyvinylbutyral (PVB) zur Herstellung von Verbundsicherheitsglas eingesetzt, wobei EVA nach Forschungsergebnissen eine höhere Temperatur- und Umweltbeständigkeit aufweist, was es grundsätzlich für eine Anwendung in Punkthaltersystemen mit hybrider Verklebung qualifiziert.

Im weiteren Verlauf werden Untersuchungen am strukturellen Silikonklebstoff DC 993 der Firma DowCorning beschrieben. Dieses Produkt zeigte in früheren Untersuchungen gute Eigenschaften, vor allem im Hinblick auf seine Umwelt- und Alterungsbeständigkeit, vgl. [8], [9], [10].

3 Experimentelle und numerische Arbeit

Im Folgenden werden uniaxiale Zugversuche sowohl am Epoxidharzklebstoff als auch am Silikon in gealtertem sowie nicht gealtertem Zustand beschrieben. Der Alterungsprozess bestand aus einer Lagerung bei 80 °C in demineralisiertem Wasser für 21 Tage in einer Klimakammer (Binder MKF 720). Es existieren verschiedene normative Vorgaben zu Alterungsversuchen: in der ETAG 002-1 wird die Lagerung bei 45 °C in Wasser für 21 Tage vorgeschrieben, in DIN EN 15434 bspw. eine Lagerung bei 100 °C für sieben Tage (ohne Wasserlagerung). Die angewendete Methode wird als geeignet für initiale Alterungsversuche angesehen, da die Temperatur von 80 °C als Obergrenze für die Anwendung in Fassaden gilt und Wasser im Allgemeinen eine kritische Umwelteinwirkung für Klebstoffe in Fassadensystemen darstellt.

Während das Versuchsprogramm für den Silikondichtstoff aus den sog. ‚Staircase'-Tests, zyklischen Zugversuchen sowie Untersuchungen zum Mullins-Effekt bestand, wurden am Epoxidharzklebstoff aufgrund des differenten Materialverhaltens lediglich einfache Zugversuche bis zum Bruch durchgeführt.

3.1 Herstellung der Prüfkörper

Die Silikonprüfkörper wurden manuell mit einer Kartusche der Firma DowCorning hergestellt, welche beide Komponenten des Silikons im richtigen Verhältnis mischt und verarbeitet. Dazu wurde das Material in Bahnen mit einer Dicke von 3 mm gegossen und nach abgeschlossener Aushärtung Prüfkörper mit der in Bild 2 dargestellten Geometrie ausgestanzt. Die gewählte Form der Prüfkörper wurde von [11] eingeführt und führte in weiterer Forschungsarbeit zu guten Ergebnissen (siehe [3]).

Im Gegensatz zum Silikon konnte der Epoxidharzklebstoff nicht mit einer Kartusche verarbeitet werden, sondern musste manuell gemischt und anschließend in Formen gegossen werden. Ein Austanzen ist aufgrund der Härte des Klebstoffs nicht möglich. Das Mischungsverhältnis wurde entsprechend der Herstellerangaben nach Gewichtsanteilen eingestellt. Die Dicke der Prüfkörper wurde auf 2 mm festgelegt. Dies ist oberhalb der optimalen Klebschichtdicke von 0,2 mm (vgl. [12]), jedoch sind geringere Schichtdicken bei manueller Verarbeitung kaum mehr möglich. Generell konnten durch die Verarbeitungsmethode Lufteinschlüsse nicht gänzlich vermieden werden, was die Ergebnisse der Materialversuche beeinflusst.

3 Experimentelle und numerische Arbeit

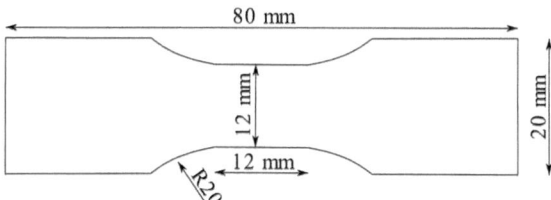

Bild 2 Abmessungen des Prüfkörpers für die uniaxialen Zugversuche (© Becker [11])

3.2 Struktureller Silikondichtstoff

3.2.1 Versuchsergebnisse vor und nach Alterung

Die Prüfkörper wurden sowohl nach dem Aushärtungsprozess als auch nach der ggf. erfolgten Alterung jeweils 24 Stunden bei Raumtemperatur konditioniert. Wie beschrieben wurden die Silikonprüfkörper in drei verschiedenen Konfigurationen getestet. Die Dehnrate wurde zu 0,05 1/s, bezogen auf den Anfangsquerschnitt der Prüfkörper, gewählt. Die Ergebnisse sind Bild 3 bis Bild 5 zu entnehmen. Darin wird das typische Verhalten von strukturellen Silikondichtstoffen sichtbar, das von großen Dehnungen bei geringen Spannungen charakterisiert wird.

Der Graph der Staircase-Versuche (Bild 3) zeigt das Relaxationsverhalten des Silikons. Die Relaxation startet unmittelbar. Zum Ende der Haltedauer von zwei Minuten waren jedoch kaum mehr Veränderungen sichtbar. Der maximale Steifigkeitsverlust einer Halteperiode liegt bei etwa 19 %, wobei festgehalten werden kann, dass der Verlust umso höher ausfällt, je höher die aufgebrachte Dehnung bzw. Spannung ist.

Das Diagramm der zyklischen Versuche (Bild 4) zeigt die typische Spannungserweichung des Silikons während der Entlastung. Bei der Wiederbelastung kann ein gewisser Heilungseffekt festgestellt werden, d. h. der Pfad liegt unter jenem der Erstbelastung, jedoch über dem Pfad der Entlastung. Insgesamt wurden fünf Zyklen, bestehend aus (Wieder-) Belastung und Entlastung, gefahren. Nach dem fünften Zyklus war quasi keine weitere Spannungserweichung mehr festzustellen.

Übersteigt die Dehnung bzw. Spannung bei der Wiederbelastung den zuvor erreichten Maximalwert, folgt das Materialverhalten anschließend wieder dem Pfad der Erstbelastung. Dieses Verhalten wird durch den sog. Mullins-Effekt [13] charakterisiert und ist in Bild 5 dargestellt.

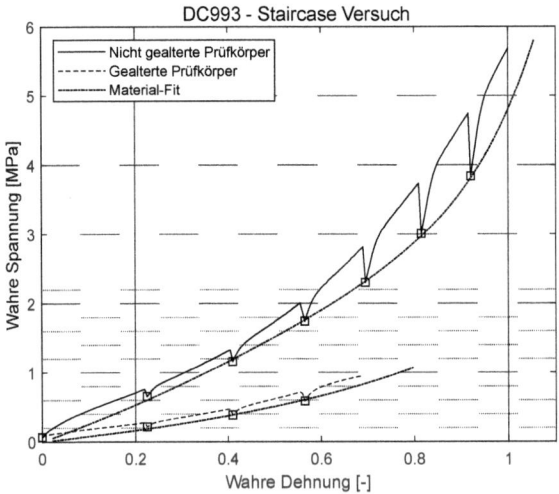

Bild 3 Staircase Versuche im gealterten und nicht gealterten Zustand am Silikon DC 993 (© D. Offereins, G. Siebert, Universität der Bundeswehr München)

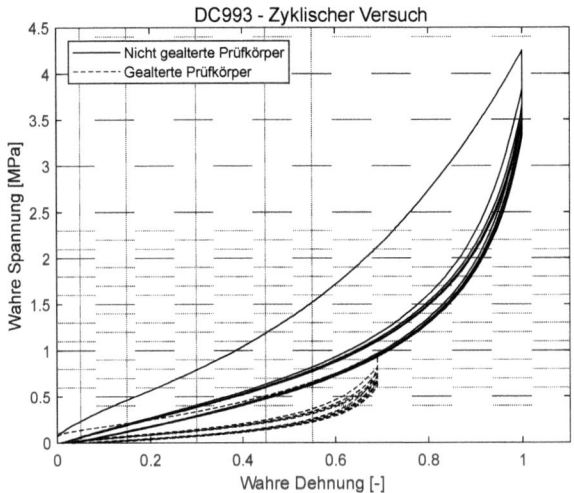

Bild 4 Zyklische Versuche im gealterten und nicht gealterten Zustand am Silikon DC 993 (© D. Offereins, G. Siebert, Universität der Bundeswehr München)

3 Experimentelle und numerische Arbeit

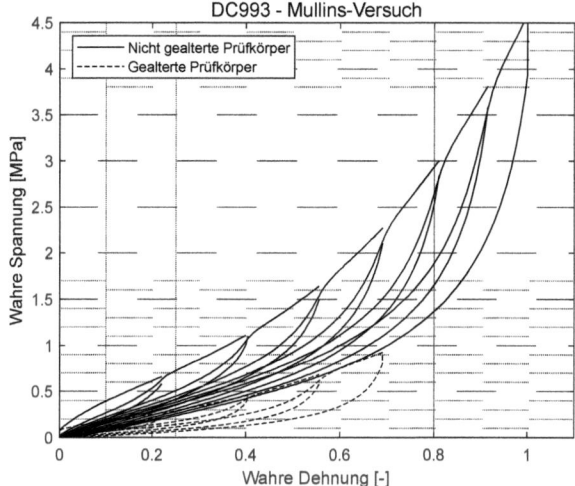

Bild 5 Mullins Versuche im gealterten und nicht gealterten Zustand am Silikon DC 993 (© D. Offereins, G. Siebert, Universität der Bundeswehr München)

In den Bilden 3 bis 5 ist ebenfalls das Verhalten nach Alterung dargestellt (gestrichelte Kurven). Im Allgemeinen kann in jedem Diagramm ein erheblicher Steifigkeitsverlust nach Alterung festgestellt werden. Außerdem reduziert sich die maximal aufnehmbare Dehnung erheblich. An dieser Stelle muss angemerkt werden, dass die Dehnungen über Extensometer gemessen wurden. Nach der Alterung waren die Silikonprüfkörper jedoch so weich, dass die Klemmen der Extensometer in das Material schnitten und dadurch lokales Versagen an den Messstellen verursacht haben. Im realen Einsatz ist mit solchen mechanischen Zusatzbeanspruchungen nicht zu rechnen.

Nach Alterung ergaben sich für das Silikon geringere Werte, als Ergebnisse aus der Literatur erwarten lassen, vgl. [10]. Allerdings war die hier gewählte Alterungsmethode signifikant strikter als in den Richtlinien und Normen gefordert, wo üblicherweise eine Alterung von 45 °C in demineralisiertem Wasser oder eine Lagerung bei hoher Temperatur, jedoch ohne Wasserlagerung fordern (siehe u.a. ETAG 002, EN ISO 75, EN ISO 4892). Wie bereits beschrieben, wird die gewählte Alterungsmethodik im Hinblick auf die Anwendung in Fassadensystem dennoch als guter Anhaltspunkt für die initialen Versuche angesehen.

3.2.2 Numerische Simulation

Die numerische Abbildung und das Fitten eines Materialmodells wurden an den Staircase-Versuchsdaten sowohl der nicht gealterten als auch der gealterten Prüfkörper durchgeführt. Hierfür wurden jeweils die niedrigsten Spannungswerte jeder Halteperiode ermittelt und mit einem Yeoh 3-Parameter-Modell in der Finite-Element-Software ANSYS abgebildet.

Das Yeoh-Modell ist ein hyperelastisches Materialmodell, welches das Verhalten von Silikon in uniaxialen Zugversuchen akkurat beschreibt, vgl. Bild 3. Hyperelastische Materialmodelle werden üblicherweise durch die Dehnungsenergiedichtefunktion W beschrieben, die im vorliegenden Fall lautet:

$$W = C_{10}(I_1 - 3) + C_{20}(I_1 - 3)^2 + C_{30}(I_1 - 3)^3, \tag{1}$$

wobei I_1 die erste Invariante des Cauchy-Green Deformationstensors und C_{10}, C_{20} und C_{30} Materialkonstanten darstellen. In der oben stehenden Formel wurde der volumetrische Teil der Dehnungsenergiedichtefunktion vernachlässigt, da lediglich uniaxiale Zugversuche durchgeführt wurden.

Für die Implementierung in der Finite-Elemente-Software wird die Gleichung für den Fall uniaxialer Zugversuche wie folgt adaptiert:

$$\sigma_{uniax} = 2[C_{10} + 2C_{20}(I_1 - 3) + 3C_{30}(I_1 - 3)^2]\left(\lambda^2 - \frac{1}{\lambda}\right), \tag{2}$$

mit den Hauptdehnungen λ.

3.3 Zweikomponenten Epoxidharzklebstoff

3.3.1 Versuchsergebnisse vor und nach Alterung

An den Epoxidharzklebstoffprüfkörpern wurden einfache Zugversuche bis zum Bruch durchgeführt. Die angewendete Dehnrate, bezogen auf den Anfangsquerschnitt der Prüfkörper, betrug 0,001 1/s.

Der Klebstoff zeigt ein signifikant steiferes Verhalten mit Spannungen, die um einen Faktor von circa 10 höher sind als die des strukturellen Silikondichtstoffs. Der Graph der nicht gealterten Prüfkörper zeigt eine weichere Materialantwort als Ergebnisse in der Literatur erwarten lassen (vgl. [1]). Die maximale Dehnung ist ebenfalls geringer. Das kann auf Lufteinschlüsse in den Prüfkörpern zurückgeführt werden, die durch die manuelle Mixtur der zwei Komponenten nicht verhindert werden konnten. Dadurch wurde der Querschnitt der Prüfkörper verringert, was zu einem früheren Versagen führte.

Nach dem Alterungsprozess veränderte sich die Farbe der Prüfkörper von pink zu dunkelrot. Nichtsdestotrotz zeigt der Epoxidharzklebstoff nach Alterung positive Eigenschaften: trotz eines leichten Steifigkeitsverlustes sind die aufnehmbaren Spannungen weiter auf hohem Niveau und es können größere Dehnungen aufgenommen werden. Außerdem zeigt sich ein vergrößerter Plateaubereich vor dem Versagen.

An dieser Stelle muss angemerkt werden, dass keine ausreichenden Daten bezüglich des Widerstands gegenüber anderen Umwelteinflüssen des Epoxidharzklebstoffs vorliegen, d. h. der durchgeführte Alterungsprozess war möglicherweise nicht der ungünstigste.

Deshalb ist es unerlässlich, weitere Versuche u. a. unter Einbeziehung von UV-Strahlung durchzuführen.

3.3.2 Numerische Simulation

Ein häufig postulierter Ansatz, um steife Klebstoffe wie Acrylate oder Epoxidharze numerisch abzubilden, ist die Verwendung eines simplen linear-elastischen Materialmodells. Für diese Modelle ist lediglich die Kenntnis des Elastizitätsmoduls sowie der Poissonzahl notwendig. Der Elastizitätsmodul wurde zu 1,678 MPa für den nicht gealterten Zustand bzw. 1,190 für den gealterten Zustand bestimmt. Die Poissonzahl wurde aus der Literatur übernommen und beläuft sich auf 0,392, vgl. [1].

In Bild 6 ist zu erkennen, dass die Materialmodelle das Verhalten für kleine Dehnungen gut beschreiben. Überschreiten die Dehnungen jedoch ca. 50 % ihres Maximalwertes, werden die Abweichungen zum tatsächlichen Materialverhalten größer und die aufnehmbaren Spannungen beim Bruch werden deutlich überschätzt. In weiteren Simulationen sind deshalb weitere Materialmodelle auf ihre Eignung zur Darstellung steifer Klebstoffe zu prüfen.

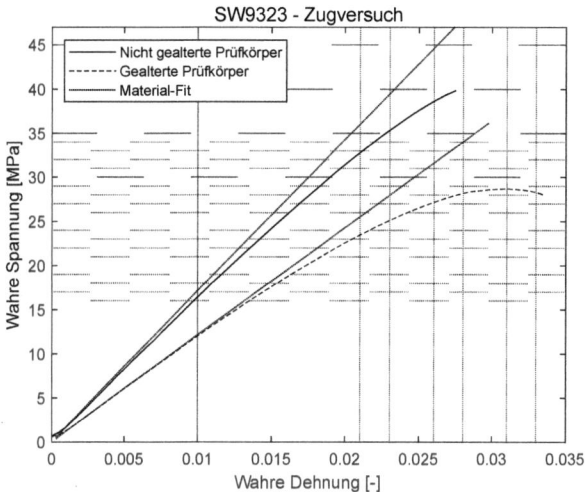

Bild 6 Zugversuche im gealterten und nicht gealterten Zustand am Epoxidharzklebstoff SW 9293 (© D. Offereins, G. Siebert, Universität der Bundeswehr München)

4 Schlussfolgerungen und Ausblick

Im vorliegenden Beitrag wurden uniaxiale Zugversuche an zwei Klebstoffen mit unterschiedlichen Materialeigenschaften durchgeführt, um ihre Eignung für die Anwendung in hybriden Punkthaltern für Metall-Glas-Konstruktionen zu untersuchen. Der strukturelle Silikondichtstoff DC 993 von DowCorning wurde als Sekundärklebstoff ausgewählt, ScotchWeld 9323 von 3M als Primärklebstoff.

Beide Klebstoffe zeigten ein Materialverhalten, das sie grundsätzlich für weitere Untersuchungen qualifiziert. Die gewählte Alterungsmethode war dabei erheblich strikter als normative Vorgaben dies erfordern, sodass bei einer abgestuften Methode bessere Ergebnisse zu erwarten sind. Bezüglich der numerischen Modellierung des Materialverhaltens kann festgehalten werden, dass das Yeoh 3-Parameter-Modell das Verhalten des Silikons für den Fall uniaxialer Zugversuche gut beschreibt. Das für den Epoxidharzklebstoff gewählte linear-elastische Materialmodell bildet das Materialverhalten nur für kleine Dehnungen akzeptabel ab.

Es ist geplant, weitere Klebstoffe auf ihre Eignung für hybride Verklebungen zu untersuchen. Da verschiedene Klebstoffe aufgrund chemischer Wechselwirkungen möglicherweise nicht miteinander kombiniert werden können, müssen zunächst kompatible Klebstoffpaare gefunden werden, bevor weitere Versuche durchgeführt werden können.

Anschließend sollen verschiedene Belastungs- und Alterungsszenarien experimentell untersucht werden, um ein adäquates Materialmodell für flächige Anwendungen in Punkthaltern erstellen zu können. Kleinbauteilversuche sollen die Ergebnisse validieren.

5 Danksagung

Die Autoren bedanken sich für die Förderung bei dtec.bw – Zentrum für Digitalisierungs- und Technologieforschung der Bundeswehr – Projekt „RISK.twin".

6 Literatur

[1] Dispersyn, J. (2016) *Evaluation and Optimisation of Adhesive Point-Fixings in Structural Glass* [Dissertation]. Ghent University.

[2] Vogt, I. (2009) *Strukturelle Klebungen mit UV- und lichthärtenden Acrylaten* [Dissertation]. Technische Universität Dresden.

[3] Drass, M. (2020) *Constitutive Modelling and Failure Prediction for Silicone Adhesives in Facade Design* in: Knaack, U.; Schneider, J.; Wörner, J.-D.; Kolling, S. [Hrsg.] *Mechanik, Werkstoffe und Konstruktion im Bauwesen*, Wiesbaden: Springer Vieweg, Band 55.

[4] Wünsch, J. (2017) *Transparente Epoxidharzklebstoffe für Glas-Metall-Verbindungen* [Dissertation]. Technische Universität Dresden.

6 Literatur

[5] Hanenberg, N. (2016) *Mechanical behavior of laminated hybrid adhesive point connections when exposed to humidity conditions* [Master's Thesis]. Delft University of Technology.

[6] Santarsiero, M.; Louter, C.; Nussbaumer, A. (2016) *The mechanical behaviour of SentryGlas ionomer and TSSA bulk silicon bulk materials at different temperatures and strain rates under uniaxial tensile stress state* in: *Glass Structures and Engineering 1*. S. 395–415. https://doi.org/10.1007/s40940-016-0018-1

[7] Belis, J.; van Hulle, A.; Out, B.; Bos, F.; Callewaert, D.; Poulis, H. (2011*) Broad screening of adhesives for glass-metal bonds* in: *Glass Performance Days 2011*. S. 286–289.

[8] Dias, V.; Odenbreit, C.; Hechler, O.; Scholzen, F.; Ben Zineb, T. (2014) *Development of a constitutive hyperelastic material law for numerical simulations of adhesive steel-glass connections using structural silicone* in: *International Journal of Adhesion & Adhesives 48*. S. 194–209. https://doi.org/10.1016/j.ijadhadh.2013.09.043

[9] Hagl, A. (2016) *Development and test logics for structural silicone bonding design and sizing* in: *Glass Structures and Engineering 2016*. S. 131–151. https://doi.org/10.1007/s40940-016-0014-5

[10] Bues, M.D. (2021) *Ein Beitrag zur Auslegung tragender Klebverbindungen im Fassadenbau* [Dissertation]. Karlsruher Institut für Technologie.

[11] Becker, F. (2009) *Entwicklung einer Beschreibungsmethodik für das mechanische Verhalten unverstärkter Thermoplaste bei hohen Deformationsgeschwindigkeiten* [Dissertation]. Martin-Luther Universität Halle-Wittenberg.

[12] 3M (2002). *Scotch-Weld® 9323 B/A Zweikomponenten-Konstruktionsklebstoff*. Neuss. Technisches Datenblatt.

[13] Mullins, L. (1948) *Effect of stretching on the properties of rubber* in: *Rubber Chemistry and Technology 21*. S. 281–300.

Lastabtragende Klebungen für aussteifende Verglasungen mit Absturzsicherung

Johannes Giese-Hinz[1], Felix Nicklisch[1], Mascha Baitinger[2], Jasmin Reichert[2], Bernhard Weller[1]

1 Technische Universität Dresden, Institut für Baukonstruktion, August-Bebel-Str. 30, 01219 Dresden, Deutschland; johannes.giese-hinz@tu-dresden.de; felix.nicklisch@tu-dresden.de; bernhard.weller@tu-dresden

2 VERROTEC GmbH, Im Niedergarten 12, 55124 Mainz, Deutschland; mascha.baitinger@verrotec.de; reichert@verrotec.de

Abstract

Lastabtragende Klebungen sind in der Lage, Dauer-, Kurzzeit- und Stoßbelastungen zu übertragen. Sie ermöglichen neue und innovative Konstruktionen. Aufgrund des Alterungsverhaltens der geklebten Verbindung sind jedoch Umwelteinflüsse bei der Bemessung zu berücksichtigen. Dieser Beitrag zeigt die Entwicklung eines neuartigen Aussteifungselements aus Glas mit Absturzsicherung, bei dem Klebungen einen maßgeblichen Beitrag zum Abtrag der unterschiedlich lang einwirkenden Lasten leisten. Teil der Entwicklung ist ein experimentelles Testprogramm sowie eine numerische Simulation mit Volumenelementen und Feder. Das Ergebnis ist ein einsatzbereites geklebtes Aussteifungselement und dessen Bemessungskonzept.

Load-bearing bonding for in-plane loaded glass balustrades. Load-bearing adhesives are capable of transmitting permanent, short-term and impact loads. They enable new and innovative designs. However, due to the aging behaviour of the bonded joint, environmental influences have to be taken into account in the design. This article shows the development of a new type of stiffening balustrade which is in-plane loaded and made of glass. Bonding makes a significant contribution to the transfer of loads acting over different periods of time. Part of the development is an experimental test program as well as a numerical simulation with solid elements and springs. The result is a ready-to-use bonded stiffening element and its design concept.

Schlagwörter: strukturelle Klebungen, aussteifende Verglasung, Bauteilversuch, Bemessungskonzept, FE-Simulation

Keywords: load-bearing adhesive joint, in-plane loaded glass, component testing, design concept, FE simulation

1 Motivation und Zielstellung

Balkone können bei der Neubauplanung, insbesondere bei Stahlbetonbauten, durch auskragende Platten mit individuellen Brüstungen sehr einfach realisiert werden. Anders verhält es sich bei Konstruktionen in Holzbauweisen oder bei der Aufwertung von Bestandsbauten. Die lokalen Tragreserven im Bereich des Anschlusses an der Balkonkonstruktion sind hier oftmals nicht ausreichend, um biegesteife Anschlüsse zu realisieren. Häufig werden dann Balkone auf Stützen vor das Gebäude gestellt und lediglich horizontal in der Außenwand rückverankert. Architektonisch ansprechender sind jedoch stützenfreie Konstruktionen. Dann müssen Balkonplattformen am Gebäude gelenkig gelagert und zusätzlich mit diagonalen Zugstäben rückverankert werden. Bild 1 zeigt zwei Beispiele einer derartigen Umsetzung. In Verbindung mit Ganzglasbrüstungen sind die diagonalen Zugstreben deutlich sichtbar und stören das Erscheinungsbild der Fassade. Hinzu kommt, dass diese die nutzbare Fläche des Balkons einschränken und als Klettermöglichkeit ein potenzielles Sicherheitsrisiko für Kinder darstellen.

Bild 1 a) Sanierung eines Bestandswohnhauses mit nachträglich angebrachten Balkonen in Prora (© BONDA Balkon- und Glasbau GmbH); b) ein Wohnhaus in Holzbauweise in Växjö, Schweden (© F. Nicklisch, TU Dresden)

Die gezeigten Beispiele haben gemein, dass die verwendeten Glasbrüstungen lediglich eine absturzsichernde Funktion übernehmen. Vorhandene Tragreserven zur Aussteifung des Balkons und damit als Ersatz der Zugstäbe bleiben ungenutzt. Bereits ältere Untersuchungen [1] und [2] zeigen jedoch, wie Glasscheiben in der Ebene belastet werden können und so deren Potenzial nutzbar wird. Neuere Untersuchungen [3], [4] und [5] belegen zudem die Möglichkeit, wie lastabtragend geklebte Glasfassaden in der Lage sind, einen Beitrag zur Aussteifung von ganzen Gebäuden zu leisten. Mit dem heutigen Wissensstand sowie verfügbaren Bemessungsmethoden ist es daher möglich, Glasbrüstungen von Balkonen nicht nur als absturzsicherndes Element zu betrachten, sondern sie als Teil des Primärtragwerks zu bemessen. Dies ist die Motivation für das Forschungsprojekt GLASSBRACE und der folgend beschriebenen Versuchsergebnisse.

2 GLASSBRACE

2.1 Ziel und Wirkungsweise

Ziel des Forschungsprojektes GLASSBRACE ist es, die Tragfähigkeit der seitlichen Ganzglasbrüstung zu nutzen und damit auf die bislang notwendigen Zugstäbe (Bild 2) zu verzichten. Die Verglasung soll nicht mehr nur absturzsichernd, sondern auch aussteifend wirken. So ist es möglich, ständige Lasten, wie das Eigengewicht der Balkonplattform und der Brüstung, sowie veränderliche Lasten aus Nutzung und Wind in das Gebäude abzuleiten. Mithilfe von lastabtragenden Klebungen soll eine homogene Lastübertragung zwischen Handlauf und Verglasung beziehungsweise zwischen dem Adapter zur Bodenplattform und der Verglasung erreicht werden. Wesentliche Entwicklungsschwerpunkte sind daher die geklebten Anschlüsse des Glaselements zum Handlauf und zur Plattform. Da die Verglasung somit ein Teil des primären Tragwerkes des Balkons ist, muss zudem mit einem geeigneten Scheibenaufbau eine ausreichende Tragfähigkeit sowie im Versagensfall eine hinreichende Resttragfähigkeit sichergestellt werden.

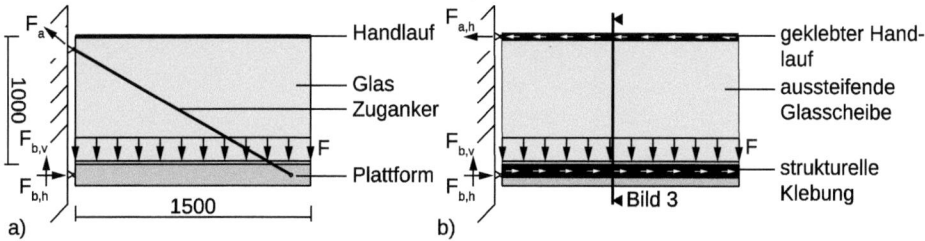

Bild 2 Vergleich der statischen Systeme a) eines konventionellen Balkons mit diagonalem Zugstab und b) des neuartigen GLASSBRACE-Elements (© J. Giese-Hinz, TU Dresden)

2.2 Konstruktion

Das Aussteifungselement (Bild 3) basiert auf einer Glasscheibe mit lastabtragenden Klebungen zu einem unteren Adapterprofil und zum oberen U-förmigen Handlauf. Mit der Verwendung eines elastischen Silikonklebstoffes ist die sichere Lastübertragung ohne erhöhte Spannungsspitzen im Glas sichergestellt. Die Klebungen sind 4 und 6 mm dick. Ihre Länge entspricht nahezu der Tiefe des Balkons. Die Verwendung eines Adapterprofils am Fußpunkt und eines Handlaufs mit Anschlussplatte erlaubt eine serielle Werksfertigung mit gleichbleibend hoher Qualität der Klebung und einer hohen Maßhaltigkeit des Gesamtelements. Dies ermöglicht die Handhabung des Klebens als speziellen Prozess. Der hohe Vorfertigungsgrad führt zu einer schnellen Montage, ohne dass auf die Aushärtung des Klebstoffes auf der Baustelle Rücksicht genommen werden muss. Stattdessen kann das Verglasungselement durch das Adapterprofil schnell mit der Bodenplattform und am Ende des Handlaufs mit dem Gebäude verschraubt werden. Für einen klaren Lastfluss sind die Bodenplattform gelenkig und der Handlauf zusätzlich vertikal verschieblich am Gebäude angeschlossen.

Für die Glasscheiben wird teilvorgespanntes Glas (TVG) verwendet, wobei die Glasdicke rechnerisch bestimmt wird. Zusätzlich zum Nachweis der Absturzsicherheit muss eine Reststandsicherheit im Falle eines Glasbruches durch den Einsatz von Verbundsicherheitsglas (VSG) erreicht werden. Zwei Glasaufbauten werden als geeignet in Betracht gezogen: ein symmetrisches Zweifach-VSG und ein asymmetrisches Dreifach-VSG mit gestuftem Aufbau. Dabei ist zu berücksichtigen, dass bei einem üblichen zweischichtigen Glasaufbau (2 x 10 mm TVG) sowohl die innere als auch die äußere Scheibe beschädigt werden kann, wodurch die Verbundfolie stark beansprucht werden würde. Für diesen Aufbau wird daher eine Folie mit hoher Reißfestigkeit und Steifigkeit (SentryGlas SG5000) vorgesehen. Bei Verwendung eines dreischichtigen Glasaufbaus (10/10/6 mm TVG) kann davon ausgegangen werden, dass die mittlere Scheibe geschützt ist und intakt bleibt. Als Zwischenschicht genügt dann eine Standardfolie aus Polyvinylbutyral (PVB).

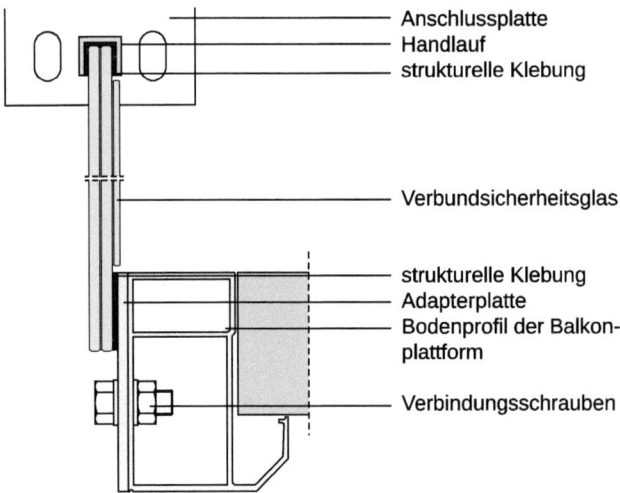

Bild 3 Vertikalschnitt durch das GLASSBRACE-Element (© J. Giese-Hinz, TU Dresden)

2.3 Materialien

Für die tragenden Klebverbindungen wird ein zweikomponentiger Silikonklebstoff mit einer bauaufsichtlichen Zulassung für Fassadenanwendungen [6] nach ETAG 002 [7] verwendet. Der Klebstoff haftet sehr gut auf Edelstahl und anodisiertem Aluminium sowie auch auf Glas. Typischerweise verhält sich das Klebstoffmaterial hyperelastisch bei einem gleichzeitig geringen Elastizitätsmodul (< 5 MPa) mit einer Querdehnzahl von 0,49.

Das Brüstungselement besteht aus Verbundsicherheitsglas aus teilvorgespanntem Kalk-Natron-Silikatglas (TVG). Das Grundglas reagiert auf äußere Belastungen ideal linear elastisch mit einem schlagartig spröden Versagen. Der Elastizitätsmodul beträgt

70.000 MPa und die Querdehnzahl 0,23. Als Verbundfolie wird SentryGlas SG5000, beziehungsweise standardisierte Folie aus Polyvinylbutyral genutzt.

Alle Metallprofile, abgesehen vom Handlauf, bestehen aus Aluminium EN AW 6060 T66 und sind pulverbeschichtet. Dies stellt einen ausreichenden Witterungsschutz dar. Der Handlauf besteht aus Edelstahl (Festigkeitsklasse S355). Der Elastizitätsmodul beträgt 70.000 MPa für Aluminium, beziehungsweise 210.000 MPa für Edelstahl. Die Klebungen werden auf nicht pulverbeschichteten Oberflächen ausgeführt. Für eine bessere Haftung des Klebstoffes wird das Aluminium anodisiert und alle Metalloberflächen nach dem Reinigen mit einem Primer vorbehandelt.

3   Belastungsanalyse

3.1   Umwelteinflüsse

Die entwickelten Aussteifungselemente sind Teil der Gebäudefassade und unterliegen damit natürlichen Umwelteinflüssen und künstlichen Schadmedien. Mögliche Einflussfaktoren sind Temperaturänderungen sowie Klimawechselbeanspruchungen, solare Strahlung und chemische Medien, wie Säuren, Salze aber auch Reinigungsmittel. Zu unterscheiden sind dabei ausgelöste physikalische und chemische Alterungsvorgänge. Temperaturänderungen zählen zu den erst genannten Vorgängen, da diese beispielsweise Spannungsrisse auslösen können und damit direkt das Klebstoffgefüge betreffen. Alle anderen Faktoren verursachen vorrangig einen oxidativen oder hydrolytischen Abbau der chemischen Struktur des Klebstoffes. Die aufgezählten Einflussfaktoren können so in der Lage sein, das optische Erscheinungsbild oder das Haftverhalten des Klebstoffs negativ zu beeinflussen. Letzteres kann zu einem frühzeitigen Versagen der Konstruktion führen. Aber auch Auswirkungen auf das mechanische Verhalten, wie eine Erweichung oder eine Versprödung sind möglich. Die hohe und vielseitige Beanspruchung begründet die Notwendigkeit einen dauerhaften Klebstoff, wie ein strukturelles Silikon, einzusetzen.

3.2   Mechanische Belastungen

3.2.1   Ständige und veränderliche Lasten

Zur Bewertung der Standsicherheit der Gesamtkonstruktion und des GLASSBRACE-Elements sind sämtliche Eigengewichtslasten aus der Konstruktion sowie alle Ausbaulasten als ständige Lasten zu berücksichtigen. Die Ausbaulasten können in Abhängigkeit von Material und Stärke des verwendeten Bodenbelags stark variieren. Nutzlasten, Windlasten und Schneelasten zählen zu den veränderlichen Einwirkungen, die gemäß den Vorgaben des Eurocodes 1 (DIN EN 1991) in seinen relevanten Teilen 1-1 [8], 1-3 [9] beziehungsweise 1-4 [10] in Verbindung mit den nationalen Anhängen anzusetzen sind. Nutzlasten wirken dabei sowohl vertikal auf die Bodenplatte des Balkonelements als auch horizontal in Höhe des Handlaufs (Holmlast) auf das Glasgeländer.

Im Folgenden sind die angesetzten Lasten für ein Balkonsystem mit den Abmessungen B x T = 3,0 m x 1,5 m aufgelistet.

Eigengewicht der Konstruktion:

$$g_k = 0{,}3 \frac{kN}{m^2} \tag{1}$$

Ausbaulasten (ca.):

$$g_k = 0{,}2 \frac{kN}{m^2} \; bis \; 0{,}5 \frac{kN}{m^2} \tag{2}$$

Nutzlast Balkone (Kat. Z):

$$q_k = 4{,}0 \frac{kN}{m^2} \tag{3}$$

Holmlast in Absturzrichtung:

$$q_{k,in} = 1{,}0 \frac{kN}{m^2} \tag{4}$$

Holmlast entgegen der Absturzrichtung:

$$q_{k,aus} = 0{,}5 \frac{kN}{m^2} \tag{5}$$

Die für die Bemessung des GLASSBRACE-Elements maßgebende Windrichtung kann Bild 4 entnommen werden. Schneelasten werden aufgrund des hohen Lastanteils aus vertikaler Nutzlast nicht maßgebend.

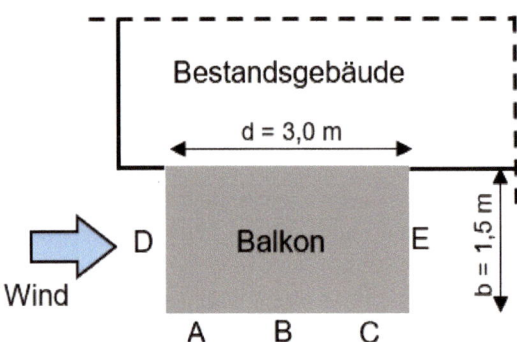

Bild 4 Maßgebende Windrichtung für die Bemessung des GLASSBRACE-Elements (© Verrotec GmbH)

3.2.2 Lastfallkombinationen

Die Standsicherheit der Konstruktion und das Einhalten von Verformungsbegrenzungen wird unter den normativ vorgegebenen Lastfallkombinationen nachgewiesen. Zugrunde gelegt werden die Einwirkungskombinationen nach DIN EN 1990.

Die Einwirkungskombination im Grenzzustand der Tragfähigkeit (GZT) wird wie folgt berechnet:

$$\sum_{j\geq 1} \gamma_{G,j} \cdot G_{k,j} \text{ "+" } \gamma_P \cdot P \text{ "+" } \gamma_{Q,1} \cdot Q_{k,1} \text{ "+" } \sum_{i>1} \gamma_{Q,i} \cdot \psi_{0,i} \cdot Q_{k,i} \qquad (6)$$

Für den Grenzzustand der Gebrauchstauglichkeit (GZG) wird folgende Kombination vorgesehen:

$$\sum_{j\geq 1} G_{k,j} \text{ "+" } P_k \text{ "+" } Q_{k,1} \text{ "+" } \sum_{i>1} \psi_{0,i} \cdot Q_{k,i} \qquad (7)$$

Die maßgebenden Lastfallkombinationen für statische Lasten sind in Tabelle 1 zusammengefasst. Da die dauerhafte Beanspruchung der Klebfugen infolge des Eigengewichts der Konstruktion gesondert zu untersuchen ist, wird die Lastfallkombination (LFK) 1 eigenständig betrachtet.

Tabelle 1 Lastkombinationen (LFK) für die Bemessung der Klebfugen

LFK	Bemessungssituation	Leiteinwirkung	Berechnung
1	GZT g	Eigengewicht	1,35 G
2	GZT q (Wind)	Wind	1,35 G „+" 1,5 w „+" 1,5 · 0,7 Q_{Nutzlast} „+" 1,5 · 0,6 $Q_{\text{Temperatur}}$
3	GZT q (Nutzlast)	Nutzlast (vertikale Flächenlast + Holmlast)	1,5·Q_{Nutzlast} „+" 1,5 · 0,6 w „+" 1,5 · 0,6 $Q_{\text{Temperatur}}$
4	GZG $g+q$ (Wind)	Wind	1,0 G „+" 1,0 w „+" 1,0 · 0,7 Q_{Nutzlast} „+" 1,0 · 0,6 $Q_{\text{Temperatur}}$
5	GZG $g+q$ (Nutzlast)	Nutzlast (vertikale Flächenlast + Holmlast)	1,0 G „+" 1,0 Q_{Nutzlast} „+" 1,0 · 0,6 w „+" 1,0 · 0,6 $Q_{\text{Temperatur}}$

Da die Glasscheiben neben der aussteifenden Wirkung auch als absturzsicherndes Element vorgesehen sind, ist ergänzend auch der Nachweis unter Stoßbelastung zu führen. Hierfür wird die außergewöhnliche Bemessungssituation wie folgt bestimmt:

$$\sum\nolimits_{j\geq 1} G_{k,j} \text{ "}+\text{" } P \text{ "}+\text{" } A_d \text{ "}+ (\psi_{1,1} \text{ oder } \psi_{2,1}) Q_{k,1} \text{ "}+\text{" } \sum\nolimits_{i>1} \psi_{2,i} \cdot Q_{k,i} \tag{8}$$

Die Stoßbelastung wird hierbei als außergewöhnliche Belastung berücksichtigt. Für absturzsichernde Elemente muss die Stoßbelastung im Regelfall nicht mit anderen Einwirkungen überlagert werden. Da jedoch bei diesem primär lastabtragenden Element Eigengewicht und Nutzlast gleichzeitig mit der Stoßbelastung wirken, werden dynamische Anpralllasten mit den ständigen und langfristigen statischen Einwirkungen unter Anwendung von Kombinationsbeiwerten für den außergewöhnlichen Beanspruchungsfall (Tabelle 2) überlagert.

Tabelle 2 Außergewöhnliche Lastkombinationen (LFK) für die Bemessung der Klebfugen

LFK	Bemessungs-situation	Leiteinwirkung	Berechnung
1	außergewöhnlich	Stoß	$1{,}0\,G \text{ „+" } 1{,}0\,A_d \text{ „+"}$ $1{,}0 \cdot 0{,}3\,Q_{\text{Nutzlast}}$

4 Experimentelle Versuche im Labormaßstab

4.1 Methodik

Die Kurzanalyse (vgl. Kapitel 3.1) der komplexen Klebfugenbeanspruchung durch Umwelteinflüsse und Schadmedien zeigt, dass es notwendig ist, das Material- sowie das Haftverhalten infrage kommender Klebstoffe ausführlich und systematisch zu untersuchen. Einige Materialien der Klebstoffauswahl werden daher einem umfassenden Untersuchungsprogramm unterzogen (Bild 5). Dabei werden die wesentlichen Einflussfaktoren in Anlehnung an die ETAG 002 [7] berücksichtigt. Reine Materialproben sowie Haftschub- und Haftzugprüfkörper werden künstlich gealtert und anschließend analysiert. Im Vergleich zu nicht gealterten Referenzproben ist eine Charakterisierung potenzieller chemischer und mechanischer Eigenschaftsänderungen möglich. Eine ausführliche Beschreibung der Methodik und der Ergebnisse der Untersuchungen ist in [11] veröffentlicht.

4 Experimentelle Versuche im Labormaßstab

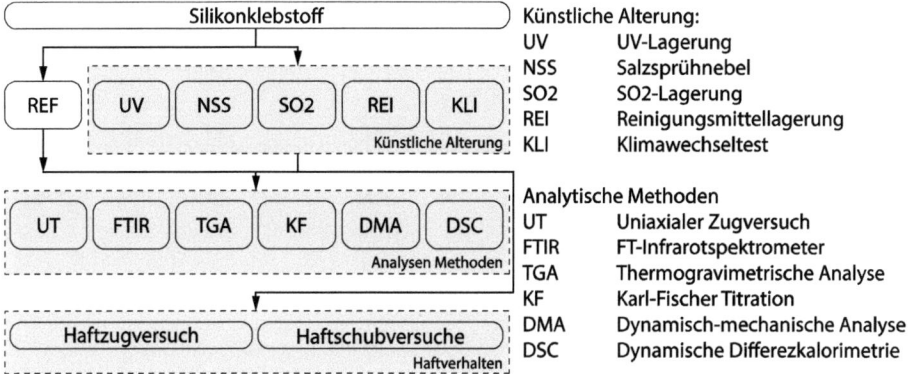

Bild 5 Untersuchungsprogramm zur Materialanalyse und zum Haftverhalten nach (© J. Giese-Hinz, TU Dresden [11])

4.2 Materialanalyse

Die deutlichsten chemischen Änderungen zeigt der Vorzugsklebstoff nach der UV-Lagerung und dem Säureangriff in der SO_2-Lagerung. Dabei verändern sich zum einen die Bindungen Si-O-Si und zum anderen der Füllstoffgehalt an der Klebstoffoberfläche. Die Materialsteifigkeit verändert sich hingegen am stärksten nach der Reinigungsmittellagerung und der Klimawechselbeanspruchung, wobei nach diesen Alterungsprozessen keine wesentlichen chemischen Änderungen, bis auf das Anlagern von Tensiden in geringem Umfang, festzustellen sind. Signifikante Änderungen der Haftfestigkeiten (Bild 6) sowie des vorrangig kohäsiven Versagens sind nach keinem der Alterungsprozesse zu beobachten. Lediglich die Festigkeit der Prüfung bei hoher Temperatur erfüllt nicht vollständig die Anforderung nach der ETAG 002 [7]. Der Mittelwert der Bruchfestigkeit liegt hier unterhalb von 75 % im Vergleich zu den Ergebnissen bei Raumtemperatur. Alle Prüfkörper versagen aber vollständig kohäsiv und erfüllen die Anforderungen in Bezug auf das Bruchbild. Die Ergebnisse zeugen daher dennoch von einer grundsätzlichen Eignung des Klebstoffs. Hinzu kommt, dass der Klebstoff über eine ETA für die Anwendung in SSG-Fassaden verfügt.

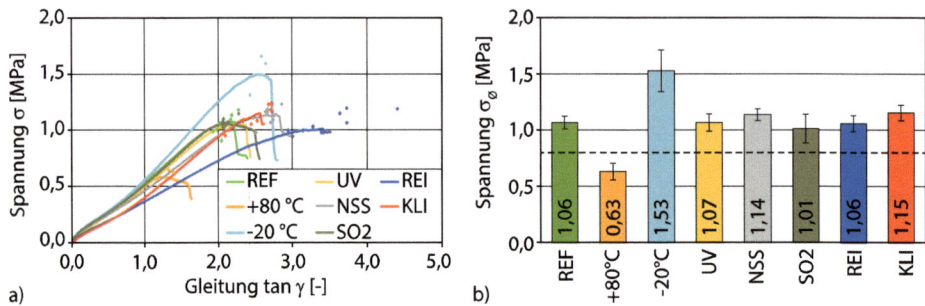

Bild 6 Ergebnis der Haftuntersuchung a) Schubspannungs-Dehnungs-Diagramm und b) mittlere Bruchspannung in Abhängigkeit der künstlichen Alterungsprozesse (© J. Giese-Hinz, TU Dresden, nach [11])

5 Bauteilversuche

5.1 Versuchsprogramm

Das GLASSRBACE-Element ist eine ungeregelte Bauart. Nachweise zum Bauteilverhalten, zur Tragfähigkeit der Klebung sowie der Nachweis der Stoßsicherheit können nur zum Teil durch Berechnung geführt werden. Die Leistungsfähigkeit des GLASSBRACE-Elements muss daher auch experimentell nachgewiesen werden. Die experimentellen Untersuchungen eröffnen zudem die Möglichkeit einer Verifizierung des numerischen Rechenmodells. Das Versuchsprogramm (Bild 7) gliedert sich in Versuche zur Stoßsicherheit, den Nachweis der Resttragfähigkeit sowie in Belastungsversuche bis zum Versagen der Konstruktion.

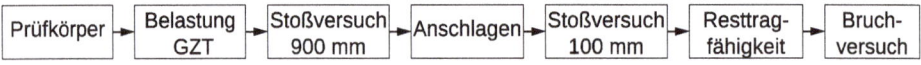

Bild 7 Versuchsprogramm (© J. Giese-Hinz, TU Dresden)

Die Prüfkörper durchlaufen dabei unterschiedliche Last- und Beanspruchungsstufen. Zusätzlich werden verschiedene Schädigungsszenarien durch gezieltes Anschlagen beziehungsweise Übernahme bereits vorgeschädigter Prüfkörper in den nächsten Versuchsschritt im Experiment abgebildet. Begonnen wird mit einem Tragfähigkeitsversuch, bei dem eine Belastung auf dem Niveau der tatsächlichen Einwirkungen auf eine Balkonkonstruktion im Grenzzustand der Tragfähigkeit aufgebracht wird. Anschließend erfolgen Pendelschlagversuche, zunächst auf die intakte und später auf die vorgeschädigte Verglasung. Zum Schluss wird die vertikale Belastung auf den Prüfkörper bis zum endgültigen Versagen gesteigert.

5.2 Versuchsaufbau

Bei der Konzeption des Versuchsaufbaus (Bild 8) wird die Symmetrie eines Balkons ausgenutzt und nur das seitliche Aussteifungselement in den experimentellen Untersuchungen geprüft. Dadurch reduzieren sich der Aufwand für den Versuchsaufbau und die Belastung kann vereinfacht aufgebracht werden. Eine abgespannte Stahlstütze repräsentiert das Gebäude. An dieser Stahlstütze sind der untere Auflagerwinkel sowie der lastabtragende Handlauf des Aussteifungselements angeschlossen. Die freie Verschieblichkeit des Handlaufanschlusses in vertikaler Richtung wird durch Langlöcher in der Anschlussplatte sichergestellt. Das Balkonbodenprofil, an dem das Aussteifungselement samt Klebeadapter verschraubt ist, ist gelenkig mit dem Auflagerwinkel verbunden. Ein Hydraulikzylinder belastet die Konstruktion über das verlängerte Profil der Balkonbodenplatte. Während der Versuche, die lastgesteuert bis zum Versagen der Brüstung oder der Klebschicht gefahren werden, zeichnen Sensoren die Verformungen f_1, f_4 und f_5 sowie die Kraft F kontinuierlich auf.

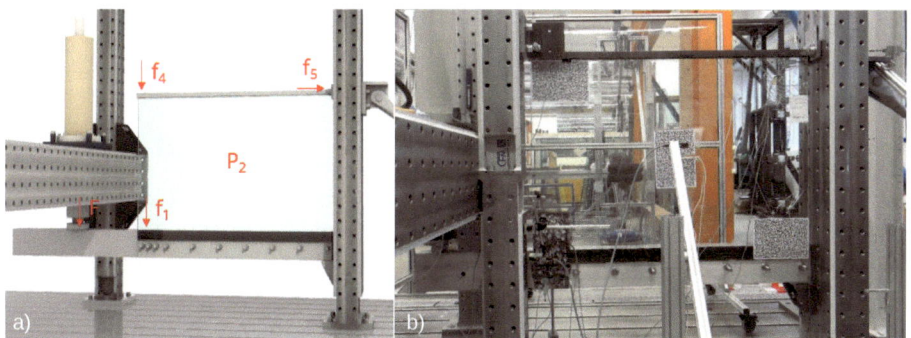

Bild 8 Versuchsaufbau a) Planung und b) Ausführung (© J. Giese-Hinz, TU Dresden)

5.3 Nachweis der Absturzsicherheit

In Deutschland sind für absturzsichernde Glaskonstruktionen die Vorgaben der DIN 18008-4 [12] einzuhalten. Die Konstruktion stimmt in wesentlichen Aspekten mit der Kategorie B überein, die experimentell mit einer Pendelfallhöhe von 700 mm geprüft wird. Abweichend von diesen Vorgaben haben sich die Projektpartner auf eine Fallhöhe von 900 mm geeinigt. Dies entspricht den höchsten Anforderungen nach DIN 18008-4, vergleichbar mit Konstruktionen der Kategorie A. Während der Stoßversuche wirkt zusätzlich eine konstante Vertikallast aus Eigengewicht und Nutzlast im Grenzzustand der Tragfähigkeit auf den Balkon ein. Damit kann dem Sicherheitsanspruch beim Einsatz des Brüstungselements aus Glas als Teil des Primärtragwerkes Rechnung getragen werden.

Eine ausführliche Beschreibung der Versuche und die zugehörigen Ergebnisse wurden in [13] veröffentlicht. Die Konstruktion erfüllt sowohl mit einem zweifachen als auch mit einem dreifachen Glasaufbau aus Verbundsicherheitsglas die Anforderungen an absturzsichernde Verglasungen gemäß DIN 18008-4. Der Pendelanprall erfolgte auf vier maßgebliche Auftreffstellen. Eine ausreichende Resttragfähigkeit konnte durch zusätzliche Stoßversuche mit einer Fallhöhe von 100 mm an Scheiben, bei denen sowohl die stoßzugewandte als auch die stoßabgewandte Glasscheibe der Verglasung aus Verbundsicherheitsglas an fünf Stellen gezielt angeschlagen wurde, bestätigt werden.

5.4 Tragfähigkeit der lastabtragenden Verklebungen

Die Messergebnisse aus den Versuchen sind in Kraft-Verformung-Diagrammen wiedergegeben. Bild 9 zeigt sowohl die Verformung der unteren Balkonspitze in vertikaler Richtung ($f_{1,ges}$) als auch die Schubverformung der lastabtragenden Klebung an der gleichen Position ($f_{1,Kleb}$). Die Verformungsmessungen am oberen Handlauf sind in Bild 10 aufgezeichnet. Markiert sind die Lastniveaus, die den erwarteten Belastungen im Grenzzustand der Gebrauchstauglichkeit (GZG) sowie im Grenzzustand der Tragfähigkeit (GZT) entsprechen. Die individuellen Bruchlasten sind durch Kreuze gekennzeichnet. Die Messungen stammen sowohl von Prüfkörpern mit zweifachem als auch mit dreifachem Glasaufbau. Ein unterschiedliches Verformungsverhalten ist nicht erkennbar. Alle Tests zeigen zudem eine weitgehend lineare Zunahme aller Messwerte, was, aufgrund des nichtlinearen Verhaltens des Silikons in den Haftversuchen [11], nicht zwingend zu erwarten war.

Unter der maßgebenden Einwirkungskombination im Grenzzustand der Gebrauchstauglichkeit (GZG) verformt sich die Balkonspitze um 4,14 mm ($f_{1,ges}$) und die Klebung um 1,96 mm ($f_{1,Kleb}$). Diese Werte steigern sich im Grenzzustand der Tragfähigkeit (GZT) auf 5,64 mm ($f_{1,ges}$) und 2,63 mm ($f_{1,Kleb}$). Bis zu dieser Belastung zeigt sich kein Versagen der Klebung, der Glasscheiben oder der Metallbauteile. Ein beginnendes Versagen der Klebung tritt erst bei einer mittleren Last von 12,40 kN bei einer Verformung von 19,24 mm ($f_{1,ges}$) beziehungsweise 8,48 mm ($f_{1,Kleb}$) ein. Bei dieser Belastung reißt die untere Klebung zum Adapter am Profil der Bodenplattform (Bild 9, Markierung mit Kreuz) von der Balkonspitze aus beginnend ein. Während die Last weiter ansteigt, setzt sich das Risswachstum in der Klebung in Richtung Klebfugenmitte fort. Zu einem späteren Zeitpunkt versagt die Klebung dann auch von der Seite des Bauwerksanschlusses aus. Ein schlagartiges Versagen der Klebung und ein damit verbundenes vollständiges Versagen der Konstruktion kann zu keinem Zeitpunkt der Versuche beobachtet werden. Ein Bruch oder Stabilitätsversagen der Verglasung tritt in keinem der Versuche auf. Auf Grundlage des Verhältnisses der Bemessungslast (4 kN) zur mittleren Bruchlast (12,40 kN) der Versuchsergebnisse kann ein Methodenfaktor von 3,1 festgestellt werden.

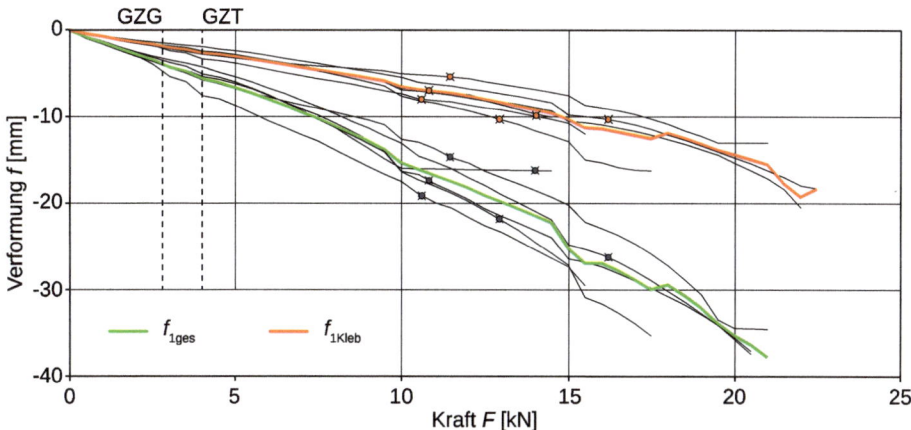

Bild 9 Kraft-Verformungs-Diagramm der Balkonspitze und der schubbelasteten Klebung an der identischen Position; Die schwarzen Graphen zeigen die Einzelmessungen, die farbigen Graphen den Mittelwert der Prüfserie; Die Kreuze markieren erste erkennbare Risse in der Klebfuge (© J. Giese-Hinz, TU Dresden)

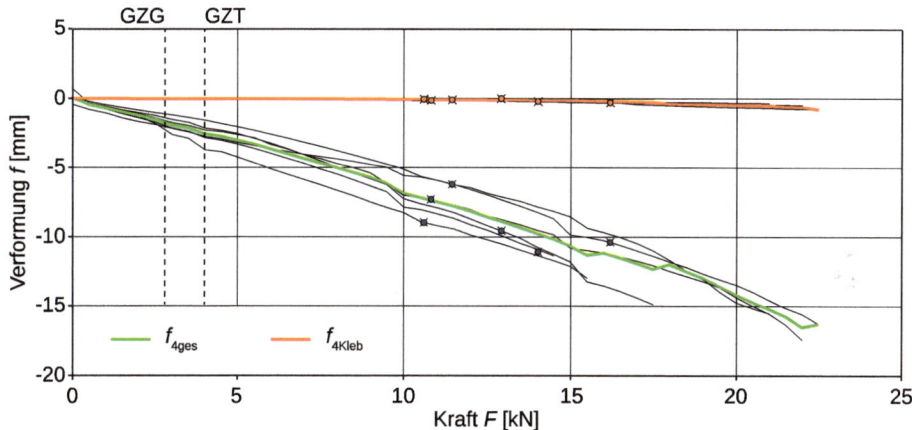

Bild 10 Kraft-Verformungs-Diagramm der Handlaufspitze und der Klebung an der identischen Position; Die schwarzen Graphen zeigen die Einzelmessungen, die farbigen Graphen den Mittelwert der Prüfserie; Die Kreuze markieren erste erkennbare Risse in der Klebfuge (© J. Giese-Hinz, TU Dresden)

Die Absenkung des Handlaufs, an der Balkonspitze (Bild 10) beträgt unter der Last im GZG 1,85 mm ($f_{4,ges}$) und im GZT 2,54 mm ($f_{4,ges}$). Der Mittelwert zum Zeitpunkt des Versagens des Elements beträgt 8,93 mm. Die Verformung der lastabtragenden Klebung, die an der gleichen Stelle in vertikaler Richtung zwischen Handlauf und Glasscheibe gemessen wird, ist sehr gering. In dieser Richtung wird die Klebung daher nur wenig belastet. Die gemessene Verformung des Handlaufes resultiert vorrangig aus der vertikalen

Verschieblichkeit am Auflager an der Stahlstütze sowie aus einer Biegung des Profils. Durch seine im Vergleich zum Bodenprofil geringe Steifigkeit kann es der Verschiebung der Verglasung nach unten leicht folgen.

6 Numerische Simulation

6.1 Allgemeines

Das numerische Modell (Bild 11) wird mit dem Programm RFEM der Firma Dlubal entwickelt, anhand dessen sowohl die Beanspruchungen unter statischer Belastung als auch unter stoßartiger Belastung ermittelt werden können. Mithilfe des Modells können die Spannungen und Verformungen der Glasscheiben, der Klebfugen, der Aluminium- und Stahlbauteile und der Anschlüsse an den Bestandsbau berechnet werden.

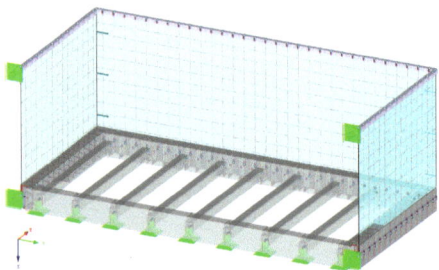

Bild 11 Modell RFEM, Balkonkonstruktion (© Verrotec GmbH)

6.2 Federmodell für den Klebstoff

Für die korrekte theoretische Abbildung des Tragverhaltens des Gesamtsystems ist die Modellierung der Klebfuge elementar. Die Werkstoffeigenschaften des Klebstoffes müssen mit hinreichender Genauigkeit abgebildet werden, sodass Steifigkeit und Tragverhalten des Klebstoffes als maßgebende Kriterien der Funktionsfähigkeit des Gesamtsystems erfasst werden können. Um ein vereinfachtes Ingenieurmodell zu schaffen, wird hierfür ein Federmodell genutzt. Aufgrund der komplexen Material- und Geometrieabhängigkeiten basiert die Federsteifigkeit auf einem vereinfachten Ansatz eines linear-elastischen Werkstoffverhaltens (für kleine Verformungen). Die Federmodelle unterscheiden sich im Hinblick auf die strukturelle Klebfuge am oberen Rand zwischen Glasscheibe und Handlauf (U-förmige Klebfuge, Bild 12) und der Klebfuge zwischen Glasscheibe und Adapterprofil an der unteren Glaskante (linienförmige Klebung, Bild 13). Die Federsteifigkeiten der drei unterschiedlichen Raumrichtungen sind jeweils linear in Abhängigkeit des Schub- und Elastizitätsmoduls zu ermitteln. Der gewählte Abstand der Federn untereinander beruht auf Erkenntnissen aus Forschungs- und Praxisprojekten und ist mit 50 bis 100 mm festgelegt. Hierfür kann eine gute Rechengenauigkeit bei tragbaren Rechenlaufzeiten erzielt werden.

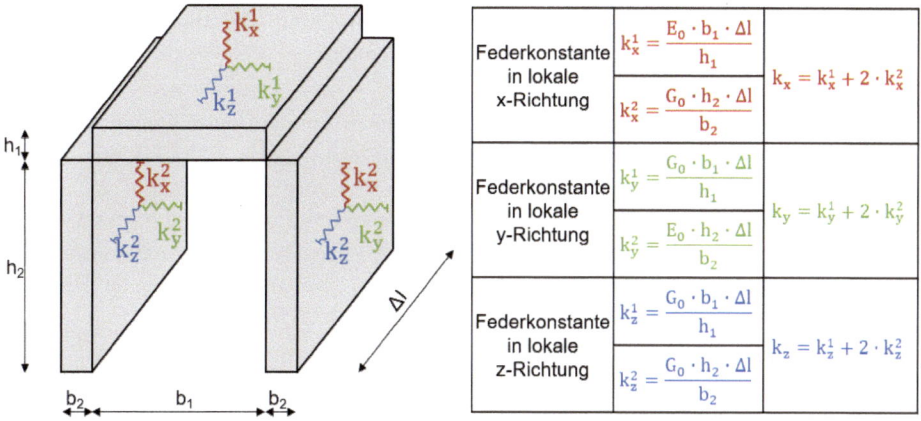

Bild 12 Steifigkeitsermittlung Klebfuge Handlauf (U-förmig) (© Verrotec GmbH)

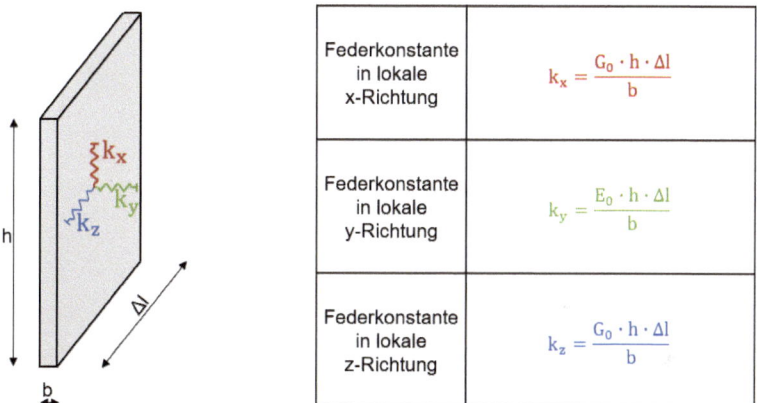

Bild 13 Steifigkeitsermittlung Klebfuge Unterkante (linienförmig) (© Verrotec GmbH)

6.3 Berechnungsmodell

Die maßgebliche Belastung für das System als Ganzes ist die außergewöhnliche Lastfallkombination nach Eurocode aus den Lasten des Eigengewichts des Balkonsystems G_k, aus einer Nutzlast Q_k von 4 kN/m² und einer Stoßbelastung A_d (maximal untersuchte Fallhöhe Δh = 900 mm): G_k „+" A_d „+" 0,3 Q_k (vgl. Abschnitt 3.2).

Zur Ermittlung der maximalen Spannungen und Verformungen der Klebfuge infolge genannter außergewöhnlicher Lastfallkombination werden die Ergebnisse aus statischen und dynamischen Berechnungen an den maßgebenden Stellen überlagert. Die statische Belastung (infolge Eigengewichts und Nutzlast) erfolgt ohne den Ansatz der Verbundwirkung der Einzelscheiben des Verbundsicherheitsglases, während bei der dynamischen

Belastung (infolge eines Stoßes) unter Berücksichtigung normativer Regelungen (DIN 18008-4 [12]) voller Verbund angesetzt werden darf.

Da am Lastabtrag des Balkonsystems nur die Seitenverglasungen beteiligt sind, ist für die numerische Berechnung vereinfacht eine Seitenverglasung unter Berücksichtigung der System-Randbedingungen modelliert (Bild 14). Der Stoßvorgang kann durch das Zusatzmodul DYNAM PRO mit guter Genauigkeit abgebildet und der Bewegungsverlauf des Pendels in einem Zeitverlaufsdiagramm wiedergegeben werden. Die Stoßbelastung ist mit einer horizontal einwirkenden Punktlast von 210,11 kN, äquivalent für die Fallhöhe von 900 mm und einer Einwirkungsdauer von 0,001 s, abzubilden.

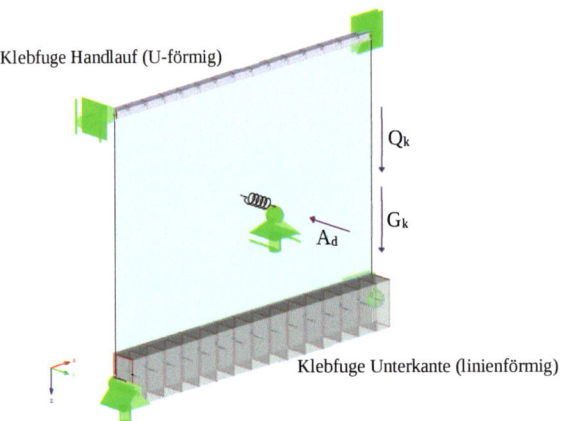

Bild 14 Lastangriff Eigengewicht, Nutzlast und Pendelstoß (© Verrotec GmbH)

6.4 Ergebnisse und Verifizierung

Die maximale Auslastung der Klebfuge stellt sich im Bereich der unteren linienförmigen Glaskante infolge der vertikalen statischen Lasten ein. Maßgebend ist hier die dauerhafte Schubspannung in der Klebfuge. Dies ist insbesondere darauf zurückzuführen, dass das Kriechverhalten des Klebstoffes Berücksichtigung finden muss.

Bei der Betrachtung der kurzzeitigen Beanspruchungen ist die außergewöhnliche Lastfallkombination aus Stoßbeanspruchung und Nutzlast maßgebend. Hierbei ergibt sich je nach Anprallstelle für die Klebfuge im Bereich der unteren linienförmigen Glaskante eine Auslastung zwischen 50 % und 90 %.

Um die theoretischen Berechnungsergebnisse zu verifizieren, wurden während der Bauteilversuche die Verformungen an maßgebenden Stellen aufgezeichnet. Der Vergleich der aufgezeichneten gemittelten Werte mit Berechnungsergebnissen lieferte eine gute Übereinstimmung (Bild 15 und Tabelle 3).

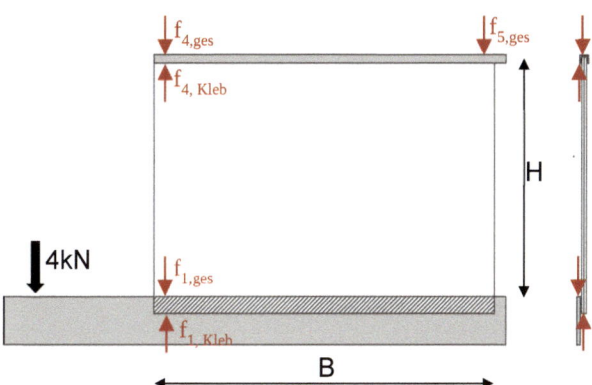

Bild 15 Lage der zu vergleichenden Stellen der Verformungen der Klebfuge (© Verrotec GmbH)

Tabelle 3 Vergleich der Verformungen der Klebfuge aus Versuch und Berechnung, die Ergebnisse sind aus Versuchen an Zwei- und Dreifachverglasungen $B \times H = 1,5 \text{ m} \times 1,0 \text{ m}$, 4 kN Belastung gemittelt

	$f_{1,ges}$ [mm]	$f_{1,Kleb}$ [mm]	$f_{4,ges}$ [mm]	$f_{4,Kleb}$ [mm]	$f_{5,ges}$ [mm]
Versuch	5,64	2,63	2,54	0,01	0,43
FE-Modell	4,68	1,87	2,78	0,03	1,87

7 Zusammenfassung und Ausblick

Tragende Silikonklebungen für Glas- und Fassadenkonstruktionen werden aktuell unter Heranziehen der ETAG 002 [7] nachgewiesen. Der Nachweis für Beanspruchungen aus veränderlichen Lasten erfolgt in der Regel auf Basis eines globalen „Sicherheitsfaktors" (korrekt: Methodenfaktor) von $\gamma_{tot} = 6$, um Unsicherheiten, methodische Unschärfen sowie lokale Spannungsspitzen im Material abzudecken. Dauerlasten, die sich beispielsweise infolge des Eigengewichts der Verglasung ergeben, erfordern darüber hinaus einen zusätzlichen „Kriechfaktor" von mindestens $\gamma_c = 10$, um Kriechmechanismen im Klebstoff zu unterbinden. Unter Berücksichtigung der Ergebnisse aus den hier dargestellten Bauteilversuchen sowie der Zug- und Schubtragfähigkeit des verwendeten Silikonklebstoffs wird ein Methodenfaktor von $\gamma_{tot} = 6$ für Kurzzeitlasten für die hier untersuchte Konstruktion als zu konservativ erachtet. Auf der Grundlage der durchgeführten Versuche und der Verwendung des Konzepts der Teilsicherheitsbeiwerte kann empfohlen werden, den globalen Methodenfaktor von $\gamma_{tot} = 6$ auf $\gamma_{tot} = 3$ herabzusetzen. Eine ausreichende Sicherheit wurde experimentell bestätigt (Bild 9).

Beim Nachweis der Klebfugen unter Dauerlast (Eigengewicht, schubaussteifende Wirkung) wurde ein Kriechfaktor in Höhe von $\gamma_c = 10$ gemäß der zugrunde gelegten ETAs angenommen, der durch experimentelle Untersuchungen, die im Rahmen des Projektes stattfanden, bestätigt wurde. Weiterführende Untersuchungen zum Kriechverhalten für dauerhaft beanspruchte Silikonklebfugen sind unter Berücksichtigung unterschiedlicher Belastungsstufen und Klebfugengeometrien zu führen.

8 Danksagung

Die Studie ist Teil des Forschungsprojektes „GLASSBRACE", das aus dem Innovationsnetzwerk KLEBTECH hervorgegangen ist und durch das zentrale Innovationsprogramm Mittelstand (ZIM) des Bundesministeriums für Wirtschaft und Klimaschutz (BMWK) finanziert wurde. Die Autoren danken den Klebstoffherstellern sowie den weiteren Projektpartnern BONDA Balkon- und Glasbau GmbH und Thiele Glas Werk GmbH für die gute Zusammenarbeit und für die technische Unterstützung.

9 Literatur

[1] Cruz, P.J.; Pequeno, J.; Lebet, J.-P.; Mocibob, D. (2010) *Mechanical Modelling of In-Plane Loaded Glass Panes* in: Bos, F.; Louter, C.; Veer, F. [eds.] *Challenging Glass 2*, Delft. S. 309–318. https://doi.org/10.7480/cgc.2.2419

[2] Wellershoff, F. (2008) *Aussteifung von Gebäudehüllen durch randverklebte Glasscheiben*, in: *Stahlbau 77*, H. 1. S. 5–16. https://doi.org/10.1002/stab.200810002

[3] Freitag, C.; Wörner, J.-D. (2011) *Verwendung von Glas zur Aussteifung von Gebäuden*, in: *Stahlbau 80*, H. 1. S. 45–51, https://doi.org/10.1002/stab.201120006

[4] Nicklisch, F.; Giese-Hinz, J.; Weller, B. (2016) *Experimental and Numerical Study on Glass Stresses and Shear Deformation of Long Adhesive Joints in Timber-Glass Composites* in: Belis, J.; Bos, F.; Louter, C. [eds.] *Challenging Glass 5*, Ghent. S. 295–304. https://doi.org/10.7480/cgc.5.2254

[5] Winter, W.; Hochhauser, W.; Kreher, K. (2010) *Load bearing and stiffening Timber-Glass-Composites (TGC)* in: *World Conference on Timber Engineering 2010*, Turin. S. 147–155.

[6] ETA 08/0286 (2013) *European Technical Assessment "Ködiglaze S"*. Champs-sur-Marne: CSTB.

[7] ETAG 002-1 (1999) *Leitlinie für die Europäische Technische Zulassung für Geklebte Glaskonstruktionen Teil 1: Gestützte und ungestützte System.* Berlin: Deutsches Institut für Bautechnik.

[8] DIN EN 1991-1-1:2010-12 (2010) *Eurocode 1: Einwirkungen auf Tragwerke – Teil 1-1: Allgemeine Einwirkungen auf Tragwerke – Wichten, Eigengewicht und Nutzlasten im Hochbau; Deutsche Fassung EN 1991-1-1:2002 + AC:2009.* Berlin: Beuth.

[9] DIN EN 1991-1-3:2010-12 (2010) *Eurocode 1: Einwirkungen auf Tragwerke – Teil 1-3: Allgemeine Einwirkungen, Schneelasten; Deutsche Fassung EN 1991-1-3:2003 + AC:2009.* Berlin: Beuth.

[10] DIN EN 1991-1-4:2010-12 (2010) *Eurocode 1: Einwirkungen auf Tragwerke - Teil 1-4: Allgemeine Einwirkungen - Windlasten; Deutsche Fassung EN 1991-1-4:2005 + A1:2010 + AC:2010.* Berlin: Beuth.

[11] Giese-Hinz, J., Kothe, C., Weller, B. (2022) *Mechanical and chemical analysis of structural silicone adhesives with the influence of artificial aging* in: International Journal of Adhesion and Adhesives, H. 117 Part B. https://doi.org/10.1016/j.ijadhadh.2021.103019

[12] DIN 18008-4:2013-07 (2013) *Glas im Bauwesen - Bemessungs- und Konstruktionsregeln – Teil 4: Zusatzanforderungen an absturzsichernde Verglasungen.* Berlin: Beuth.

[13] Giese-Hinz, J., Nicklisch, F., Weller, B., Baitinger, M. (2022) *In-plane loaded glass balustrades as structural members for balconies* in: The Eighth International Conference on Structural Engineering, Mechanics and Computation (SEMC 2022) (zur Veröffentlichung angenommen).

Experimentelle Untersuchungen zur Erfassung von Kavitäten hyperelastischer Silikonklebstoffe

Benjamin Schaaf[1], Markus Feldmann[1], Lukas Lamm[2], Tim Brepols[2], Stefanie Reese[2], Robert Seewald[3], Alexander Schiebahn[3], Uwe Reisgen[3]

1 Institut für Stahlbau, RWTH Aachen University, Mies-van-der-Rohe-Str. 1, 52074 Aachen, Deutschland; b.schaaf@stb.rwth-aachen.de; feldmann@stb.rwth-aachen.de

2 Institut für Angewandte Mechanik, RWTH Aachen University, Mies-van-der-Rohe-Str. 1, 52074 Aachen, Deutschland; lukas.lamm@ifam.rwth-aachen.de; tim.brepols@rwth-aachen.de; stefanie.reese@rwth-aachen.de

3 Institut für Schweißtechnik und Fügetechnik, RWTH Aachen University, Pontstraße 49, 52062 Aachen, Deutschland; seewald@isf.rwth-aachen.de; schiebahn@isf.rwth-aachen.de; reisgen@isf.rwth-aachen.de

Abstract

Die im Bereich des Structural Sealant Glazing (SSG) eingesetzten Silikonklebstoffe werden in der Regel als elastische Dickschichtklebung ausgeführt. Ab bestimmten Lastniveaus kommt es zur Bildung von Kavitäten innerhalb des Klebstoffgefüges. Diese sind insbesondere bei dünnschichtigen Klebungen bekannt, treten jedoch in Abhängigkeit der geometrischen Randbedingungen auch bei SSG-Fugen auf. Da sie eine innere Schädigung des Klebstoffs darstellen, geht mit ihnen ein Steifigkeitsverlust einher. In diesem Beitrag werden verschieden Verfahren zur experimentellen Erfassung von Kavitäten vorgestellt. Diese werden quantifiziert und ihre Lage innerhalb des Klebstoffs bestimmt. Weiterhin wird der Einfluss der Klebfugengeometrie auf die Ausbildung von Kavitäten diskutiert.

Experimental investigations for the detection of cavities of hyperelastic silicone adhesives. Silicone adhesives used in the field of structural sealant glazing (SSG) are usually designed as elastic thick-layer bonds. At a certain load level cavities are formed within the bond. These are particularly known in thin-layer adhesive bonds, but also occur in SSG joints depending on the geometric boundary conditions. Since they represent internal damage to the adhesive, they are related to a loss of stiffness. Different methods for the experimental detection of cavities are presented within this article. These are quantified and their local position within the adhesive is determined. Furthermore, the influence of the bond geometry on the formation of cavities is discussed.

Schlagwörter: Structural Sealant Glazing, Kavitäten, experimentelle Untersuchungen, Finite-Elemente-Methode (FEM)

Keywords: structural sealant glazing, cavities, experimental investigations, finite element method (FEM)

1 Einführung

Beim sogenannten Structural Sealant Glazing (SSG) handelt es sich um werkseitig mit einem Tragrahmen verklebte Verglasungselemente, die in eine Fassadenkonstruktion, zumeist ein Pfosten-Riegel-System, eingesetzt werden. Je nach Randbedingungen des Bauvorhabens sind auch baustellenseitige Klebungen möglich. Der schematische Aufbau eines SSG-Systems sowie eine mit SSG ausgeführte Fassade ist in Bild 1 dargestellt. Diese Konstruktionsweise zeichnet sich insbesondere durch ein hohes Maß an Transparenz aus, sodass die Fassade wie eine kontinuierliche, lediglich durch dünne Fugen unterbrochene Gebäudeumhüllende wirkt.

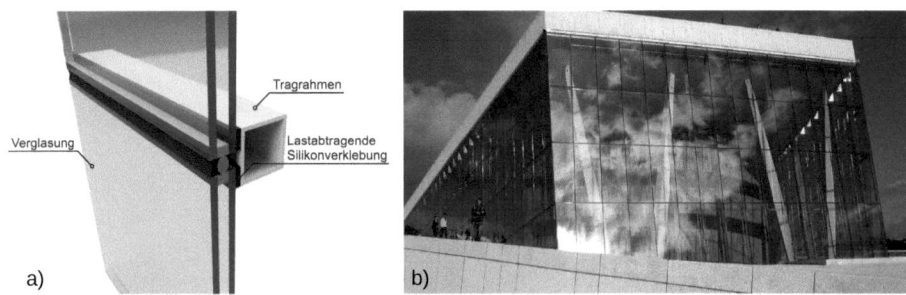

Bild 1 a) Schematischer Aufbau einer SSG-Fassade (© B. Schaaf, STB); b) SSG-Fassade des Opernhauses Oslo, Norwegen (Pixabay)

Neben horizontalen Lasten, wie beispielsweise Windlasten, kann über die Klebung auch das Eigengewicht der Füllelemente abgetragen werden. Dies ist jedoch oftmals durch behördliche Vorgaben nicht gestattet oder mit zusätzlichen Anforderungen verbunden. Überdies benötigen geklebte Glaskonstruktionen in Deutschland einen Verwendbarkeitsnachweis in Ermangelung anerkannter technischer Regeln [1]. Das zugrunde gelegte Bemessungskonzept orientiert i. d. R. an der europäischen technischen Leitlinie ETAG 002 [2]. Da das Werkstoffverhalten des Silikonklebstoffs zum Zeitpunkt der Veröffentlichung der Leitlinie im Jahr 1998 nicht hinreichend beschrieben war, werden in der ETAG 002 [2] hohe methodische Sicherheitsfaktoren angesetzt, um sämtliche festigkeitsmindernde Effekte zu berücksichtigen. Ein definiertes Schädigungsverhalten kann zu einer realistischeren Bemessung und einer wissensbasierten Berechnung und Anwendung der Klebstoffschicht führen. Dieser Artikel diskutiert die aufgrund hoher hydrostatischer Belastung im Klebstoff auftretenden Hohlräume (Kavitäten), die als volumetrische (dilatorische) Schädigung verstanden werden.

2 Kavitätenbildung in hyperelastischen Klebstoffen

Das Versagen von gummiähnlichen Werkstoffen ist häufig mit dem inneren Wachstum von Kavitäten verbunden. Das Entstehen von Hohlräumen wurde erstmals von Busse [3] an zylindrischen Dünnschichtklebungen dokumentiert. Proben des sogenannten *Pancake-Tests* wurden einer Zugbelastung bis zum vollständigen Versagen unterzogen. Auf den Bruchflächen konnten Hohlräume in der Mitte der Proben festgestellt werden. In einer ähnlichen Untersuchung von Gent und Lindley [4] wurde die Bildung von Hohlräumen mit einem triaxialen (hydrostatischen) Spannungszustand begründet und die einsetzende Reduktion der Steigung im Spannungs-Dehnungs-Diagramm konnte mit der Entstehung von diesen Hohlräumen korreliert werden. Besonders unter hohen hydrostatischen Zugspannungen können Kavitäten beobachtet werden. Daher sind zylindrische, stumpfgeklebte dünnschichtige Probekörper vorteilhaft, um eine möglichst hohe hydrostatische Zugspannung innerhalb des Bulkmaterials zu erreichen. In experimentellen Untersuchungen zeigten Hocine et al. [5] den Einfluss unterschiedlicher Dicken auf das Auftreten von Kavitäten. Es war auch möglich, eine Veränderung des Volumens bei Kavitation zu dokumentieren. Hamdi et al. [6] untersuchten verschiedene Grenzkriterien für das Auftreten von Kavitäten und schlagen den hydrostatischen Druck und die globale Verformung vor Kriterien vor. Drass et al. [7] untersuchten das Auftreten von Kavitäten optisch im Pancake-Test für einen dünnschichtigen transparenten Einkomponenten-Silikonklebstoff (TSSA). In [9] und [10] entwickelten Drass et al. auf der Grundlage von [8] ein Pseudokavitationsmodell für im Konstruktiven Glasbau verwendete geklebte dünnschichtige Punkthalter für den TSSA-Klebstoff. Der Kavitationseffekt und die Versagensmuster sind bisher nur auf makroskopischer Ebene untersucht worden. Ziel der vorliegenden Untersuchung ist die Charakterisierung der Kavitation in Kopfzugproben und H-Proben unter hydrostatischer Zugspannung für typische SSG-Silikonklebstoffe mittels unterschiedlicher Analyseverfahren.

3   Analyseverfahren

Für die experimentelle Erfassung und Charakterisierung von Kavitäten wurden drei verschiedene Methoden verwendet. Die Mikro-Röntgen-CT wurde zur Visualisierung und Quantifizierung des Kavitationseffekts vor und nach der Schädigung verwendet. Das Einschnürungsverhalten wurde mit Videoextensometrie und digitaler Bildverarbeitung während der volumetrischen Schädigung gemessen. Nach vollständigem Probenversagen (Bruch) wurden die makroskopischen Rissformen mit einem konfokalen Mikroskop dokumentiert. Schließlich wurde die Bruchfläche mit einem Rasterelektronenmikroskop (REM) auf mikroskopischer Ebene analysiert. Für alle Untersuchungen werden die gleichen zylindrischen Kopfzugproben und der Zweikomponenten-Silikonklebstoff Ködiglaze S, HB Fuller/Kömmerling Chemische Fabrik GmbH, Pirmasens, Deutschland, verwendet. Die Probekörper werden nach der DIN EN 15870 [11] hergestellt. Die zylindrischen Fügeteile sind aus Baustahl (S235 JR) mit einem Durchmesser von 20 mm und einer Länge von 60 mm gefertigt. Die Klebschichtdicken von 2 mm, 4 mm und 6 mm wurden durch den Einsatz entsprechender Fertigungsvorrichtungen realisiert. Radial austretender Klebstoff wird nach 24 Stunden mit einer Rasierklinge entfernt, um eine homogene zylinderförmige Klebschicht zu erhalten und das Ablüften von Nebenprodukten der

Aushärtereaktion zu ermöglichen. Für die Zugprüfungen wurde die Universalprüfmaschine RetroLine Z010 der Firma Zwick GmbH & Co. KG, Ulm, verwendet (vgl. Bild 2). Die Probe ist mit Bolzen kardanisch in der Prüfmaschine aufgehängt.

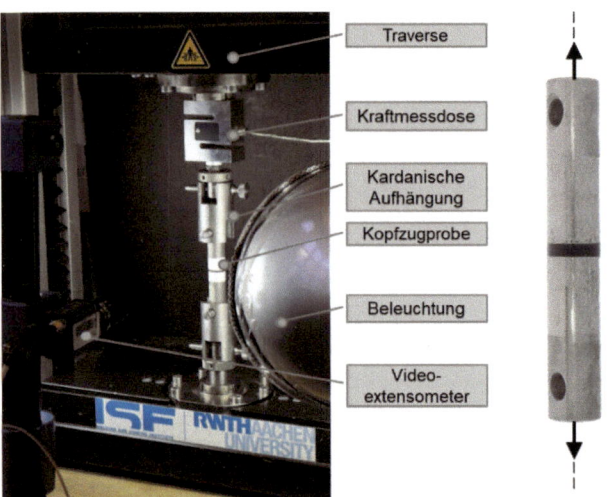

Bild 2 Versuchsaufbau der Zugversuche an stumpfgeklebten Kopfzugproben (© R. Seewald, ISF)

Alle Proben wurden 7 Tage lang bei Raumtemperatur (23 °C) und einer relativen Luftfeuchtigkeit von 50 % ausgehärtet und mit einer wahren integralen Dehnrate (bezogen auf den Abstand der Fügeteile) von 10 %/min belastet. Im Gegensatz zu einer technischen Dehnrate bzw. Dehnung, welche die relative Längenänderung stets auf das Maß der Referenzkonfiguration ($\Delta l/l_0$) bezieht, bestimmt sich die wahre Dehnung als differentielle Größe der Momentankonfiguration (dl/l).

3.1 Mikro-Röntgen-Computertomographie

Insgesamt wurden drei Proben mit der Röntgen-Computertomographie untersucht (Bild 3a). Die Dicke des Klebstoffs wurde auf 4 mm festgelegt, um die minimale Dicke der ETAG 002 zu berücksichtigen und gleichzeitig die hydrostatischen Zugspannungen innerhalb des Klebstoffs zu maximieren. Zwei Proben werden mit 10 Zyklen zwischen den integralen Dehnungsniveaus von ε = [25, 100] % an der Zugprüfmaschine vorkonditioniert, eine Probe verblieb unbelastet. Die CT-Aufnahmen des Silikonklebstoffs wurden dann mit der In situ-Prüfvorrichtung (Bild 3b) für jede Probe in unbelasteten und belasteten Zustand bei ε = 25 % durchgeführt.

3 Analyseverfahren

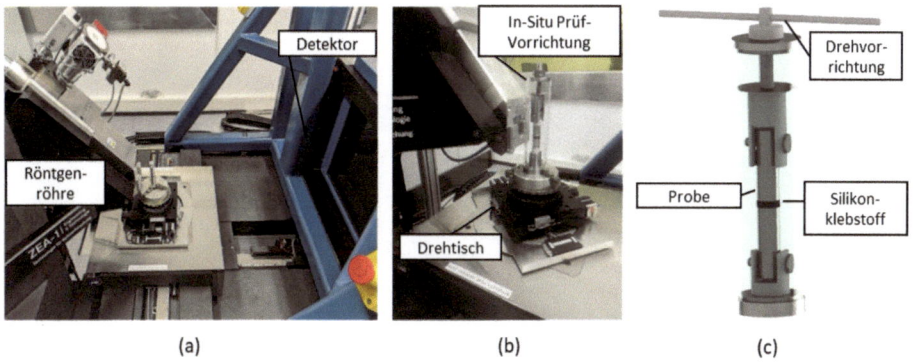

Bild 3 a) Mikro-Röntgen-CT im Forschungszentrum Jülich, Deutschland; b) Auf einem Drehtisch befestigte In situ-Prüfvorrichtung; c) technische Darstellung der In situ-Prüfvorrichtung für zylindrische Kopfzugproben (© R. Seewald, ISF)

Die Voxelauflösung der Röntgen-CT-Scans beträgt 0,0123 mm. Eine Visualisierung der Hohlräume wurde mithilfe von Volumenrenderings für jeden Scan gleichermaßen durchgeführt. Für die Segmentierung und Quantifizierung von Hohlräumen wurde der aktive Konturalgorithmus von Chan-Vese verwendet. Der Algorithmus passt eine lokal definierte 3D-Maske, die aus XY- und XZ-Schichten erstellt wurde, iterativ an das gegebene Volumen an. Das Ergebnis ist ein 3D-Volumen eines Hohlraums. Das Volumen einer Kavität wird anhand der Gesamtzahl der Voxel und der bekannten Auflösung des CT-Scans berechnet.

Im Folgenden werden drei verschiedene vorkonditionierte Kopfzugproben für zwei unterschiedlichen Dehnungsniveaus gezeigt. Das Volumen der Kavitäten im Silikonklebstoff ist in Bild 4 visualisiert. Insbesondere bei der nicht vorkonditionierten Probe bei ε = 25 % integrale Dehnung treten einige größere Kavitäten auf. Die zu erkennenden großen Hohlräume sind auf Lufteinschlüsse zurückzuführen, da diese auch bei einer integralen Dehnung von ε = 0 % zu erkennen sind. Die Entstehung von Kavitäten wurde im mittleren Bereich der Klebschicht beobachtet. Bei ε = 25 % treten in der Mitte der Klebschicht bei allen Proben Kavitäten (teilweise ggf. überlagert mit einem Messrauschen) auf, die kleiner sind als die Auflösung des CTs. Die Segmentierung der Kavitäten stellt hier eine Herausforderung dar. Als Beispiel wurde die am stärksten kavitätsbehaftete (vorkonditionierte) Probe bei einer integralen Dehnung von ε = 25 % weitergehend auf das Volumen der Kavität untersucht. Aufgrund des hohen Rechenaufwands und des fehlenden Automatisierungsalgorithmus wurde das Volumen von drei signifikant unterschiedlich großen Kavitäten berechnet und visualisiert. Die übrigen sichtbaren Hohlräume wurden analog ihrer Größe qualitativ einem der berechneten Volumina zugewiesen (Bild 5). Auf diese Weise wurde das gesamte Kavitationsvolumen auf 2,9575 mm^3 geschätzt. Bezogen auf das anfängliche Klebstoffvolumen von 1256,63 mm^3 ergibt dies einen Volumenverlust von 0,24 %. Bei der gleichen Probe im Anfangszustand (ε = 0 %) können keine Kavitäten beobachtet werden.

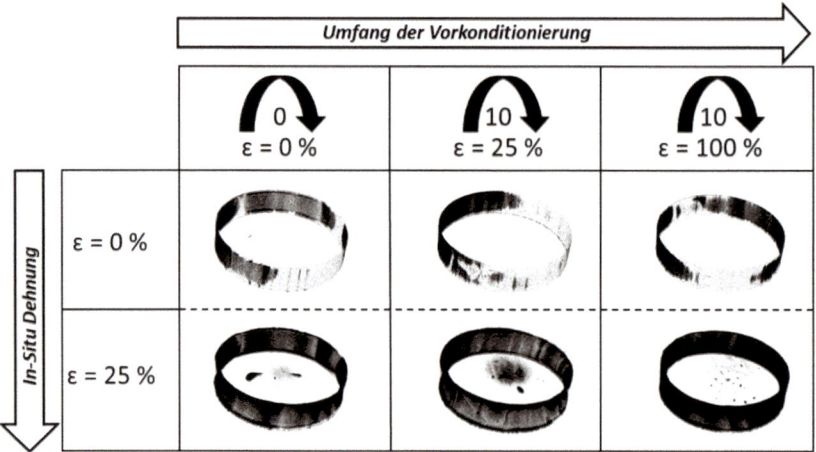

Bild 4 Visualisierung von Kavitäten in Kopfzugproben bei unterschiedlichen integralen Dehnungsniveaus (© R. Seewald, ISF)

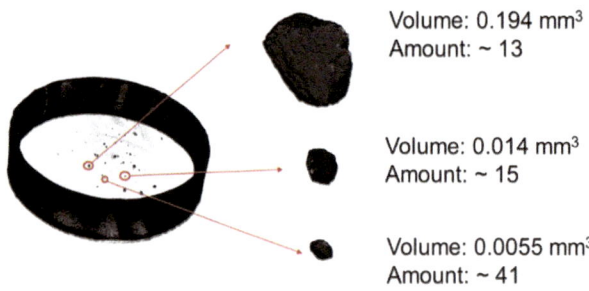

Volume: 0.194 mm³
Amount: ~ 13

Volume: 0.014 mm³
Amount: ~ 15

Volume: 0.0055 mm³
Amount: ~ 41

Bild 5 Quantifizierung der Kavitäten bei einer integralen Dehnung von $\varepsilon = 25\ \%$ (Vorkonditionierung von $\varepsilon = 100\ \%$) (© R. Seewald, ISF)

3.2 Videoextensometrie

Da die Kopfzugversuche über ein Videoextensometer geregelt wurden, steht für jeden Versuch Bildmaterial zu Verfügung, welches für eine postexperimentelle Auswertung der Deformation des Klebstoffs verwendet werden kann. Ziel war die digitale Erfassung der Volumenänderung des Klebstoffs mit Einsetzten der Kavitation oberhalb eines kritischen Last- bzw. integralen Dehnungsniveaus. Aufgrund der großen Datenmenge je Probe erfolgt die Auswertung automatisiert. Hierzu wurden die Serienbilder (Abtastrate 1 Hz) zunächst verkleinert, sodass mit Annahme radialer Symmetrie nur noch eine Hälfte des

Klebstoffbulks analysiert werden musste. Eine entsprechende perspektivische Verzerrung wurde berücksichtigt. Ferner wurden die Aufnahmen in Schwarz-Weiß-Bilder konvertiert, um einen klaren Übergang der Klebstoffkante zur Umgebung zu erhalten. Die Bestimmung des Klebstoffvolumens erfolgt dann über trapezoidale Integration von schmalen Teilsegmenten, vgl. Bild 6.

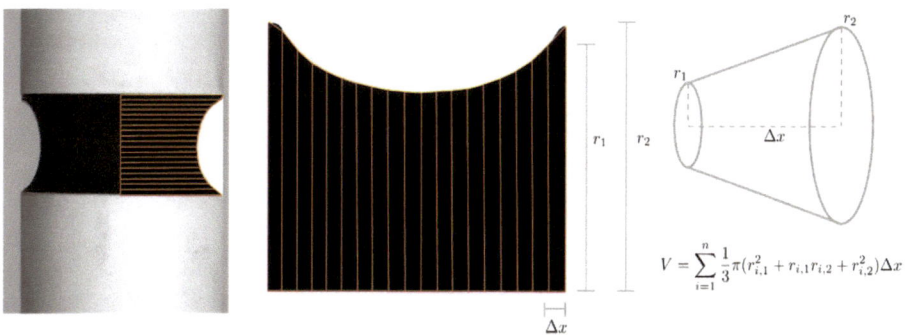

Bild 6 Darstellung des Verfahrens zur Volumenbestimmung im Rahmen der Videoextensometrie (hier vergrößerte Teilsegmente zur besseren Darstellung) (© L. Lamm, IFAM)

Die Ergebnisse der bildtechnischen Auswertungen sind beispielhaft anhand von zwei Kopfzugproben (Durchmesser D = 20 mm, Dicke t = 4 mm und 6 mm) in Bild 7 und Bild 8 dargestellt. Ab einer aufgebrachten Verschiebung von ca. 1 mm lässt sich für die Probe mit einer Klebschichtdicke von 4 mm eine Volumenzunahme erkennen. Im Kraft-Verschiebungs-Diagramm ist bei dieser Verschiebung ein markanter Steifigkeitsabfall zu beobachten (Knick). Bei Erreichen der Maximalkraft liegt die relative Volumenzunahme bei ca. 1,9. Für die Probe mit einer Klebschichtdicke von 6 mm lassen sich die gleichen Merkmale beobachten. Hier nimmt das Volumen jedoch erst bei einer Verschiebung von ca. 2 mm zu. Die maximale relative Volumenzunahme fällt hier geringer aus und liegt bei einem Wert von ca. 1,4. Auch der korrespondierende Steifigkeitsabfall im Kraft-Verschiebungs-Diagramm fällt geringer aus.

Die Ergebnisse können wie folgt gedeutet werden: je geringer die Klebschichtdicke bei gleichbleibendem Durchmesser, desto größer fällt die Querdehnungsbehinderung des Klebstoffs durch die Fügeteilwirkung aus. Damit verbunden ist eine hohe hydrostatische Belastung der Klebfuge. Da Silikonklebstoffe nahezu vollständig inkompressibel sind, lässt sich die hydrostatische Belastung nicht durch Volumenänderung kompensieren. Ab einer kritischen hydrostatischen Belastung versagt der Klebstoff dann lokal durch Bildung von Kavitäten. Da die hydrostatische Belastung für dünnere Probe höher ausfällt und größere Teilbereiche des Klebstoffbulks erfasst, entstehen hier mehr Kavitäten, was mit einer höheren relativen Volumenänderung verbunden ist. Durch die Bildung von Kavitäten ist es Teilbereichen innerhalb des Klebstoffs nun wieder möglich zu kontrahieren, was dann zu einer Steifigkeitsreduktion führt, da nun primär – im Gegensatz zum steifen Kompressionsmodul – wieder der weiche Zugmodul aktiviert wird.

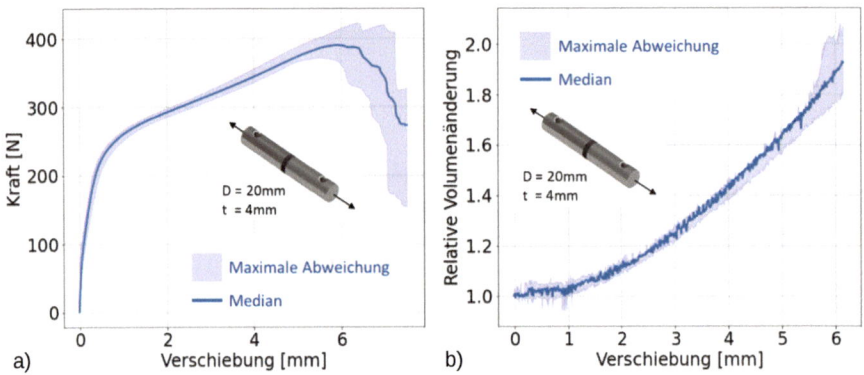

Bild 7 Kopfzugprobe $D = 20$ mm, $t = 4$ mm: a) Kraft-Verschiebungs-Diagramm, b) relative Volumenänderung über Verschiebung (© L. Lamm, IFAM)

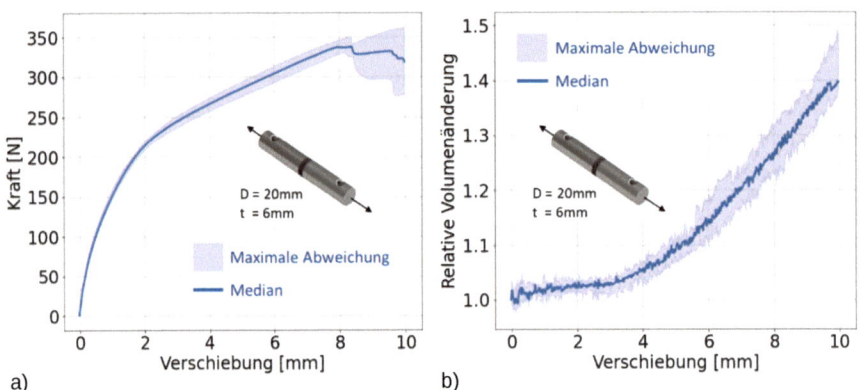

Bild 8 Kopfzugprobe $D = 20$ mm, $t = 6$ mm: a) Kraft-Verschiebungs-Diagramm, b) relative Volumenänderung über Verschiebung (© L. Lamm, IFAM)

3.3 Rasterelektronenmikroskopie

Für die Analyse von Kavitäten auf mikroskopischer Ebene der Bruchflächen wurde ein Rasterelektronenmikroskop (REM) verwendet. Eine unbelastete Klopfzugprobe und eine versagte Probe mit einer Dicke von jeweils 4 mm wurden an vier vordefinierten Stellen gemäß Bild 9 untersucht. Die beiden Punkte an der Grenzfläche zwischen Klebstoff und Fügeteil weisen die höchsten hydrostatischen Spannungen im Klebstoff auf, während der mittlere Punkt M_a^G die höchste Querkontraktion und die Randstelle R_a^G hohe lokale Dehnung erfährt. Der Punkt M_a^C befindet sich in der Mitte des Klebstoffs und R_a^C am Rand berücksichtigt die maximale Einschnürung. Zur Untersuchung dieser Bereiche wurden die Proben in flüssigem Stickstoff gekühlt, um Klebstoff und Fügeteil mit einer scharfen Klinge zu trennen und einen sauberen Schnitt ohne zusätzlich induzierte Schädigung zu erhalten [7]. Die Analyse findet jeweils auf der zugänglichen Oberfläche des Klebstoffs statt.

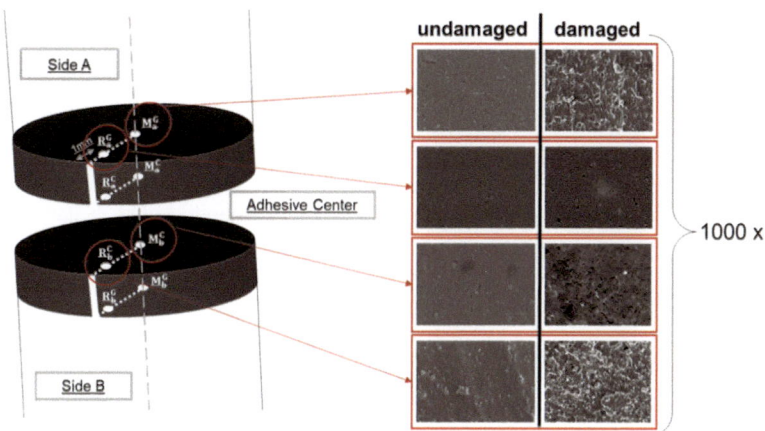

Bild 9 Mikroskopisch untersuchte Bereiche (© R. Seewald, ISF)

Die Mikroskopaufnahmen der untersuchten Punkte sind in Bild 9 und Bild 10 dargestellt. Wie auf den Aufnahmen zu erkennen ist, unterscheiden sich die Texturen der Oberflächen der belasteten und der unbelasteten Proben deutlich voneinander. Während die unbeschädigte Probe eine fast gleichmäßige und ebene Oberfläche aufweist, ist die Oberfläche der volumetrisch geschädigten Probe deutlich rauer und poröser. Auf der unbelasteten Oberfläche ist ein größerer Hohlraum zu erkennen, während die vollständig geschädigte Oberfläche hochporös ist und Kavitäten von 3 bis 20 µm aufweist. Die Mikroskopaufnahmen bekräftigen damit die Ergebnisse der CT-Untersuchen, die aufzeigen, dass es vor allem im mittleren Bereich der Klebschicht zur Kavitätenbildung kommt.

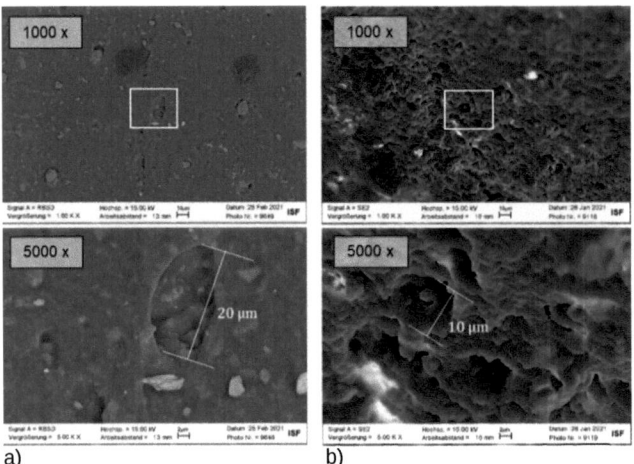

Bild 10 a) Klebstoffoberflächen in unbeschädigtem und b) volumetrisch geschädigtem Zustand; Vergrößerung mit Faktor 1000 und Faktor 5000 (© R. Seewald, ISF)

4 Untersuchungen an der H-Probe

Aufgrund ihrer Radialsymmetrie eignen sich Kopfzugproben besonders gut für experimentelle Untersuchungen, da es keinen störenden Einfluss von Ecken als Orte der Spannungskonzentration auf das Klebstoffgefüge der Probe gibt. Abschließend soll die Kavitätenbildung anhand der i. d. R. zu Prüfzwecken herangezogenen H-Proben gezeigt werden. Hierzu wurden H-Proben in ihrer ursprünglichen Geometrie nach ETAG 002 [2] sowie mit vier weiteren, reduzierten Klebschichtdicken in Zugversuchen untersucht. Die Klebschichtbreite wird dabei mit dem Originalmaß von 12 mm konstant gehalten. Aus Gründen der Vergleichbarkeit sind die experimentellen Daten in Form eines technischen Spannungs-Dehnungs-Diagramms dargestellt. Bei der Dehnung handelt es sich wie bei den Kopfzugproben auch um die integrale technische Dehnung, also die relative Verschiebung der Fügeteile bezogen auf die jeweilige Ursprungsklebschichtdicke, vgl. Bild 11.

Je dünner die Klebschicht, desto steifer das Verhalten der Fuge. Analog zu den Kopfzugversuchen zeigt sich auch hier ausgeprägterer Steifigkeitsabfall für dünnere Klebschichten. Für die Probe mit einer Dicke von 4 mm ist die Reduktion der Steifigkeit am markantesten und beginnt bereits bei einer integralen technischen Dehnung von ca. 0,2. Für die klassische H-Probe lässt sich hingegen erst ab einer integralen technischen Dehnung von ca. 0,6–0,7 eine geringfügige Steifigkeitsänderung erkennen. Es fällt auf, dass alle Proben nach Kavitation wieder gegen ein gemeinsames Steifigkeitsniveau streben. Das endgültige Probenversagen liegt für alle Proben auf einem vergleichbaren Spannungsniveau. Weitere Untersuchungen zeigen, dass das Verhältnis von Klebfugenbreite zu -dicke als Kenngröße für die Kavitationssensitivität einer Klebfuge verwendet werden kann. Je größer die relative Dicke einer Klebfuge, desto geringer ist ihre hydrostatische Beanspruchung und desto größer der Einfluss einer anteiligen uniaxialen Zugbelastung auf das Gesamttragverhalten.

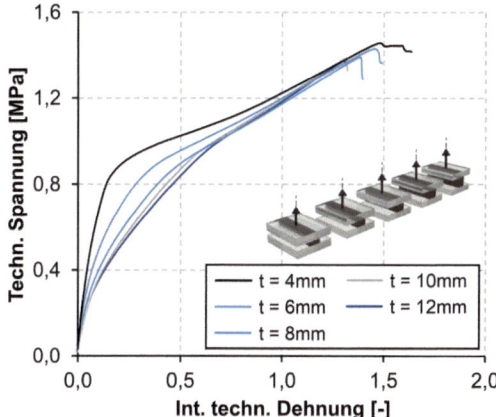

Bild 11 Zugversuch der H-Probe: technisches Spannungs-Dehnungs-Diagramm von H-Proben mit unterschiedlichen Klebschichtdicken (Mittelwertkurven) (© B. Schaaf, STB)

5 Zusammenfassung und Ausblick

Die Untersuchungen konnten darlegen, dass der charakteristische Steifigkeitsabfall, der in den Kraft-Verschiebungs-Diagrammen zu beobachten ist, mit der Bildung von Kavitäten und der Vergrößerung des Klebstoffvolumens einher geht. Der Steifigkeitsabfall fällt umso drastischer aus, je geringer die relative Klebschichtdicke. Kavitäten treten vor allem im mittleren Bereich des Klebstoffs auf und können in verschiedenen Analysen visualisiert und messtechnisch erfasst werden. Die Grenzflächen von Klebstoff und Fügeteil weisen die höchsten Anteile an hydrostatischen Spannungen auf, zeigen aber keine nennenswerte Kavitation. Ab einem bestimmten Grenzverhältnis von Durchmesser zu Dicke bzw. Klebfugenbreite zu -dicke spielt das Kavitationsversagen praktisch keine Rolle mehr.

In einem nächsten Schritt soll das volumetrische Versagen bei der Materialmodellierung und Simulation von hyperelastischen Klebverbindungen berücksichtigt werden. Daneben ist ebenfalls das deviatorische Versagen zu berücksichtigen und etwaige Einflüsse von bereits im Klebstoff vorhandenen Kavitäten auf dieses zu untersuchen. Das derzeit laufende Forschungsvorhaben *Glaskleben II* [12] beschäftigt sich mit diesen Fragestellungen. Langfristig sollte das Kavitationsversagen auch bei der Bemessung berücksichtigt werden. Zwar sind nach der Kavitätenbildung weitere gewisse Tragreserven vorhanden, die Steifigkeit ist jedoch erheblich reduziert und die Kavitäten stellen eine reale Schädigung des Klebstoffs dar, die eine Reduktion der Klebstofffestigkeit zur Folge haben kann.

Das derzeitige globale Bemessungsniveau nach ETAG 002 [2] liegt unterhalb der Kavitationsgrenze für die in der Leitlinie vorgegebenen geometrischen Randbedingungen der Klebfuge.

6 Danksagung

Die vorgestellten Ergebnisse wurden im Rahmen des Forschungsprojektes "Versagensprognose hyperelastischer Klebstoffe", IGF-Nr. 21348 N, erarbeitet. Das Projekt wurde von der Arbeitsgemeinschaft industrieller Forschungsvereinigungen "Otto von Guericke" e.V. (AiF) aus Mitteln des Bundesministeriums für Wirtschaft und Energie (BMWi) aufgrund eines Beschlusses des Deutschen Bundestages gefördert und wird von der DECHEMA Gesellschaft für Chemische Technik und Biotechnologie e. V. unterstützt.

7 Literatur

[1] Deutsches Institut für Bautechnik (2020) *Muster-Verwaltungsvorschrift Technische Baubestimmungen (MVV TB)*, Ausgabe 2020/1.

[2] EOTA (2012) *Guideline for European Technical Approval of Structural Sealant Glazing Kits (SSGK) – Part 1: Supported and Unsupported Systems* (ETAG002), 3. Änderung, 2012.

[3] Busse, W. F. (1938) *Physics of Rubber as Related to the Automobile* in: Journal of Applied Physics 9, 7. S. 438–451.

[4] Gent, A. N.; Lindley P. B. (1959) *Internal Rupture of Bonded Rubber Cylinders in Tension* in: Proceedings of the Royal Society of London. Series A, Mathematical and Physical SciencesVol. 249, No. 1257.

[5] Aït Hocine, N.; Hamdi, A. et. al. (2011) *Experimental and finite element investigation of void nucleation in rubber-like materials* in: International Journal of Solids and Structures 48. S. 1248–1254.

[6] Hamdi, A.; Guessasma, S.; Naït Abdelaziz, N (2014) *Fracture of elastomers by cavitation*, Materials and Design 53. S. 497–503.

[7] Drass, M.; Schneider, J.; Kolling, S. (2018) *Novel Volumetric Helmholtz Free Energy Function accounting for Isotropic Cavitation at Finite Strains* in: Materials & Design, Volume 138.

[8] Drass, M. (2018) *On cavitation in transparent structural silicone adhesive: TSSA* in: Glass Structures & Engineering 3. S. 237–256.

[9] Drass, M.; Du Bois, P.A.; Schneider, J. (2020) *Pseudo-elastic cavitation model: part I—finite element analyses on thin silicone adhesives in façades* in: Glass Structures & Engineering (2020) 5. S. 41–65.

[10] Drass, M.; Du Bois, P.A.; Schneider, J. (2020) *Pseudo-elastic cavitation model: part II—finite element analyses on thin silicone adhesives in façades* in: Glass Structures & Engineering 5. S. 67–82.

[11] DIN EN 15870:2009, Deutsches Institut für Normung e.V. (2009) *Klebstoffe - Bestimmung der Zugfestigkeit von Stumpfklebungen* (ISO 6922:1987 modifiziert); Deutsche Fassung EN 15870:2009. Berlin: Beuth.

[12] Feldmann, M., Reisgen, U., Reese, S.: *Methoden zur Auslegung und Simulation von Metall-Glas-Klebungen im Bauwesen im Hinblick auf eine Versagensprognose – Glaskleben II.* FOSTA, AiF-Projekt: IGF-Nr. 19158 N, lfd. Projekt 2020-2023.

Isolierglasrandverbund auf beschichteten und digital bedruckten Glasoberflächen

Jan Wünsch[1], Jost Wittwer[2], Alexander Rumpf[2], Bernhard Weller[1]

1 Technische Universität Dresden, Institut für Baukonstruktion, 01062 Dresden, Deutschland; jan.wuensch@tu-dresden.de; bernhard.weller@tu-dresden.de

2 Polartherm Flachglas GmbH, Eichenallee 2, 01558 Großenhain, Deutschland; j.wittwer@polartherm.de; alexander.rumpf@polartherm.de

Abstract

Der Beitrag geht auf ausgewählte Ergebnisse des Forschungsvorhabens PRINTGLASS ein. Dieses Vorhaben widmet sich einer neuen Art der Randbedruckung. Die Randbedruckung wird im Digitaldruckverfahren direkt auf Glas oder auf ausgesuchten Sonnenschutzbeschichtungen ausgeführt. Der Einsatz der Digitalbedruckung als Haftgrund wurde durch eine neue Farbzusammensetzung und umfangreiche Untersuchungen möglich. Neben Untersuchungen an den digital bedruckten Oberflächen werden auch Ergebnisse zur Biegezugfestigkeit vorgestellt. Zusätzlich wurde das Haftvermögen verschiedener elastischer Dicht- und Klebstoffe im ungealterten und gealterten Zustand analysiert. Abschließend stellt der Beitrag noch die Dauerhaftigkeitsversuche an verschiedenen Isoliergläsern vor.

Edge seal of insulating glass units on coated and digitally printed glass surfaces. The paper discusses selected results of the PRINTGLASS research project. This project is dedicated to a new type of edge printing. The edge printing is carried out in a digital printing process directly on glass or on selected sun protection coatings. The use of digital printing as a substrate was made possible thanks to a new ink composition and extensive research. In addition to tests on the digitally printed surfaces, results on bending tensile strength are also presented. In addition, the adhesion of various elastic sealants and adhesives in the unaged and aged state was analysed. Finally, the paper presents durability tests on various insulating glass units.

Schlagwörter: Isolierglas, Digitaldruck, Randverbund, Structural Sealant Glazing

Keywords: insulating glass unit, digital printing, edge seal, structural sealant glazing

1 Einleitung

Innerhalb des Forschungsprojektes PRINTGLASS entwickelte die Firma Polartherm Flachglas GmbH in Zusammenarbeit mit der Technischen Universität Dresden, Institut für Baukonstruktion eine Isolierverglasung (Bild 1a), die sich durch eine neue Art der keramischen Randbedruckung auszeichnet. Die Arbeiten wurden durch den assoziierten Partner Tecglass, S.L. unterstützt. Der Digitaldruck erfolgt unmittelbar auf der Sonnenschutzbeschichtung und dient als Haftgrund für den Randverbund oder für eine lastabtragende Verklebung. Durch den computergesteuerten Digitaldruck lassen sich individuelle und geometrisch anspruchsvolle Isolierverglasungen im Schiffsbau und im Bauwesen zeit- und kostensparend umsetzen. Für einen robusten Klebprozess ist ein belastbarer Digitaldruck mit dauerhaften und reproduzierbaren Eigenschaften unabdingbar. Hierfür wurden umfangreiche wissenschaftliche Untersuchungen zu den Eigenschaften des keramisch bedruckten Glases, des Randverbundes und der Dauerhaftigkeit des Isolierglases unter Umwelteinflüssen durchgeführt. [1, 2, 3]

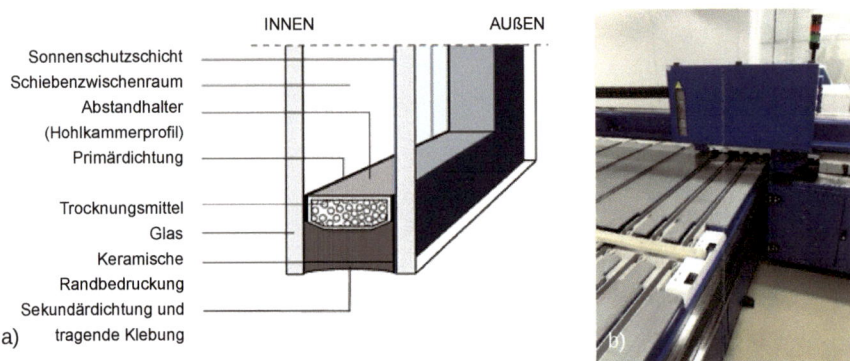

Bild 1 a) Schematische Darstellung einer Isolierglasscheibe mit keramischer Bedruckung im Bereich des Isolierglasrandverbundes; Die Bedruckung schützt den Isolierglasrandverbund vor solarer Einstrahlung und verbessert das Erscheinungsbild bei sichtbaren Glaskanten (© J. Wünsch, TU Dresden); b) Digitaldrucker der Firma Polartherm für großformatige Glasscheiben (© A. Rumpf, Polartherm Flachglas GmbH [1])

2 Untersuchungen

2.1 Sonnenschutzbeschichtung und Bedruckung

Eine begrenzte Auswahl an Sonnenschutzbeschichtungen wurde in die Untersuchungen eingebunden. Die Beschichtungen unterscheiden sich hinsichtlich ihrer Zusammensetzung. Am augenscheinlichsten ergeben sich daraus die Unterschiede bei Farbe, Transmission und Reflexion. Die Ergebnisse der Transmissionsmessung (siehe Bild 2) für zwei Sonnenschutzgläser zeigen eine nennenswerte Durchlässigkeit im UV-Bereich (280 nm bis 380 nm). Es besteht also kein grundlegender Schutz der Primär- und Sekundärdichtung des Randverbundes vor der solaren Einstrahlung.

2 Untersuchungen

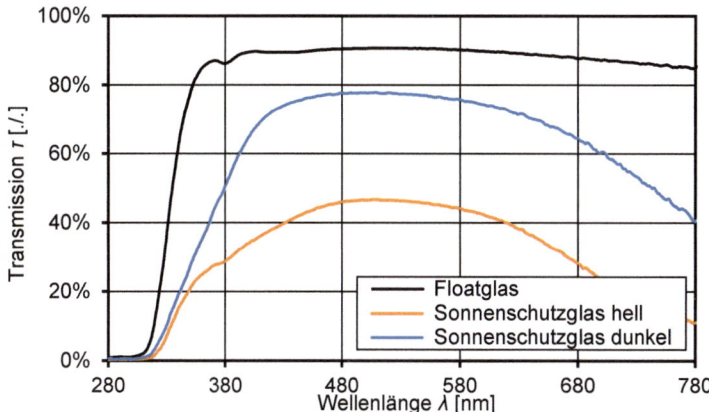

Bild 2 Lichttransmission von Sonnenschutzgläsern mit variierendem Transmissionsgrad im Vergleich mit unbeschichtetem Floatglas (© J. Wünsch, TU Dresden)

Anschließend wurde die Benetzbarkeit (Bild 3) der Oberfläche näher untersucht, da eine gute Benetzbarkeit eine Voraussetzung für eine gute Bedruckbarkeit darstellt. Die Beschichtungen – das Diagramm zeigt ein repräsentatives Ergebnis – ordnen sich hinsichtlich ihrer Benetzbarkeit zwischen unbeschichtetem Floatglas und metallischen Oberflächen ein. Allgemein sind die Sonnenschutzbeschichtungen aber als gut benetzbar und damit bedruckbar einzustufen.

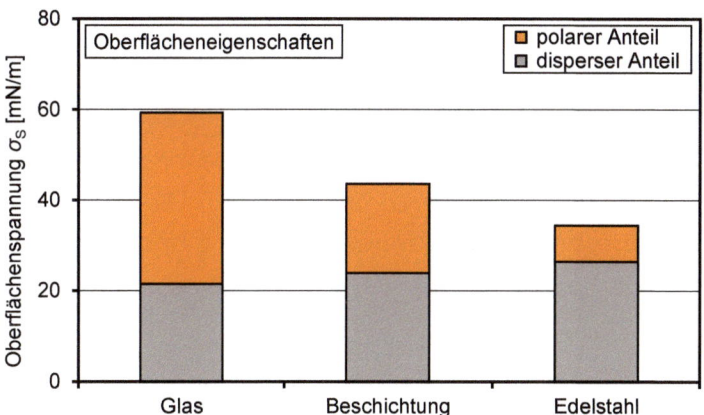

Bild 3 Freie Oberflächenenergie in Abhängigkeit von der Oberfläche (© J. Wünsch, TU Dresden)

Die keramische Randbedruckung wurde hauptsächlich mithilfe des Digitaldruckverfahrens und variierenden Farbrezepturen ausgeführt. Ergänzend wurden weitere Auftragsverfahren zum Vergleich in die Untersuchungen eingebunden. Dabei wurden unter anderem die Sonnenschutzbeschichtung, die Druckfarbe und die Druckparameter variiert. Die Qualität der Oberflächen wurde visuell und unter dem Mikroskop untersucht und bewertet. Darüber hinaus wurden wichtige Kenngrößen (z. B. Porosität, Ritzhärte, Benetzbarkeit, Lichttransmission) bestimmt. Mithilfe des Zylinderzugversuches wurde das Haftvermögen der Bedruckung untersucht. Für die Bedruckung wurden die Digitaldruckfarben mit Siebdruckfarben verglichen. Bild 4 zeigt die Unterschiede in der Oberflächenstruktur, die sich durch die Druckverfahren einstellen.

Tabelle 1 Auftragsverfahren für keramische Farben nach Schichtstärke geordnet (© Philipp Krampe, TU Dresden [8])

Verfahren	Symboldarstellung	Schichtstärke [µm]
Digitaldruck		15–20
Siebdruck		25–35
Siebdruckfarbe, gesprüht		10–250

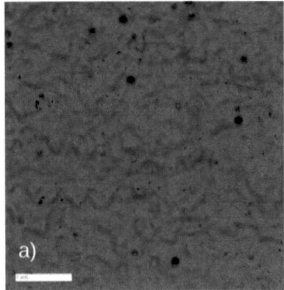
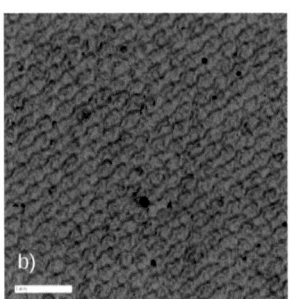
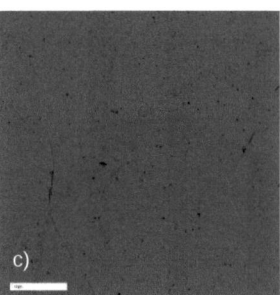

Bild 4 Konfokale, mikroskopische Aufnahme der bedruckten Oberflächen unter 200-facher Vergrößerung; a) Aufgesprühte Siebdruckfarbe; b) Siebdruck; c) Digitaldruck (© J. Wünsch, TU Dresden)

Die Härteprüfung mit einem Härteprüfstab nach ISO 15184 ist ein Verfahren, das sich für siebbedruckte Gläser als geeignet erwiesen hat. Allerdings war diese Härteprüfung für die digitalbedruckten Scheiben mit ihren dünnen Druckschichten nicht eindeutig. Reproduzierbare Ergebnisse wurden hingegen mit der Härteprüfung nach MOHS [4] erzielt.

Die Bestimmung der Porosität war für alle Prüfserien unauffällig. Auch war die Messung der Lichttransmission erfolgreich. Die digitalbedruckten Gläser sind hinreichend undurchlässig, sodass ein ausreichender Schutz der Primär- und Sekundärdichtung vor schädlicher solarer Einstrahlung gegeben ist.

2.2   Biegezugfestigkeit

Ein interessanter Aspekt der Untersuchung stellt die Bestimmung der Biegezugfestigkeit der emaillierten Glasoberflächen dar. Für die Durchführung der Versuche wurde ein Vierpunktbiegeprüfstand (Bild 5) genutzt, der in den Abmessungen und in seiner Struktur den Vorgaben der EN 1288-3 [5] entspricht.

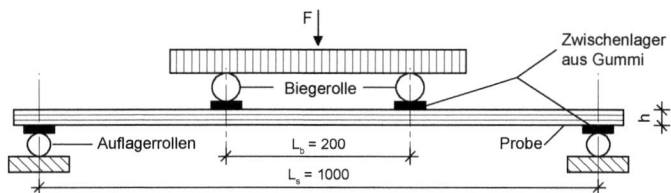

Bild 5 Aufbau Vierpunkt-Biegeversuch nach EN 1288-3 (© J. Wünsch, TU Dresden)

Bei den untersuchten Flachgläsern handelt es sich um Kalk-Natronsilicatgläser, die im Floatverfahren hergestellt wurden. Die Nenndicke der Gläser ist jeweils 6 mm. Nach dem Zuschnitt wurden alle Kanten gesäumt. Alle Gläser erhielten eine einseitige, vollflächige Emaillierung (Bild 6), die sich hinsichtlich der Auftragsverfahren und damit auch hinsichtlich der Farbzusammensetzung unterscheiden. Alle Bedruckungen wurden auf die Atmosphärenseite aufgebracht. Für die Bedruckung wurde der Digitaldruck mit vier verschiedenen Farben, der Siebdruck und das Aufsprühen der Siebdruckfarbe gewählt, um eine vollflächige Emaillierung zu erzeugen.

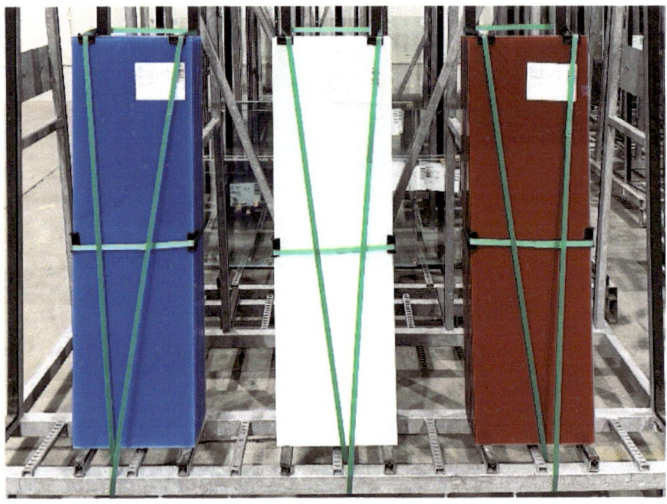

Bild 6 Digital bedruckte Gläser mit unterschiedlicher Farbe (© J. Wünsch, TU Dresden)

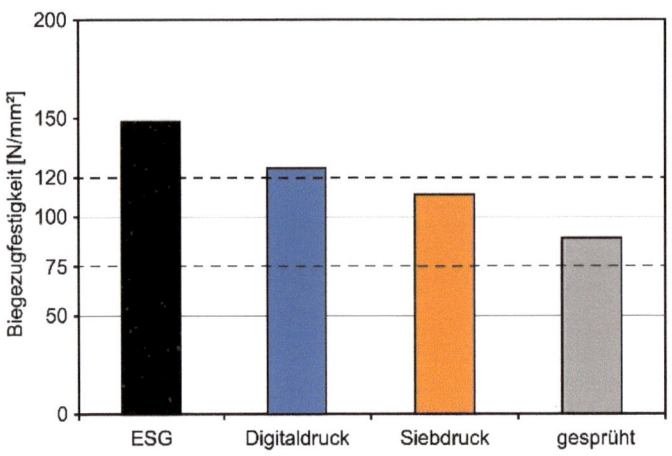

Bild 7 Charakteristische Werte der Biegezugfestigkeit unter Variation der Druckverfahren (© J. Wünsch, TU Dresden)

2 Untersuchungen

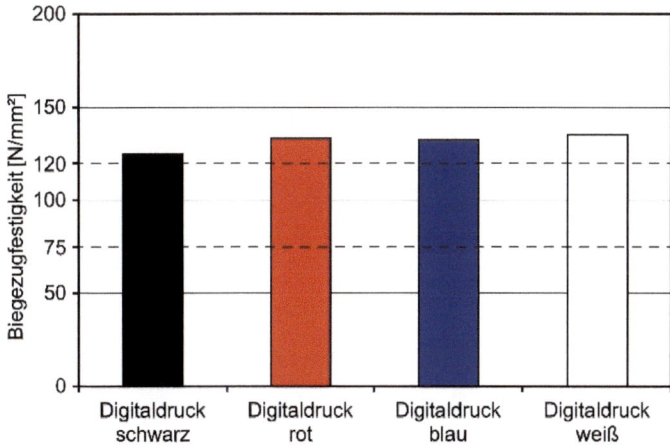

Bild 8 Charakteristische Werte der Biegezugfestigkeit unter Variation der Druckfarbe (© J. Wünsch, TU Dresden)

Die erzielten Ergebnisse (Bild 7 und Bild 8) sind vergleichbar mit den Ergebnissen weiterer Forschungsarbeiten [8, 9]. Die relative Festigkeitsminderung gegenüber der unbedruckten Referenz war für die Gläser mit aufgesprühter Siebdruckfarbe mit 40 % am höchsten. Für die siebbedruckten Gläser sinkt die relative Festigkeitsminderung auf 25 %. Die geringste Minderung erreichen die digital bedruckten Gläser. Die Minderung gegenüber der Referenz beträgt nur 9 % bis 16 %. Unter Erreichen eines ausreichenden Vorspanngrades kann die nach der Norm EN 12150-1 [10] geforderte charakteristische Biegezugfestigkeit von 120 N/mm² von allen untersuchten digital bedruckten Gläsern erreicht werden. [6, 7]

2.3 Zugfestigkeit der H-Prüfkörper

Anhand der Versuche zur Zugfestigkeit sollte geprüft werden, inwiefern zwei favorisierte Bedruckungen als Haftgrund für verschiedene elastische Dicht- bzw. Klebstoffe geeignet sind. Die Prüfkörpergeometrie (Bild 9) orientiert sich an den Abmessungen des H-Prüfkörpers gemäß ETAG 002 [11]. Aufgrund der zu untersuchenden keramischen Bedruckung wurde der Prüfkörper modifiziert. Der thermische Vorspannprozess verlangt für die bedruckte Verglasung ein Mindestmaß von 300 x 150 mm. Die Bedruckung umfasst neben drei Bereichen für die Klebfugen auch einen frei zugänglichen Teil für die Härteprüfung und die Mikroskopie. Die gegenüberliegenden Scheiben für die H-Prüfkörper bestehen aus Floatglas mit den Abmessungen 40 x 50 mm.

Je Variante (Sonnenschutzglas-Druckfarbe) wurden 20 Prüfkörper unter Laborbedingungen hergestellt. Jeder Prüfkörper besitzt drei Klebfugen für die untersuchten Dicht- und Klebstoffe (Polyurethan, Polysulfid, Silikon). Die Abmessung der Klebfuge stimmt mit den Festlegungen der ETAG 002 überein. Die Prüfkörper wurden nach 24 Stunden ausgeschalt. Die Proben wurden unter Laborbedingungen ausgehärtet. Anschließend wurden zwölf dieser Kombinationen zur Bestimmung der Restfestigkeit künstlich gealtert [12, 13, 14]. Die Zugfestigkeitsprüfung erfolgte anschließend bei Raumtemperatur in einer Universalprüfmaschine. Die Ergebnisse werden nachfolgend für einen Sekundärdichtstoff auf Polysulfid-Basis und ein SSG-Silikon als mittlere Bruchspannung angegeben.

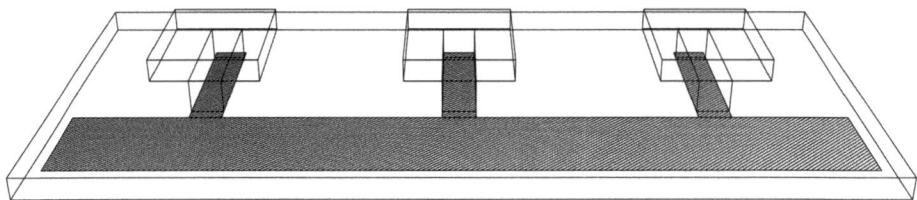

Bild 9 Schematische Darstellung des Prüfkörpers, graue Flächen sind digital bedruckt (© A. Rumpf, Polartherm Flachglas GmbH [1])

Beim Polysulfid schwanken die Ergebnisse deutlich. Dies gilt für die Einzelergebnisse einer Stichprobe gleichermaßen wie für Mittelwerte der Prüfserien. Die Mittelwerte der Bruchspannung im Initialzustand schwanken zwischen 0,92 N/mm² und 1,17 N/mm². Infolge der künstlichen Alterung kommt es zu Festigkeitsminderungen über alle Prüfserien. Die Mittelwerte der Bruchspannung nach der künstlichen Alterung liegen zwischen 0,62 N/mm² und 0,89 N/mm². Das 75%-Kriterium für die mittlere Restfestigkeit wurde von zehn der zwölf Serien erreicht. Nach dem in ETAG 002 aufgestellten Bruchkriterium müssen mindestens 90 % der Bruchfläche kohäsiv versagen. Das Polysulfid erreichte in keiner Prüfkörperreihe annähernd das Bruchkriterium. Überwiegend versagten die Proben grenzschichtnah. Für den Ort des Versagens (Glasoberfläche oder Bedruckung) ist keine Tendenz zu erkennen.

2 Untersuchungen

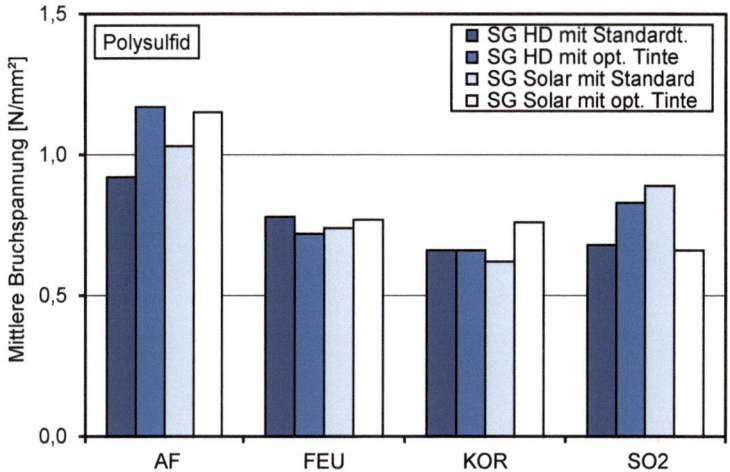

Bild 10 Mittlere Bruchspannung für das Polysulfid (© J. Wünsch, TU Dresden)

Die Ergebnisse der Anfangsfestigkeit liegen für das SSG-Silikon im erwarteten Bereich. Ein deutlicher Abfall der Bruchspannung oder eine deutliche Erweichung des Silikons treten durch die künstliche Alterung nicht auf. Das 75 %-Kriterium für die mittlere Restfestigkeit wurde eingehalten. Ungewöhnlich für Silikon ist allerdings das Auftreten von Mischbrüchen, die sich durch grenzflächennahes Versagen über mehr als 10 % der Querschnittsfläche charakterisieren. Dies betraf mehrere, künstlich gealterte Prüfkörper einer Prüfserie. Das Bruchkriterium nach ETAG 002 wird außer von dieser einen Prüfserie durch das SSG-Silikon erfüllt.

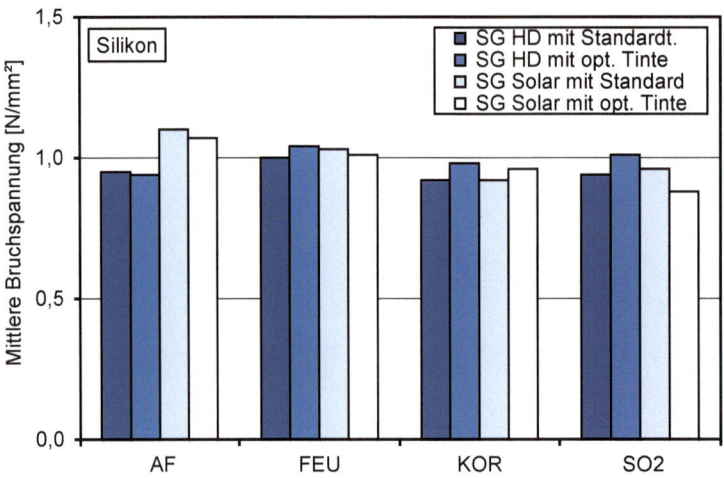

Bild 11 Mittlere Bruchspannung für das Silikon (© J. Wünsch, TU Dresden)

2.4 Gas- und Wasserdiffusionsdichtigkeit der Isoliergläser

Abschließend wurden verschiedene Randverbundsysteme in Bezug auf Gas- und Wasserdiffusionsdichtigkeit untersucht. Dazu wurden spezielle Isolierverglasungen gefertigt. Die Glasscheiben waren sonnenschutzbeschichtet und entsprachen in ihren Abmessungen den Vorgaben der Normreihe DIN EN 1279. Für die Randbedruckung wurde die zweite Variante der optimierten Digitaldrucktinte für beschichtete Gläser (OT), die Standarddigitaldrucktinte (ST) und Siebdruckfarbe (SD) verglichen. Als Sekundärdichtstoffe kamen Polysulfid (PS) und SSG-Silikon (SSG) zum Einsatz. Als maßgebender Alterungsversuch wurde der Wechselklimazyklus aus der DIN EN 1279-2 genutzt. Diese Norm legt das künstliche Alterungsszenario für die Feuchtigkeitsaufnahme bei Isolierverglasungen fest. Daran anschließend wurden die Proben für 500 Stunden einer Kondenswasser-Konstantklimaprüfung (EN ISO 6270-2, CH-Prüfung) unterzogen.

Vor (Referenz), während (nach Klimawechsel) und nach (nach Klimawechsel und anschließendem Dauerstand unter hoher Feuchtigkeit mit Kondenswasserbildung) der künstlichen Alterung wurde mithilfe eines Gasprüfgerät für Isolierglas (Sparklike) der Gasfüllgehalt (Bild 12 und Bild 13) zerstörungsfrei gemessen. Dieses Prüfverfahren weicht vom zerstörenden Verfahren der Norm DIN EN 1279 deutlich ab.

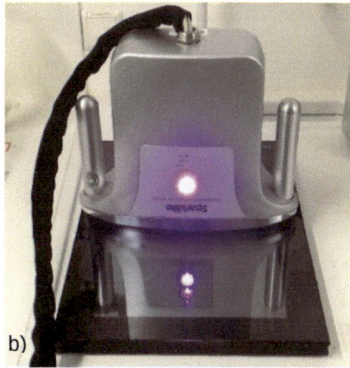

Bild 12 a) Klimaprüfkammer mit Isolierglasproben und b) zerstörungsfreie Messung des Gasfüllgehaltes mit dem Sparklite (© J. Wünsch, TU Dresden)

Mithilfe des Anfangsgasfüllgehalts konnte die Gasverlustrate (Bild 13) berechnet werden. Die Gasverlustraten (Mittelwerte aus je drei Prüfkörpern pro Serie und je fünf Messungen pro Prüfkörper) sind für alle Prüfserien gering. Die zu erwartende höhere Gaspermeabilität bei Sekundärdichtungen aus SSG-Silikon kommt erst nach dem Dauerstand unter hoher Feuchtigkeit mit Kondenswasserbildung zum Tragen.

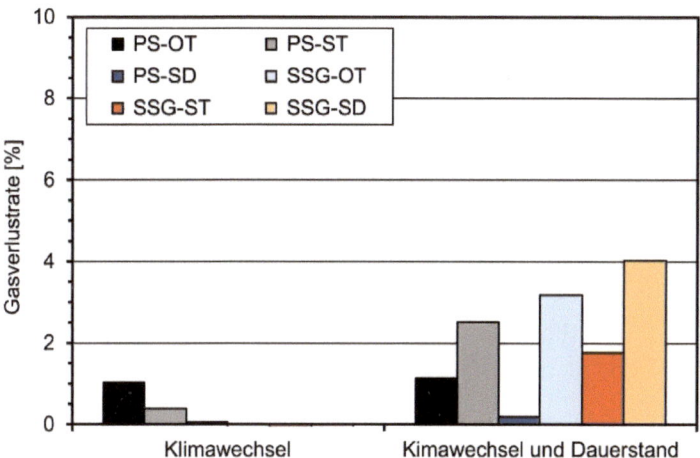

Bild 13 Gasverlustrate nach dem Klimawechsel sowie nach Klimawechsel und Dauerstand; bei Variation der Kleb- und Dichtstoffe (Polysulfid (PS) und SSG-Silikon (SSG)) und der Randbedruckungen (optimierte Digitaldrucktinte (OT), Standarddigitaldrucktinte (ST) und Siebdruck (SD)) (© J. Wünsch, TU Dresden)

Durch die Karl-Fischer-Titration (Bild 14) wurde nach Abschluss der Alterung der Feuchtigkeitsgehalt im Trockenmittel bestimmt. Hierfür wird die Verglasung gebrochen und das Trockenmittel aus dem Abstandshalter entnommen. Anschließend wird das Trockenmittel abgefüllt, gewogen und hinsichtlich der Feuchtigkeitsaufnahme analysiert. Dadurch konnten die verschiedenen Kombinationen von Bedruckungen und Sekundärdichtstoffen verglichen werden. Neben den gealterten Proben wurden auch Referenzscheiben, die unter Laborbedingungen (Normalklima) gelagert wurden, untersucht.

  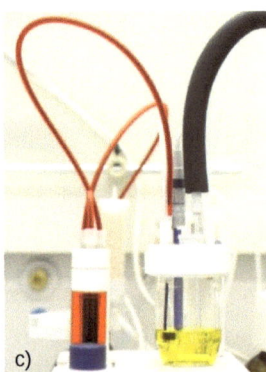

Bild 14 a) Entnahme Trockenmittel, b) Trockenmittelprobe, c) Karl-Fischer-Titration (© S. Unnewehr, TU Dresden)

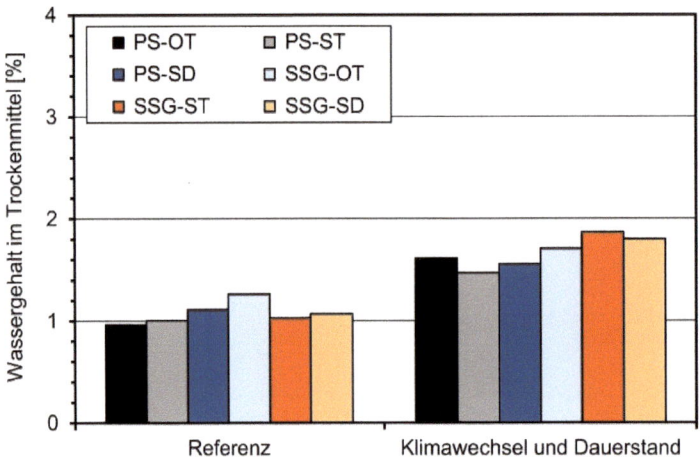

Bild 15 Wassergehalt im Trockenmittel der ungealterten Referenz sowie nach Klimawechsel und Dauerstand; Variation der Sekundärdichtstoffe (Polysulfid (PS) und Silikon (SSG)) und der Randbedruckungen (optimierte Digitaldrucktinte (OT), Standarddigitaldrucktinte (ST), und Siebdruck (SD)) (© J. Wünsch, TU Dresden)

Durch die Alterung wird Feuchte durch den Randverbund eingetragen und vom Trockenmittel vollständig absorbiert. Die ermittelten Werte für die Trockenmittelbeladung liegen zwischen 1,5 % und 2,0 % und damit weit von der Sättigungsgrenze entfernt. Die Werte des Wassergehalts bei Verwendung von SSG-Silikonen sind leicht höher als bei Polysulfid. Deutliche Auswirkungen der Bedruckung sind nicht erkennbar. Grundsätzlich können damit alle Materialkombinationen als grundlegend geeignet angesehen werden.

3   Zusammenfassung und Ausblick

Durch die gemeinschaftliche Forschungstätigkeit konnten die Partner umfangreiche Erkenntnisse über den Digitaldruck in Kombination mit sonnenschutzbeschichtetem Glas und verschiedenen Dicht- und Klebstoffen sammeln. Aufgrund der Ergebnisse kann – vorbehaltlich der behördlichen Genehmigungsprozesse – unterstellt werden, dass der Einsatz digitaler Randbedruckungen eine Alternative zum herkömmlichen Siebdruckverfahren darstellt. Dabei kann der Digitaldruck seine verfahrenstechnischen Vorteile vor allem bei aufwendigen Geometrien oder Aufträgen mit geringer Stückzahl ausspielen.

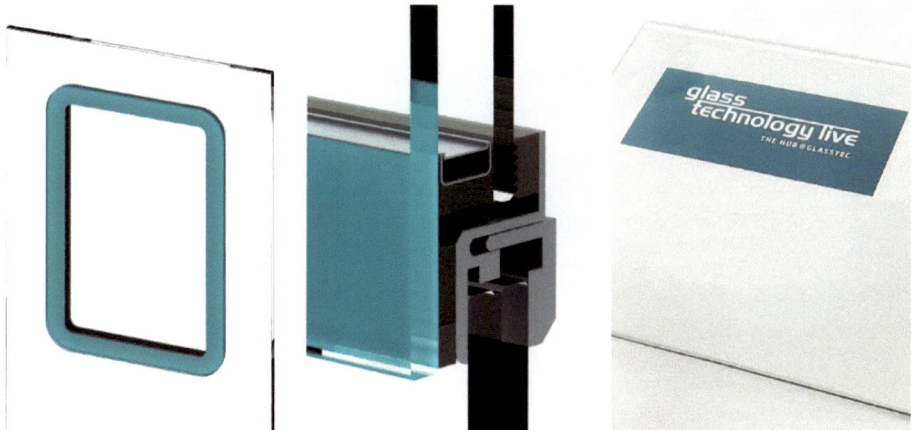

Bild 16 Rendering für den geplanten Demonstrator auf der Messe glasstec (© J. Wünsch, TU Dresden)

4   Danksagung

Die Untersuchungen sind Teil des Forschungsprojektes „PRINTGLASS", das aus dem Innovationsnetzwerk KLEBTECH hervorgegangen ist und durch das zentrale Innovationsprogramm Mittelstand (ZIM) des Bundesministeriums für Wirtschaft und Klimaschutz (BMWK) finanziert wurde. Die Autoren danken für die finanzielle Unterstützung des Forschungsprojektes.

5 Literatur

[1] Rumpf, A. (2019) *Eigenschaften und Beständigkeit von digital bedruckten Glasoberflächen als Haftgrund für lastabtragende Klebungen* [Diplomarbeit]. Technische Universität Dresden.

[2] RAL-RG 529 A3 (2007) *Email(le) und emaillierte Erzeugnisse Begriffsbestimmungen/Bezeichnungsvorschriften*, Bonn: Deutsches Institut für Gütesicherung und Kennzeichnung e.V.

[3] BF-Merkblatt 015 (2013) *Richtlinie zur Beurteilung der visuellen Qualität von emaillierten und siebbedruckten Gläsern*, Troisdorf: Bundesverband Flachglas Großhandel, Isolierglasherstellung, Veredlung e.V., Fachverband Konstruktiver Glasbau e.V.

[4] DIN EN 15771 (2010) Emails und Emaillierungen. Bestimmung der Ritzhärte nach Mohs. Deutsche Fassung. Berlin: Beuth.

[5] DIN EN 1288-3:2000-09 (2000) *Glas im Bauwesen – Bestimmung der Biegefestigkeit von Glas – Teil 3: Prüfung von Proben bei zweiseiger Auflagerung (Vierschneiden-Verfahren)*. Berlin: Beuth.

[6] Wünsch, J.; Wittwer, J.; Weller, B. (2021) *Biegezugfestigkeit von emailliertem Flachglas unter Variation des Farbauftrages* in: Weller, B.; Tasche, S. [Hrsg.] *Glasbau 2021*. Berlin: Ernst & Sohn, S. 159–172.

[7] Wünsch, J.; Weller, B.; Wittwer, J.; Rumpf, A. (2022) *The strength of glass with digital printing* in: Zingoni, A. [Hrsg.] *Proceedings of the 8th International Conference on Structural Engineering, Mechanics and Computation*, Kapstadt: CRC Press.

[8] Krampe, P. (2013) *Zur Festigkeit emaillierter Gläser* [Dissertation]. Technische Universität Dresden.

[9] Elstner, M., Maniatis, I. (2016) *Festigkeit emaillierter, thermisch vorgespannter Gläser – Aktuelle Erkenntnisse* in: Weller, B.; Tasche, S. [Hrsg.] *Glasbau 2016*. Berlin: Ernst & Sohn, S. 373–385.

[10] DIN EN 12150-1 (2000) *Glas im Bauwesen – Thermisch vorgespanntes Kalknatron-Einscheibensicherheitsglas – Teil 1: Definition und Beschreibung*, Berlin: Beuth.

[11] ETAG Nr. 002/Teil 1 (1999) *Leitlinie für die europäische technische Zulassung für geklebte Glaskonstruktionen (Structural Sealant Glazing Systems - SSGS), Teil 1: Gestützte und ungestützte Systeme*. Berlin: Bundesanzeiger.

[12] DIN EN ISO 3231, (1997) *Bestimmung der Beständigkeit gegen feuchte, Schwefeldioxid enthaltende Atmosphären*. Deutsche Fassung. Berlin: Beuth.

[13] DIN EN ISO 6270-2 (2018) *Beschichtungsstoffe. Bestimmung der Beständigkeit gegen Feuchtigkeit. Teil 2: Kondensation (Beanspruchung in einer Klimakammer mit geheiztem Wasserbehälter).* Deutsche Fassung. Berlin: Beuth.

[14] DIN EN ISO 9227 (2017) *Korrosionsprüfungen in künstlichen Atmosphären. Salzsprühnebelprüfung.* Deutsche Fassung. Berlin: Beuth.

Ermittlung der mechanischen Eigenschaften eines Silikondichtstoffs

Sigurd Sitte[1]

1 DOW Silicones Deutschland GmbH, Rheingaustrasse 34, 65201 Wiesbaden, Deutschland; s.sitte@dow.com

Abstract

Die Kenntnis der mechanischen Dichtstoffeigenschaften ist erforderlich, um Verhalten und Leistungsfähigkeit wetterseitiger Dichtfugen zu beurteilen. Fassadeningenieure und Projektplaner sind oftmals daran interessiert, Dichtstoffe über die in technischen Datenblättern genannten Grenzen hinaus einzusetzen oder suchen nach verlässlichen Messergebnissen als Basis für detaillierte Berechnungen, z. B. mit Finite-Element-Methoden bei seismischer Belastung oder sehr großen Fassadenelementen. Zur korrekten Auslegung von Dichtfugen ist die Kenntnis der maximal zu erwartenden Fugenbewegungen sowie anderer Einflussfaktoren erforderlich (z. B. Bewitterung, Strahlung, Verschmutzung, Fassadenreinigungsmittel). Ein in Europa verbreiteter Silikondichtstoff für Fassaden ist DOWSIL™ 791. Da für diesen Dichtstoff bisher nur wenige Daten bekannt waren, wurde eine Untersuchung zur Ermittlung der mechanischen Eigenschaften gestartet. Durchgeführt wurden verschiedene Standardtests sowie Prüfungen spezieller Proben mit realen Fugengeometrien. Mit den Erkenntnissen können Dichtfugen ausgelegt und der Versagenspunkt bestimmt werden.

Evaluation of mechanical properties for a weatherproofing silicone. The knowledge of mechanical sealant properties is mandatory to understand and predict behaviour and performance of weatherproofing joints. Facade engineering consultants and project planners regularly rise questions to understand, if weatherproofing sealants could be used in applications requiring higher movement capabilities than declared in technical datasheets or if measured data are available for advanced calculation methods such as finite element analysis. This can be required in case of seismic events, for very large pane sizes or high movements. To specify correctly sealant dimensions it is mandatory to know the maximum movements. Applied movements must be safely below the maximum capability of the sealant, considering many load cycles and long-term ageing (e. g. weathering, sun radiation, facade cleaning products, dirt and air pollution). One of the most commonly used silicone weatherproofing sealant for facades in Europe is DOWSIL™ 791. Because only few data are available for this product, an evaluation has been performed and should help to understand better the mechanical properties and behaviour of this product. Both sample testing following to standardized test methods and specifically designed sample shapes illustrating the joint in its function were used. Using the results of this evaluation, weatherproofing joints can be dimensioned more safely and the failure point can be predicted.

Schlagwörter: Silikon, Dichtstoff, Versiegelung, Dehnfähigkeit, Hafteigenschaften

Keywords: silicone sealant, weatherproofing, movement capability, adhesion

1 Die wetterseitige Versiegelung

Die Versiegelung außenliegender Bauwerksfugen ist für Fassaden und Dachkonstruktionen wichtig, sie schützt vor eindringender Feuchtigkeit und bildet damit eine Grundvoraussetzung für eine hohe Lebenserwartung der Konstruktion. Dies gilt insbesondere für Außenflächen mit Isoliergläsern, siehe Bild 1, da die wetterseitige Versiegelung auch eine besondere Schutzfunktion für den empfindlichen Isolierglasrandverbund bietet. Dichtstoffe, welche im Außenbereich eingesetzt werden, müssen witterungsbeständig, resistent gegen UV-Strahlung und auch unempfindlich gegen starke Temperaturschwankungen sein. Zudem ist eine hohe Elastizität dauerhaft gefordert. Diese Eigenschaften können optimal von Dichtstoffen auf Basis von Silikonpolymeren erbracht werden. Infolge ihrer speziellen chemischen Eigenschaften liefern Silikonpolymerketten, bestehend aus den anorganischen Grundbausteinen Silizium (Si) und Sauerstoff (O) höhere Widerstandskraft gegenüber Strahlung und Wärme als vergleichbare organische Polymere, die auf Kohlenstoffketten (C) basieren.

Bild 1 Ganzglaskonstruktion mit wetterseitiger Versiegelung durch Silikondichtstoff (© DOW 2012)

2 Fugenbelastungen

Typische Belastungen von außenliegenden Dichtfugen resultieren aus thermischen Bewegungen, aus Windeinfluss oder aus Setzvorgängen. Zusätzlich kommen für erdbebengefährdete Gebiete seismische Bewegungen hinzu. Fugenbewegungen können dadurch sowohl in Zug- und Druckrichtung als auch als Schubverformungen in verschiedenen Ebenen erzeugt werden. Bild 2 zeigt die genannten Fugenverformungen.

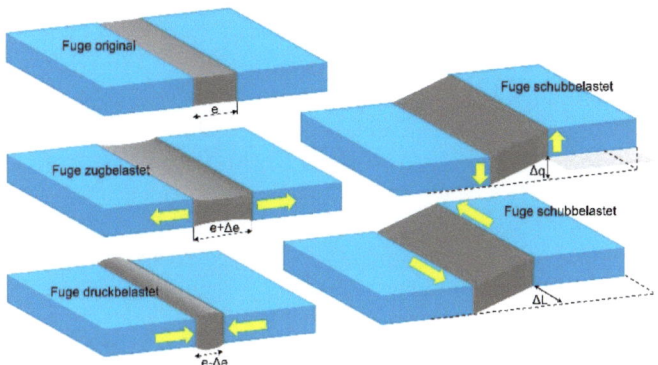

Bild 2 Fugenverformungen bei Zug-, Druck- und Schubbeanspruchung (© DOW 2022)

3 Messungen und Untersuchungen

Alle Untersuchungen wurden an einem häufig im Fassadenbau verwendeten einkomponentigen neutral vernetzenden Alkoxy-Silikondichtstoff aus europäischer Produktion in der Farbe schwarz durchgeführt. Die Untersuchungen beschränkten sich auf eine Charge.

Eine Übertragbarkeit der Ergebnisse auf andere Dichtstoffe ist aufgrund der Vielfalt der am Markt angebotenen Produkte leider nicht möglich. Selbst für das untersuchte Produkt selbst können für andere Chargen oder andere Einfärbungen abweichende Ergebnisse gefunden werden. Auch sind Alter, Verarbeitungsbedingungen und Aushärtebedingungen Faktoren, die das Endprodukt beeinflussen können.

3.1 Untersuchungen an Zugstäben

Zugfestigkeit und Dehnverhalten wurden an Normzugstäben nach ASTM D412 mit Prüfquerschnitt von 6 mm x 2 mm und in modifizierter Version mit 6 mm x 4 mm sowie an speziell für biaxiale Messungen entwickelten Zugproben nach [2] mit einem Querschnitt von 35 mm x 2 mm und 35 mm x 4 mm ermittelt. Alle Proben wurden mit einer Dehnrate von 5 mm/min gemessen.

Bild 3 zeigt die Ergebnisse als Spannungs-Dehnungsdiagramm für den einaxialen Zugversuch. Die Kurven zeigen eine sehr gute Übereinstimmung, unabhängig vom geprüften Querschnitt. Lediglich der Bruch erfolgt bei unterschiedlicher Dehnung. Größere und breitere Prüfquerschnitte versagen bei geringerer Zugdehnung. Die höchste Bruchdehnung zeigt der kleinste Prüfquerschnitt mit 6 x 2 mm.

Dargestellt werden Ingenieursspannungen. Zusätzlich ist für eine Probe die errechnete wahre Spannung (Cauchy Spannung, „true stress") bezogen auf die tatsächliche Querschnittsfläche geplottet.

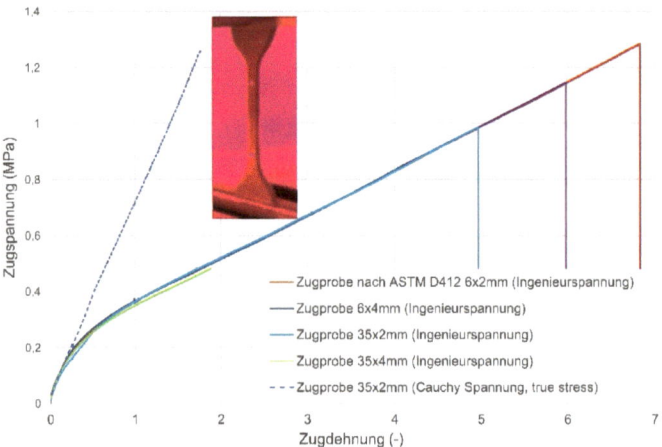

Bild 3 Spannungs-Dehnungsdiagramm für Zugstäbe (© DOW 2022)

3.2 Biaxiale Messungen an Zugstäben

Die Zugstäbe mit 35 mm Breite nach [2] erlauben eine biaxiale Messung, sodass nicht nur Zugkraft und Längsdehnung, sondern auch die Querdehnung über ein hochgenaues Video-Extensometer erfasst wird. Bild 4 zeigt die Abhängigkeit zwischen Längsdehnung in Zugrichtung und Querdehnung am Zugstab. Gleichzeitig wird der theoretische Verlauf der Funktion bei Annahme eines vollkommen inkompressiblen Elastomers dargestellt, die zugehörenden statischen Kennwerte sind in Bild 5 dargestellt, ihre Herleitung in den Glg. 1–8.

Bemerkenswert ist die deutliche Abnahme der Querkontraktion mit zunehmender Zugdehnung. Die Querkontraktionszahl (Poissonzahl) ist demnach keine Konstante, sondern sinkt mit zunehmender Dehnung. Dies ist bei der Erstellung von hyperelastischen Materialmodellen für Dichtstoffe in numerischen Berechnungen unbedingt zu beachten.

Die Annahme der Volumenkonstanz entspricht dem inkompressiblen Charakter, dies ergibt für den verformten Querschnitt $A' = w' \cdot e'$ mit dem ursprünglichen Querschnitt $A = w \cdot e$ aus Probenbreite w und Probendicke e die folgenden Beziehungen:

3 Messungen und Untersuchungen

Volumenbeziehung:

$$V = A \cdot L = V' = A' \cdot L' \tag{1}$$

Längenänderung:

$$dL = \frac{L'-L}{L} = \frac{L'}{L} - 1 \tag{2}$$

Querdehnung:

$$dw = \frac{w'-w}{w} = \frac{w'}{w} - 1 = \frac{e'}{e} - 1 \tag{3}$$

Querschnittsänderung:

$$\frac{A'}{A} = \frac{w'e'}{we} = (dw+1)^2 \tag{4}$$

Volumenänderung:

$$\frac{dV}{V} = (A'L' - AL)/AL = (dw+1)^2 \cdot (dL+1) \tag{5}$$

Querkontraktionszahl, bei Dehnung = 0:

$$v = -\frac{dw}{dL} = 0{,}5 \tag{6}$$

Beziehung E und G:

$$E = 2G(v+1) \tag{7}$$

mit:

$$\frac{E}{3G} = \frac{2(v+1)}{3} \tag{8}$$

Kompressionsmodul, bei Dehnung = 0:

$$K = -\frac{vdp}{dV} = E/3(1-2v) = \infty \tag{9}$$

mit:

A	unverformter Probenquerschnitt
w	unverformte Probenbreite
e	unverformte Probendicke
A'	verformter Probenquerschnitt
w'	verformte Probenbreite

e'	verformte Probendicke
V	Probenvolumen
dA	Änderung des Probenquerschnitts
dw	Änderung der Probenbreite
dV	Volumenänderung der Probe
v	Querkontraktionszahl (Poissonzahl)
E	Elastizitätsmodul des Dichtstoffs
G	Schubmodul des Dichtstoffs
K	Kompressionsmodul des Dichtstoffs

Die Parameter A'/A, dV, v und $E/3G$ wurden aus den Messergebnissen ermittelt und den theoretischen Werten gegenübergestellt. Es zeigt sich, dass auch diese Parameter keine Konstanten sind, sondern von der Dehnung abhängen, dies ergibt sich auch für die theoretischen Kurven aufgrund der Annahme der Inkompressibilität, siehe Bild 5. Der vermessene Silikondichtstoff liegt sehr nahe am idealen inkompressiblen Elastomer. Erst oberhalb einer 50 %-igen Dehnung zeigt sich eine Volumenzunahme, die bei 200 % Zugdehnung etwa 5 % beträgt.

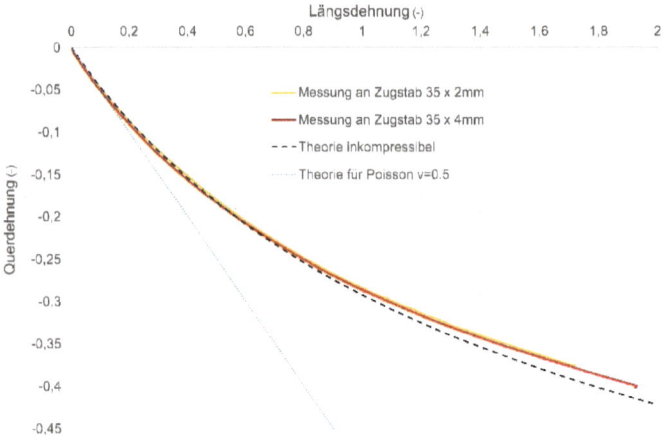

Bild 4 Verlauf der Querdehnung bei biaxialer Dehnungsmessung an Zugstäben (© DOW 2022)

3 Messungen und Untersuchungen

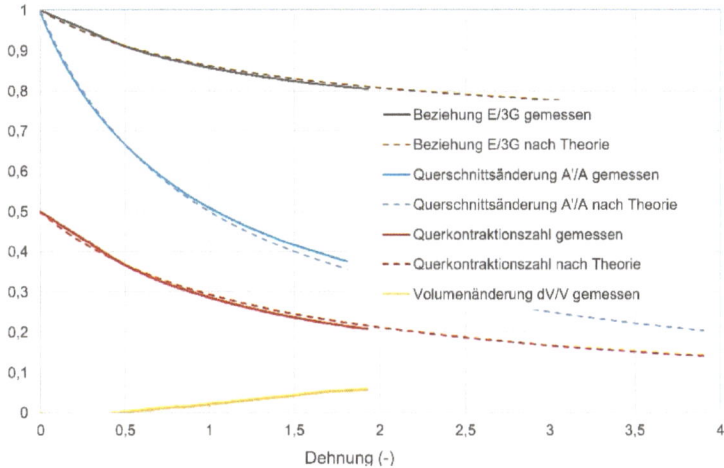

Bild 5 Statische Kennwerte aus der biaxialen Vermessung und theoretische Verläufe für inkompressibles Elastomer (© DOW 2022)

3.3 Untersuchungen an Proben mit realen Fugenquerschnitten

Bekannt aus der Normung (DIN 18545, ISO 11600, ISO 8339, EN 13022, ETAG 002) sind Zugprüfkörper, sogenannte H-Proben, mit einer Fugengeometrie von 12 x 12 x 50 mm. Erfahrungsgemäß 12 x 12 x 50 mm.

Erfahrungsgemäß zeigen diese Proben eine recht hohe Empfindlichkeit gegen frühzeitiges Versagen infolge geringfügiger Imperfektion, vor allem in den Eckbereichen. Hier wurde daher die Probekörperlänge auf 100 mm verdoppelt, was den Eckeinfluss reduziert. Zusätzlich wurden Proben mit doppeltem Fugenquerschnitt (24 mm x 12 mm) untersucht. An diesen Proben wurden Belastungsversuche auf Zug, auf Schub sowie als kombinierte Belastung unter einem 45°-Winkel durchgeführt. Bild 6 zeigt die Ergebnisse. Die reine Zugbelastung zeigt gegenüber dem reinen Schubversuch ein deutlich steiferes Verhalten, grob entsprechend dem Verhältnis von Elastizitätsmodul zu Schubmodul von $E/G = 3$. Das Verhalten bei kombinierter Last liegt dazwischen. Mit Versagen ist bei allen Proben bei Dehnungen >4 zu rechnen.

Weitere Ergebnisse aus Zugprüfungen für Proben mit anderen Querschnitten und Längen im Vergleich zu den bereits zuvor dargestellten kürzeren H-Proben sind in Bild 7 dargestellt. Größere Probenlängen und breitere Fugen verringern die Fugensteifigkeit, jedoch auch die Bruchspannung. Auch die Bruchdehnung scheint sich dabei zu verringern, diese ist jedoch aufgrund des faserartigen Versagensszenarios, siehe Bild 8a und 8b, nicht genau zu bestimmen und kann durch Eckeinflüsse sowie geringfügige Unregelmäßigkeiten in der Fuge beeinflusst werden.

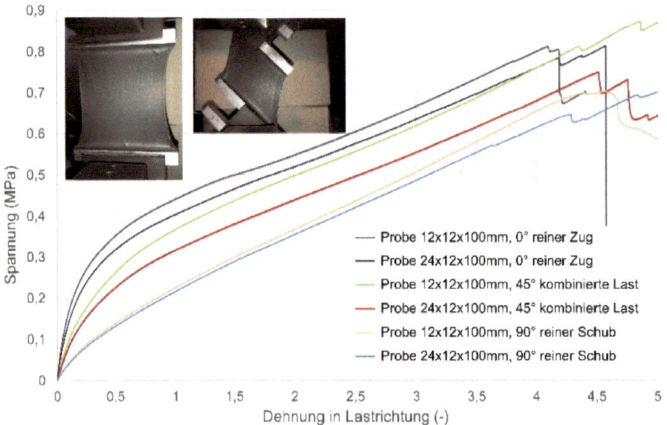

Bild 6 Messungen an H-Proben mit unterschiedlicher Zugrichtung für zwei verschiedene Querschnitte (© DOW 2022)

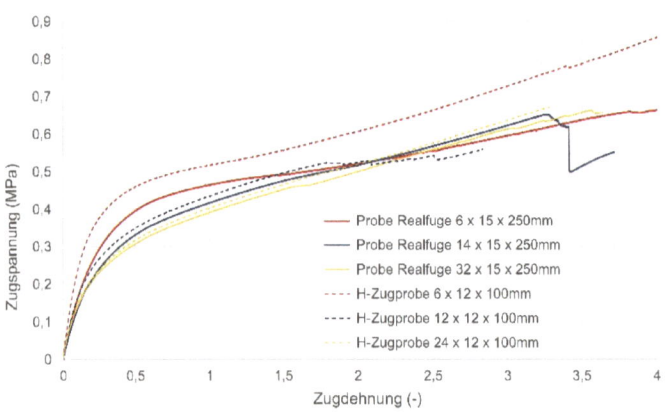

Bild 7 Messungen an H-Zugproben und an realen Fugenquerschnitten (© DOW 2022)

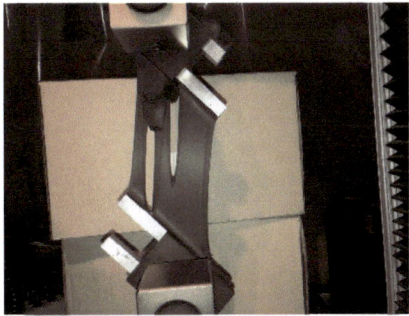

Bild 8 Faserartiges Versagensbild beim Zugversuch (© DOW 2022)

3.4 Untersuchungen an Rundproben

Als Alternative zu den vorgenannten H-Proben bieten Zugproben mit Kreisquerschnitt den Vorteil, dass Spannungsspitzen durch Eckeinfluss vermieden werden. Es wurden Rundproben in Anlehnung an ISO 6892 gefertigt und geprüft. Bild 9 zeigt die Ergebnisse der Zugversuche für unterschiedliche Klebdicken. Es zeigt sich der Versagenspunkt oberhalb einer Zugdehnung von 5 nahezu unabhängig von der Klebdicke. Er liegt somit deutlich höher im Vergleich zu den H-Zugproben mit rechteckigem Klebquerschnitt als Folge des fehlenden Eckeinflusses. Fugensteifigkeit und Bruchspannung sind für dünnere Klebdicken höher.

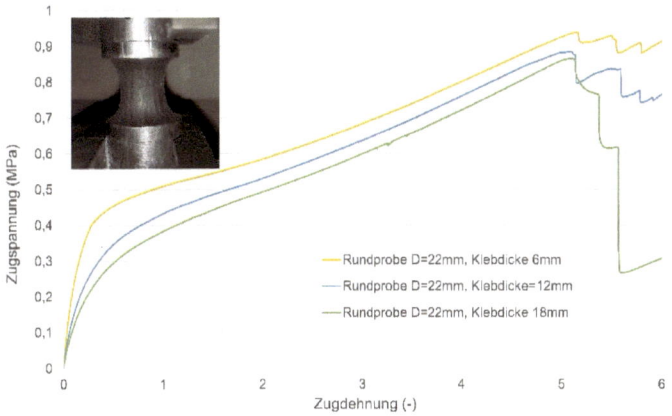

Bild 9 Messungen an Rundproben mit unterschiedlicher Klebdicke (© DOW 2022)

3.5 Schubversuche (Lap Shear)

Lap Shear-Tests sind für Klebstoffe eine weit verbreitetet Testmethode. In Anlehnung an ISO 4587 und ASTM D 1002 wurden Proben mit unterschiedlichen Klebdicken gefertigt und geprüft. Die Ergebnisse sind in Bild 10 dargestellt. Auch hier werden bei geringerer Klebdicke höhere Steifigkeit, Bruchspannung und Bruchdehnung erreicht. Aus dem Diagramm lässt sich die Schubsteifigkeit abschätzen, welche anfänglich bei ca. 0,35 MPa liegt und sich dann über einen weiten Dehnbereich auf ungefähr 0,15 MPa abmindert.

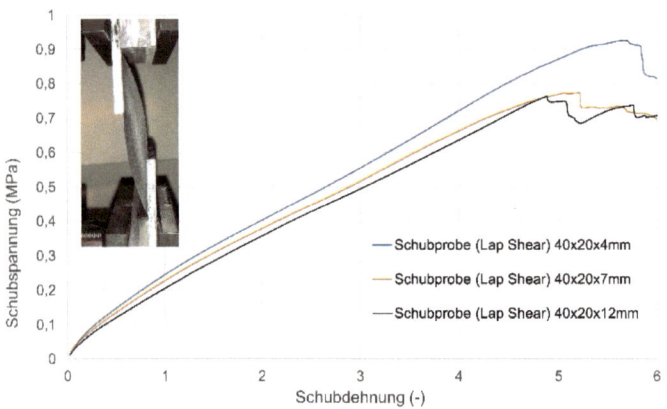

Bild 10 Schubversuche (Lap Shear-Tests) an Proben mit unterschiedlicher Klebdicke (© DOW 2022)

3.6 Zugversuche an Dichtstoff-Fellen (Pure Shear-Test)

Die Prüfung an breiten Proben aus dünnen Dichtstoffschichten soll das Querdehnverhalten reduzieren und eine gleichmäßige Verdünnung der Probe erreichen. In der einschlägigen Literatur, z. B. [9] erscheint dieser Test als „Pure Shear-Test" und soll gleichartige Ergebnisse liefern wie der „Planar Tension-Test" bei gleichmäßiger Zugdehnung einer dünnen Schicht in der Ebene.

Bild 11 zeigt die Ergebnisse für drei unterschiedliche Fellgeometrien, alle drei Kurven verlaufen nahezu deckungsgleich. Im Vergleich dazu die Zug-Dehnungskurve eines Zugstabs aus Kapitel 2.1.

3 Messungen und Untersuchungen

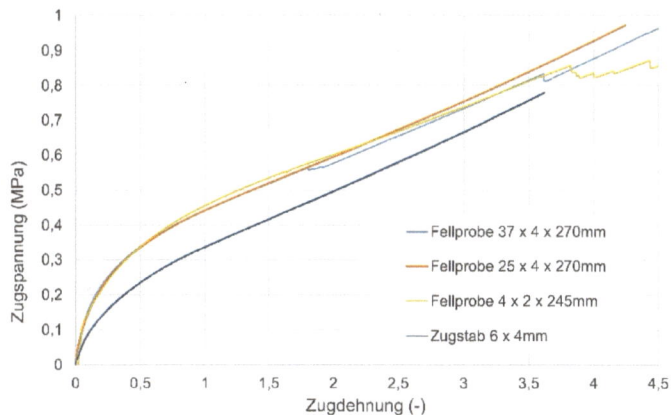

Bild 11 Zugtest an Dichtstoff-Fellen unterschiedlicher Geometrie (Pure Shear-Test) (© DOW 2022)

3.7   Untersuchungen an Fugenkreuzen

Ein Problempunkt realer Abdichtungen ist oftmals der Kreuzungsbereich mehrerer Fugen. Hier treten meist die höchsten Fugendehnungen auf und führen zu Verzerrungen und Spannungsspitzen im Dichtstoff. Ein typischer Fugenkreuzungspunkt zwischen den Ecken von vier rechtwinkligen Elementen wurde mit einfachen Metallstücken in der Größe von 50 mm x 50 mm nachgebildet und mit zwei unterschiedlichen Fugengeometrien versiegelt. Der Zugversuch erfolgte an einem Segment in diagonaler Richtung, während entweder zwei oder alle drei restlichen Segmente fixiert wurden, siehe Bild 12. Der Zugversuch wurde vor Erreichen der Dehnung von 100 % abgebrochen und nicht bis zum Versagen des Dichtstoffs gefahren. Somit stehen die Proben für weitere Untersuchungen zur Verfügung. Die gemessenen Kraft-Weg-Kurven sind in Bild 13 dargestellt. Bis zum Abbruch des Versuchs war kein kohäsives oder adhäsives Versagen des Dichtstoffs erkennbar.

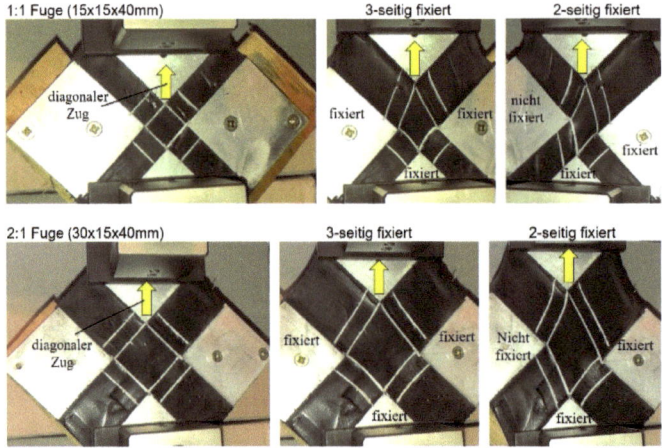

Bild 12 Zugversuch an Fugenkreuzen bei Fixierung von zwei oder drei Segmenten (© DOW 2022)

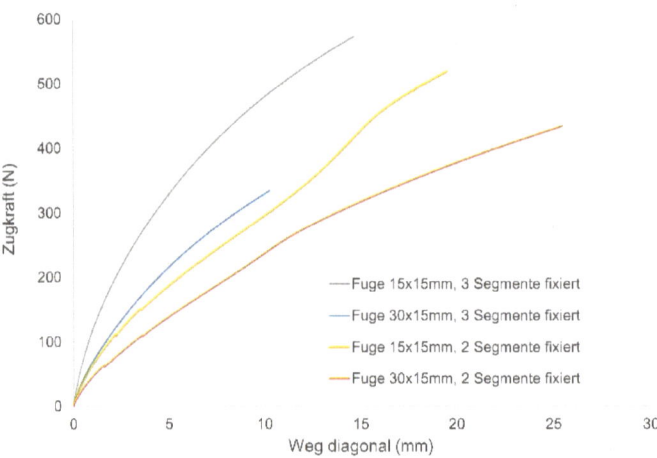

Bild 13 Zugversuch an Fugenkreuzen, Kraft-Verformungs-Diagramm (© DOW 2022)

4 Diskussion der möglichen Dehnungen (movement capability)

Die durchgeführten Untersuchungen und Messungen zeigen ein ungefähres Bild vom Versagen des Dichtstoffs unter Belastung. Bei Zugversuchen ist eine deutliche Abhängigkeit des Versagenspunktes von der Wahl der Probengeometrie zu erkennen, die Abhängigkeit von der Probengeometrie ist dagegen bei reinen Schubversuchen deutlich geringer. Auch für Zugbelastung kann der Versagenspunkt (des vermessenen Dichtstoffs) bei günstiger Probengeometrie, z. B. bei Rundproben, bis in den Dehnbereich von 5 bis

6 kommen (500 % bis 600 % der ursprünglichen Fugenbreite), bei realen Fugengeometrien werden dagegen Bruchdehnungen im Zugversuch von nur 3 bis 4.5 erreicht. Nach Abschätzung des Versagenspunktes von realen Fugen unter mehrachsiger Verformung lässt sich die gewonnene Erkenntnis in einem Diagramm darstellen, welches den Bereich des wahrscheinlich beginnenden Dichtstoffversagens für Schub- und Zugbelastung mit einer elliptischen Funktion verbindet, siehe Bild 14. Die Abschätzung ist relativ konservativ und nur für den geprüften Dichtstoff gültig. Der Bereich lässt sich noch durch einen Sicherheitsfaktor eingrenzen. Hier wurde 2,5 gewählt, unterhalb dieser Linie wäre eine sichere Dichtstoffverformung aus technischer Sicht möglich, ohne dass der Dichtstoff kohäsiv versagt. Unbedingt zu beachten ist, dass diese Grenzen nur für den untersuchten vollausgehärteten Dichtstoff bei einmaliger Belastung und ohne jegliche Vorschädigung oder Alterung gelten. Die Belastbarkeit nach entsprechender Alterung oder nach zahlreichen Bewegungszyklen muss noch gesondert untersucht werden.

Die tatsächliche durch den Dichtstoffhersteller definierte zulässige Verformungsgrenze (hier: 50 % Dehnfähigkeit (Movement Capability) sind durch weitere zwei Linien dargestellt, welche den zwei unterschiedlichen Auslegungsmethoden entsprechen, hierzu mehr im nächsten Kapitel.

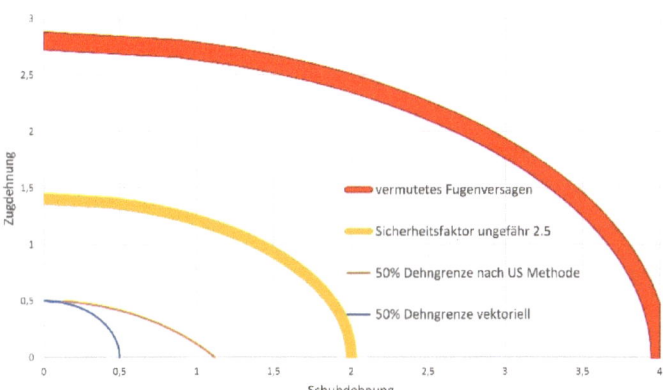

Bild 14 Abschätzung des Dichtstoffversagens bei kombinierter Belastung (© DOW 2022)

5 Auslegung von wetterseitigen Versiegelungen

Wetterseitige Versiegelungen sind konstruktiv bedingt durch Bauteilgrenzen. Im Regelfall werden dazu neutrale, einkomponentige feuchtigkeitsvernetzende Silikondichtstoffe verwendet, entsprechend dem untersuchten Produkt. Es sollte immer genügend Fugenbreite vorgesehen werden, mindestens 6 mm, sodass ausreichend Platz zur Vorbehandlung der Fugenränder, zum Einbringen des Dichtstoffs und später zur Bewegungsaufnahme gegeben ist. Besonders zu beachten ist, dass ausreichend Haftfläche für den Dichtstoff zur Verfügung steht, ausreichend Ablüftfläche vorhanden ist und eine Spritztiefe von 14 mm nicht überschritten wird. Eine gute Dehnfähigkeit der Fuge ist gegeben, wenn das Verhältnis von Fugenbreite zu Fugendicke (an den Haftflächen) im Verhältnis 2:1 vorgesehen wird, siehe Bild 15a. Beispiele zu ungeeigneter Fugenausbildung und mögliche Alternativen sind in Bild 15b (Dreiecksfuge), Bild 15c (Fuge mit Dreiflankenhaftung) und Bild 15d (Dünnschichtverklebung).

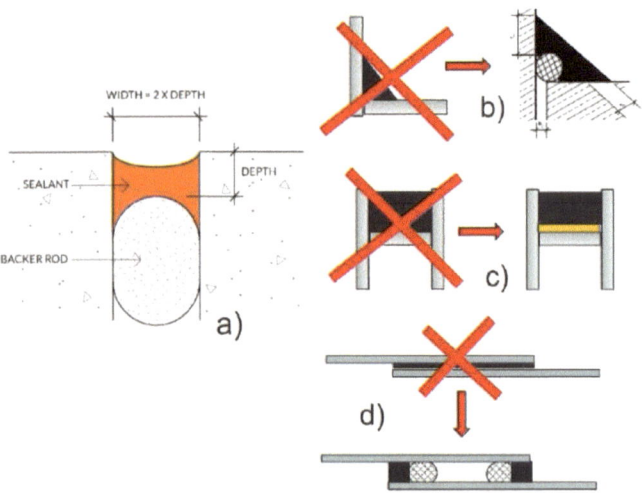

Bild 15 a) Optimales Design von Dichtfugen, b) Dreiecksfuge, c) 3-Flankenhaftung, d) Dünnschichtverklebung (© DOW 2012)

Bei der Planung und Auslegung von Fassaden und Dachkonstruktionen ist es durchaus üblich und auch anzuraten, die wetterseitigen Dichtfugen zu dimensionieren. Dies beginnt mit der Abschätzung der maximal zu erwartenden Fugenbewegungen, wobei sowohl Bewegungen aus thermischen Dehnungen als auch durch Windeinfluss erzeugte Bauteilbewegungen berücksichtigt werden. Zusätzlich sind Setzbewegungen abzuschätzen und gegebenenfalls auch seismische Bewegungen zu erfassen. Die Auslegung von Bewegungsfugen mit Verformungen in verschiedenen Dimensionen ist leider nicht genormt, sodass unterschiedliche Methoden und Interpretationen des Dehnverhaltens angewendet werden.

Methode 1, üblicherweise in Europa angewendet, errechnet die resultierende maximale Gesamtverformung an einem Punkt der Fuge als vektorielle Summe der Bewegungen s_x, s_y, s_z in allen drei Dimensionen, siehe Gl. 9. Der Betrag der Gesamtverformung s_{ges} bezogen auf die ursprüngliche Fugenbreite e darf dann die maximal zulässige Fugendehnung m_c (in Prozent) nicht überschreiten, siehe Gl. 10. Eine Unterscheidung in Zug- oder Schubverformung der Fuge wird hierbei nicht vorgenommen. Eine Druckverformung wird nicht berücksichtigt, sofern diese für sich allein betrachtet innerhalb der zulässigen Dehngrenze liegt.

5 Auslegung von wetterseitigen Versiegelungen

Gesamtverformung

$$s_{\text{ges}} = \sqrt{(s_x^2 + s_y^2 + s_z^2)} \qquad (10)$$

Bedingung

$$\frac{s_{\text{ges}}}{e} < m_c/100 \qquad (11)$$

Methode 2 entstammt historischer Literatur aus den USA und wurde seit über mehr als 30 Jahren dort so angewandt, siehe Bild 16. Heute wird diese Methode noch immer in einschlägigen Handbüchern, wie z. B. in [11], amerikanischer Dichtstoffhersteller beschrieben. Die Betrachtung bezieht sich dabei auf einen ebenen Fugenquerschnitt und berücksichtigt nur die Fugenverformung in zwei Achsen. Die Methode ermittelt die Ausdehnung der verformten Fuge und erlaubt dafür eine maximale Länge, welcher der ursprünglichen Fugenbreite plus Dehnfähigkeit (movement capability) entspricht. Diese Betrachtung entspricht nicht den heutigen statischen Betrachtungsweisen und unterschätzt dadurch die Schubverformung. Da jedoch bei einer realen Fugengeometrie die mögliche Verformung bei Schubbelastung deutlich höher ist als bei reiner Zugbelastung, kommt es bei Fugenauslegung nach dieser Methode bei niedermoduligen Silikonen, die typischerweise zur Wetterversiegelung eingesetzt werden, trotzdem zu keiner kritischen Bemessung. Die Darstellung in Bild 14 verdeutlicht dies. Hier sind im Zug-Schub-Dehnungsdiagramm auch die resultierenden Grenzlinien beider Methoden für eine zulässige Dehnfähigkeit (movement capability) von 50 % eingezeichnet.

Deutlich erkennbar ist der sichere Abstand zum Versagensbereich mit Sicherheitsfaktoren von etwa 3 bis 6. Nochmals ist anzumerken, dass diese Aussagen nur für den untersuchten Dichtstoff ohne jegliche Alterung und Vorbelastung und bei Annahme einer perfekten Dichtstoffhaftung am Untergrund gelten.

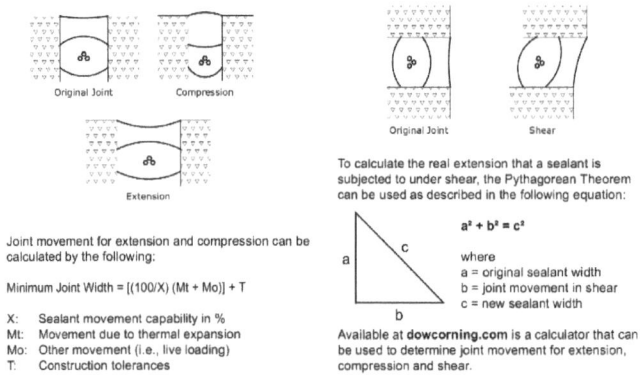

Bild 16 Bemessung von Dichtfugen nach amerikanischer Methode [11] (© DOW 2012)

6 Bedeutung der Haftung am Fugenrand

Die dauerbeständige Haftung des Dichtstoffs am Fugenrand ist der wichtigste Faktor für eine wetterseitige Versiegelung. Ohne ausreichende Haftung ist die mechanische Leistungsfähigkeit des Dichtstoffs bedeutungslos. Die Qualität der Dichtstoffhaftung ist vom Substrat abhängig, jedoch auch von der Oberflächenvorbehandlung, der Ausführungsqualität der Versiegelung und nicht zuletzt auch von den Umgebungsbedingungen.

6.1 Wesentliche Schritte bei der Ausführung einer Versiegelung

Folgende Schritte sind bei der Ausführung von Versiegelungen wichtig:

a. Schaffung geeigneter Randbedingungen. Viele europäische Dichtstoffhersteller empfehlen die Verarbeitung der Dichtstoffe im Temperaturbereich zwischen minimal +5 °C und maximal +40 °C. Manche Dichtstoffhersteller erlauben auch die Verarbeitung bei höheren und deutlich tieferen Temperaturen, was jedoch zu Qualitätseinbußen bei den ausgeführten Fugen führen kann. Falls keine optimalen Versiegelungsbedingungen herrschen, können durch Einhausung verbesserte Randbedingungen geschaffen werden.
b. Die an die Fugen angrenzenden Oberflächen sollten durch geeignete Klebebänder vor Kontamination mit Silikonrückständen geschützt werden.
c. Vor dem Versiegeln müssen die Oberflächen mit den vom Dichtstoffhersteller empfohlenen Lösemitteln sorgfältig gereinigt werden.
d. Sofern vom Dichtstoffhersteller empfohlen, muss eine zusätzliche Vorbehandlung der Oberflächen mit einem geeigneten Primer/Haftvermittler erfolgen.
e. Falls erforderlich, Einbringen von Hinterfüllbändern, wobei die Verträglichkeit mit dem Dichtstoff gegeben sein muss. Dies ist im Zweifelsfall vorab zu prüfen, z. B. gemäß [12]. Bei Verwendung geschlossenzelliger Schaumprofile muss nach dem Einbringen ausreichend Zeit zum Ausgasen vorgesehen werden.

f. Lunker- und blasenfreies Einbringen des Dichtstoffes, wobei auf guten Benetzungsdruck an den Haftflanken zu achten ist.
g. Ein trockenes Abziehen wird empfohlen, wobei der Dichtstoff nochmals gut in die Fuge gedrückt wird. Glättmittel können die Haftung und Aushärtung des Dichtstoffs beeinträchtigen und auch sichtbare Ablaufspuren verursachen, daher diese nur sparsam zu verwenden und unmittelbar danach die Randbereiche der Fuge trockenzuwischen, ohne die Fuge zu verletzen.
h. Klebebänder sind sofort nach Fertigstellung der Fuge zu entfernen.
i. Die versiegelte Fuge sollte bis zur vollständigen Aushärtung keine Bewegung und keine Belastung erfahren. Diese Vorgabe ist oftmals nicht erfüllbar, da die Aushärtezeit von einkomponentigen Dichtstoffen mehrere Tage bis einige Wochen dauern kann. Wenn möglich, sollten Bewegungen zwischen den versiegelten Bauteilen durch temporäre Fixierungen abgemindert werden.

6.2 Geeignete Oberflächen

Die besten Ergebnisse bezüglich Haftung von Silikondichtstoffen werden auf homogenen glatten Oberflächen erzielt, z. B. auf Floatglasoberflächen, anodisierten Aluminiumflächen oder polierten Edelstahloberflächen. Auf letzteren ist im Regelfall ein Primer/Haftvermittler notwendig. Grob geschliffene oder auch poröse Oberflächen erzeugen eine schlechtere Dauerbeständigkeit der Haftung, hier kann es langfristig zu Feuchteunterwanderung kommen. Für poröse Oberflächen empfiehlt sich daher der Einsatz von schichtbildenden Primern oder Füllern. Grundsätzlich sollten alle Oberflächen, auf welchen der Dichtstoff haften soll, vorab einer Laborprüfung zur Bestimmung des Haftverhaltens unterzogen werden. Hier genügt ein Schäl-Haftungstest, z. B. gemäß ASTM C794, der eine qualitative Aussage zur Haftung ermöglicht. Besondere Brisanz im Glas- und Fassadenbau kommt den folgenden Oberflächen zu.

6.2.1 Glaskanten

Glaskanten werden nach dem Zuschnitt zumindest gesäumt (KGS), oftmals jedoch auch geschliffen (KGN) oder poliert (KPO). Je nach verwendetem Schleifwerkzeug wird die Oberflächenrauheit damit im Vergleich zur Floatglasoberfläche deutlich erhöht. Dies erschwert den Haftaufbau des Dichtstoffs, daher ist vorab immer ein Haftversuch auf der betreffenden Glaskantenqualität zu empfehlen und dann in Abstimmung mit dem Dichtstoffhersteller die geeignete Vorbehandlung festzulegen.

6.2.2 Glasbeschichtungen und Schichtrückstände

Glasbeschichtungen stellen bei der Ausführung wetterseitiger Versiegelungen einen möglichen kritischen Einflussfaktor dar. Auf witterungsbeständigen harten Glasbeschichtungen kann im Regelfall mit Silikondichtstoffen problemlos geklebt oder gedichtet werden, oftmals auch ohne Primer. Vorabversuche zur Überprüfung der Haftung sind jedoch stets zu empfehlen. Dagegen sind silberhaltige weiche Glasbeschichtungen, z. B. Wärmeschutzbeschichtungen (Low-E), feuchtempfindlich und stellen daher kritische Oberflächen dar, auf welche nicht verklebt oder versiegelt werden sollte. Im Regelfall werden diese weichen Schichten nur zur Innenseite eines Isolierglases eingesetzt und kommen damit nicht mit der wetterseitigen Versiegelung in Kontakt. Es kann zu Problemen führen, wenn Rückstände dieser weichen Schichten aus dem Beschichtungsprozess auf der Glaskante oder auf der Gegenseite des Glases landen (Schichtumschlag). Dies ist bei Fixmaßbeschichtungen möglich (Gläser, welche bereits auf Maß gefertigt sind und danach beschichtet werden). Vor Ausführung von Versiegelungen auf Glas muss daher immer sichergestellt werden, dass keine Beschichtungsreste auf den Klebflächen vorhanden sind. Gegebenenfalls müssen diese zuvor zuverlässig entfernt werden.

6.2.3 Pulverlackierte Profile und Bleche

Pulverlackierte Oberflächen zeigen oftmals wachsartige Schichten an der Lackoberfläche, die bedingt durch Abscheidungen während des Einbrennprozesses entstehen. Diese Oberflächen können dazu führen, dass schlechte oder sogar keine Dichtstoffhaftung erreicht wird. In diesem Fall muss die optimale Oberflächenvorbehandlung im Versuch ermittelt werden. Tests zur Überprüfung der Haftung sind daher vorab erforderlich, dies sollte in Abstimmung mit dem Dichtstoffhersteller erfolgen.

7 Qualitätssicherung

Obwohl wetterseitige Versiegelungen keine sicherheitsrelevanten Applikationen darstellen, so können doch mögliche Schäden aus Undichtheiten recht hohe Folgekosten verursachen. Daher ist eine Qualitätsüberwachung bei der Ausführung von Dichtfugen unbedingt zu empfehlen, dies kann beispielsweise die folgenden Prüfungen umfassen:

– Vorabprüfung des verwendeten Dichtstoffs durch Elastomertest, siehe [10].
– Fertigung von arbeitstäglichen Referenzproben in Form von Schäl-Haftungstests auf den relevanten Oberflächen, zeitgleich mit Ausführung der Versiegelung, zu prüfen nach der Aushärtung.
– Stichproben an ausgeführten Versiegelungsfugen zur Überprüfung von Haftung und Aushärtung, zu prüfen nach vollständiger Aushärtung, z. B. durch Field-Adhesion-Tests, siehe [10] und [14].

8 Schädigungsmechanismen

Wetterseitige Versiegelungen können langfristig beispielsweise durch nachfolgende Einflüsse geschädigt werden:

– Witterungseinflüsse: abhängig von der Witterungsbelastung und von der Empfindlichkeit des Dichtstoffs gegen UV-Licht, Regen, Kälte und Wärme. Silikondichtstoffe sind hierbei gegenüber organischen Dichtstoffen vorteilhaft, jedoch sind große Unterschiede zwischen einzelnen Produkten zu erwarten.

- Mechanische Belastungen: je nach Intensität der mechanischen Belastung und der Anzahl an Lastzyklen ist langfristig eine zunehmende Schädigung des Dichtstoffs zu erwarten, auch hierbei sind große Unterschiede zwischen einzelnen Produkten zu erwarten.
- Direkter Einfluss von Wasser: insbesondere stehendes Wasser auf einer Dichtfuge über einen längeren Zeitraum wird die Haftung des Dichtstoffs schädigen.
- Einfluss aus chemischem Angriff: zahlreiche chemische Substanzen können den Dichtstoff schädigen, sofern sie über längere Zeit einwirken, zu nennen wären hier beispielsweise basische oder saure Flüssigkeiten, Lösemittel, Mineralölprodukte, Reinigungsmittel in hoher Konzentration oder auch Vogelkot.
- Schädigung durch einwandernde Fremdweichmacher bei Direktkontakt zu weichelastischen organischen Kunststoffen, z. B. EPDM, Neoprene, Chloroprene oder Weich-PVC.

Grundsätzlich besteht die Möglichkeit, wetterseitige Versiegelungsfugen als sogenannte Wartungsfugen zu definieren, wenn zu erwarten ist, dass einer oder mehrere der genannten Einflüsse gegeben sind. Wartungsfugen müssen regelmäßig kontrolliert werden, z. B. gemäß [14], und sind bei erkannter Schädigung auszubessern. Als Wartungsintervall sollte ein Zeitraum von 6–12 Monaten eingeplant werden. Die Reparatur einer Dichtfuge kann durch Ausschneiden und Neuverfugen unter Verwendung desselben Dichtstoffs erfolgen.

9 Zusammenfassung

Berichtet wurde über Untersuchungen an einem Silikondichtstoff für wetterseitige Versiegelungen. Detaillierte Messergebnisse zeigen das Dichtstoffverhalten bei unterschiedlichen Belastungen und Probengeometrien. Der untersuchte Dichtstoff kann aufgrund seiner hohen Dehnfähigkeit extreme Verformungen aufnehmen, die jedoch durch angrenzende Haftflächen reduziert werden. Somit kommt der optimalen Auslegung von wetterseitigen Versiegelungsfugen eine hohe Bedeutung zu. Konstruktiv können Fugen durch geeignete Formgebung an die zu erwartenden Fugenbewegungen angepasst werden.

Die heute gängigen Bemessungsmethoden für Versiegelungsfugen sind sehr konservativ, d. h. materialtechnisch können optimal ausgelegte Versiegelungsfugen über das bekannte Maß hinaus belastet werden, sofern Eigenschaften und Qualität des Dichtstoffs durch entsprechende Prüfungen bestätigt werden.

Entscheidend für die Dauerhaftigkeit einer wetterseitigen Versiegelung ist die Haftung des Dichtstoffs an den Fugenflanken. Durch sinnvolle Auswahl der Haftflächen und ihre korrekte Vorbehandlung sowie durch sorgfältige Verarbeitung des Dichtstoffs unter produktionsbegleitenden Qualitätskontrollen kann die Leistungsfähigkeit der Fuge dauerhaft sichergestellt werden. Hochbelastete Versiegelungsfugen sollten als Wartungsfugen mit regelmäßigen Kontrollen definiert werden.

10 Literatur

[1] DOWSIL™ 791 Silicone Weatherproofing Sealant, Technisches Datenblatt. The Dow Chemical Company.

[2] Hagl, A. (2004) Klebtechnik für tragende Strukturen. Metallbau 2004.

[3] Hagl, A. (2005) Kleben im konstruktiven Stahlbau. Stahlbaukalender 2005.

[4] DIN 18545 (2022) Abdichten von Verglasungen mit Dichtstoffen. Berlin: Beuth Verlag.

[5] DIN EN ISO 11600 (2022) Einteilung und Anforderungen von Dichtungsmassen. Beuth Verlag Berlin.

[6] ETAG 002 (2012) Guideline for European Technical Approval for Structural Sealant Glazing Systems. Brussels: EOTA B-1040.

[7] ISO 4587 (2003) Klebstoffe – Bestimmung der Zugscherfestigkeit hochfester Überlappungsklebungen. Berlin: Beuth Verlag.

[8] ASTM D1002 (2019) Standard Test Method for Apparent Shear Strength of Single-Lap-Joint Adhesively Bonded Metal Specimens by Tension Loading (Metal-to-Metal). ASTM International.

[9] Treloar, L.R.G. (2009) The Physics of Rubber Elasticity. Oxford University Press ISBN 978-0-19-857027-1

[10] DOW (2019) European Building Envelope Weatherproofing Manual. The Dow Chemical Company.

[11] DOW (2021) Construction Sealants Technical Manual (Americas). The Dow Chemical Company.

[12] ASTM C1087 (2016) Standard Test Method for Determining Compatibility of Liquid-Applied Sealants. ASTM International.

[13] ASTM C794 (2018) Standard Test Method for Adhesion-in-Peel of Elastomeric Joint Sealants. ASTM International.

[14] ASTM C1521 (2020) Standard Practice for Evaluating Adhesion of Installed Weatherproofing Sealant Joints. ASTM International.

Der Weg zur erfolgreichen baupraktischen Umsetzung von tragenden Silikonklebfugen in Deutschland

Mascha Baitinger[1], Nicolas Wachter[2], Martien Teich[2]

1 Verrotec GmbH, Im Niedergarten 12, 55124 Mainz, Deutschland; mascha.baitinger@verrotec.de

2 seele GmbH, Gutenbergstraße 19, 86368 Gersthofen, Deutschland; nicolas.wachter@seele.com; martien.teich@seele.com

Abstract

Die Anwendung der Klebtechnik im Glasfassadenbau erfordert bereits in frühen Projektphasen die sorgfältige Wahrnehmung von Planungsaufgaben und Abstimmung zwischen den Projektbeteiligten. Um Fehler zu vermeiden, bedarf es besonderer theoretischer und praktischer wie auch baurechtlicher Kenntnisse. Neben dem konstruktiven Entwurf sowie umfassender Berechnungs- und Bemessungsaufgaben nimmt die klebtechnische Ausführung und Qualitätssicherung eine entscheidende Rolle ein. Aktuelle Kenntnisse zur erfolgreichen Umsetzung tragender Silikonklebfugen finden sich im Merkblatt FKG 01/2021. Der folgende Artikel fasst die wichtigsten Punkte des Merkblatts zusammen, die es bei strukturellen Klebfugen konkret zu beachten gilt.

Successful practical implementation of load-bearing silicone adhesive joints in Germany. The application of adhesive bonding technology in glass facade construction requires the careful performance of planning tasks and coordination between the project participants already in the early project phases. In order to avoid mistakes, special theoretical and practical knowledge as well as knowledge of regulatory rules is required. In addition to the structural design, calculation methods and static dimensioning, adhesive bonding and quality assurance play a decisive role. Current knowledge on the successful implementation of load-bearing silicone adhesive joints can be found in the Technical Note FKG 01/2021. The following article summarises the most important points of the Technical Note that must be specifically observed for structural adhesive joints.

Schlagwörter: strukturelles Kleben, Merkblatt, Bemessung, Ausführung, Qualitätskontrolle, Inspektion

Keywords: structural sealant glazing, guideline, verification, execution, quality control, monitoring

1 Einleitung

Der Einsatz der Klebtechnik für tragende Verbindungen im Bauwesen erfordert besondere Sorgfalt in Planung, Berechnung, Bemessung, Ausführung und Qualitätskontrolle. Im Gegensatz zum Automobilbau beispielsweise, wo in der Regel automatisiert und in Serie geklebt wird, handelt es sich bei Bauobjekten üblicherweise um Einzelfertigungen. Häufig werden Klebfugen im Bauwesen manuell hergestellt. Für jedes Bauvorhaben, bei dem strukturell geklebt wird, ist frühzeitig die Detailausbildung zu entwerfen und durchzuplanen, die Materialien sind festzulegen und ausführende Firmen sind frühestmöglich einzubinden. Genehmigungsverfahren sind schon in frühen Projektphasen einzuleiten. Für die Klebtätigkeit ist stets eine werkseigene Produktionskontrolle einzurichten und eine Fremdüberwachung hat durch eine unabhängige Stelle zu erfolgen. Kurz gesagt: Für die erfolgreiche Umsetzung struktureller Klebungen muss ein sehr sorgfältig aufeinander abgestimmtes Verfahren abgearbeitet werden. Die Praxis zeigt, dass planende und ausführende Firmen häufig nur lückenhaft Erfahrung und Kenntnis über die erforderlichen formellen und technischen Nachweise besitzen und fachliche Expertise zu einem sehr späten Zeitpunkt in Anspruch genommen wird. Die Projektkosten steigen dann oftmals, da Umplanungen vollzogen werden müssen oder zusätzliche Nachweise im Nachgang mit deutlich höherem Aufwand zu erbringen sind. Die Vorbehalte gegenüber der Klebtechnik steigen damit. Hinzu kommt, dass die Dauerhaftigkeit bzw. Alterungsbeständigkeit von geklebten Verbindungen in Frage gestellt wird, so dass in vielen Fällen zu zusätzlichen Sicherungsmaßnahmen durch mechanische Haltekonstruktionen gegriffen wird (in der Vergangenheit häufig als „Angsthaken" bezeichnet).

Mit dem Merkblatt FKG 01/2021 hat der Arbeitskreis Kleben des Fachverbands Konstruktiver Glasbau e.V. (FKG) eine Hilfestellung erarbeitet, die den Einsatz struktureller Silikonklebstoffe im Konstruktiven Glasbau vereinfachen soll. Das Merkblatt ist in deutscher und englischer Sprache kostenfrei erhältlich [2], [3] und findet sich in gedruckter deutscher Fassung in diesem Tagungsband. Ein Download ist über die Homepage des FKG (https://www.glas-fkg.org) möglich. Außerdem sei an dieser Stelle auf den Beitrag „Merkblatt FKG 01/2021: Eine Hilfestellung zum strukturellen Kleben im Konstruktiven Glasbau" des KLEBTECH-Symposiums 2021 verwiesen [1], der die Ziele und Inhalte des Merkblattes zusammenfasst und insbesondere auf Berechnungsverfahren eingeht.

Die in dem Merkblatt FKG 01/2021 dargestellten Nachweiskonzepte und Randbedingungen dienen den planenden, ausführenden und überwachenden Stellen als Nachschlagewerk für eine sorgfältige Auslegung und Nachweisführung dauerhaft tragender Klebverbindungen auf der Grundlage der ETAG 002 [4], [5], die derzeit als technisches Grundlagendokument in der Praxis herangezogen wird.

Der vorliegende Beitrag fokussiert sich auf die baupraktische Anwendung der Inhalte des Merkblattes.

2 Berechnungs- und Bemessungsverfahren

Bis heute existieren in Deutschland keine Anwendungsnormen, die Berechnungs- und Bemessungsverfahren zur Auslegung von Silikonklebfugen regeln. In der Praxis wird im Allgemeinen die Leitlinie ETAG 002 "Guideline for European Technical Approval for Structural Sealant Glazing Kits", European Organisation for Technical Approvals, aus dem Jahr 2012 [4], [5] als Regelwerk herangezogen. Die Anwendungsbedingungen sind jedoch stark eingegrenzt und die dort aufgeführten Berechnungs- und Bemessungsvorgaben sind auf viele Praxisprojekte nicht anwendbar. Es existieren jedoch sowohl national als auch weltweit zahlreiche Projekte, bei denen Klebfugen abweichend von den Vorgaben der ETAG 002 erfolgreich umgesetzt wurden und sich erweiterte Nachweisverfahren etabliert haben, Bild 1.

In Abhängigkeit der technischen Randbedingungen eines jeden Bauwerks sowie der Kenntnisse der Projektbeteiligten erfolgen Tragfähigkeitsnachweise von Klebfugen sehr unterschiedlich. Eine einheitliche Vorgehensweise existiert aufgrund fehlender bzw. unvollständiger Regelwerke derzeit nicht. Die Verfahren reichen von vereinfachten Ansätzen, wie es die ETAG 002 vorsieht $\sigma = F/A$ (Spannung in der Klebfuge = Kraft/Fläche) über Verfahren unter Heranziehen von Ersatzfedermodellen bis hin zu umfangreichen nichtlinearen numerischen Berechnungen unter Ansatz von 3D-Volumenelementen.

Eine Zusammenfassung vorgenannter Berechnungsverfahren finden sich in [1] bzw. umfassend in [2] bzw. [3].

Bild 1 Apple Store ICONSIAM (© A. Keller, seele)

Für den Nachweis der Standsicherheit und Dauerhaftigkeit von Klebfugen bedarf es der Festlegung von zu berücksichtigenden Beanspruchungen auf der Einwirkungsseite. Dazu gehören z. B. veränderliche äußere Lasten wie Winddruck und -sog sowie Temperaturdehnungen, die zu Zug- oder Schubbeanspruchungen in der Klebfuge führen. Ggf. sind darüber hinaus dauerhaft wirkende Lasten (ständige Lasten) zu berücksichtigen. Die Einwirkungskombinationen berechnen sich in Deutschland in der Regel gemäß den anzuwendenden Teilen des Eurocodes 0, DIN EN 1990.

Vorgaben für die zugrunde zu legenden Widerstandswerte der verwendeten Klebstoffmaterialien, die Bemessungswerte der Zug- und Schubspannung, sind im Rahmen der Produktzulassung (ETA) des Klebstoffes zu regeln. Objektbezogen ist eine Abstimmung mit dem Klebstoffhersteller empfohlen oder gar erforderlich.

Tabelle 1 zeigt beispielhaft die zulässigen Spannungen für die Zweikomponentenmaterialien DOWSIL 993, Sikasil SG-500 und Ködiglaze S gemäß der Europäischen Technischen Produktzulassungen [6], [7], [8]. Die angegebenen Werte der E-Moduln wurden an

Substanzproben (Schulterzugproben) in Anlehnung an DIN ISO 527-1 [9] ermittelt und gelten genau wie die angegebenen Festigkeitswerte nur für die Berechnung von Fugengeometrien, die der ETAG 002 entsprechen.

In Abhängigkeit von objektbezogenen Fugenabmessungen sind in Abstimmung mit dem Klebstoffhersteller vorhabenbezogene Werte und ggf. experimentelle Prüfungen zur Ermittlung von E-Modul/G-Modul sowie Festigkeiten durchzuführen. Um experimentell den Bemessungswiderstand möglichst nah an der umzusetzenden Klebfugengeometrie zu ermitteln, muss zunächst zu den zur Serie äquivalenten Klebfugengeometrien ein charakteristischer Bemessungswert σ_{ult} ermittelt werden. Hierzu können beispielsweise die Bruchfestigkeiten der bauteilähnlichen Klebfugengeometrien statistisch entsprechend ETAG 002 ausgewertet und so der 5 %-Quantil-Wert der Festigkeit ermittelt werden. Diese auf diesem Weg ermittelte charakteristische Bruchfestigkeit ist anschließend durch den sog. Methodenfaktor γ zu dividieren, um Unsicherheiten aus dem Berechnungsmodell, dem Alterungsverhaltens des Klebstoffes und Unsicherheiten bei der Beschreibung der Einwirkungsseite Rechnung zu tragen. Für den Methodenfaktor γ kann nach Abstimmung mit dem Klebstoffhersteller und der zuständigen Bauaufsichtsbehörde bei der Verwendung eines genaueren Berechnungsverfahrens, beispielsweise auf Grundlage von Federmodellen oder Finite-Element-Analysen, ein Wert von 4 (bis 6) angesetzt werden.

Tabelle 1 Beispielhafte Klebstoffkennwerte (DOWSIL 993, Sikasil SG-500, Ködiglaze S) gem. der jeweiligen Produktzulassung, ermittelt an der Schulterzugprobe

		DOWSIL 993	Sikasil SG-500	Ködiglaze S
Hersteller		Dow	SIKA	Kömmerling
ETA Nr.		ETA-01/0005 [6]	ETA-03/0038 [7]	ETA-08/0286 [8]
σ_{des}	[MPa]	0,14	0,14	0,14
τ_{des}	[MPa]	0,11	0,105	0,21
τ_∞	[MPa]	0,011	0,0105	0,0105
E-Modul	[MPa]	1,4	1,5	2,8
G-Modul	[MPa]	0,47	0,50	0,93

3 Bauaufsichtliche Anforderungen

Prinzipiell ist in Bezug auf bauaufsichtliche Regelungen im Bauwesen zu unterscheiden zwischen „Produktregelung" und „Anwendungsregelung". Voraussetzung für die *Anwendung* tragend geklebter Verbindungen ist die Verwendung bauaufsichtlich geregelter *Bauprodukte*. Konkret für strukturelle Klebfugen bedeutet dies, dass ein bauaufsichtlich geregelter Klebstoff verwendet werden muss. Eine bauaufsichtliche Regelung des Klebstoffs, „Produktregelung", erfolgt über eine ETA (European Technical Assessment) oder z. B. eine Allgemeine bauaufsichtliche Zulassung (AbZ). Auch die Fügepartner müssen geregelt sein und gemäß des Verwendbarkeitsnachweises des Klebstoffes zulässig sein.

Die *Anwendung* tragender Klebfugen ist in Deutschland bauaufsichtlich nicht geregelt und bedarf eines Anwendbarkeitsnachweises über eine (objektbezogene) vorhabenbezogene Bauartgenehmigung (vBg) oder eine Allgemeine Bauartgenehmigung (ABg).

Es empfiehlt sich, im Rahmen von objektbezogenen Genehmigungsverfahren (vBg) frühzeitig die zuständige Oberste Bauaufsichtsbehörde des zuständigen Bundeslandes (Ort des Bauvorhabens) einzubinden. Auch wenn seitens des planenden Unternehmens keine entsprechende Vorgabe existiert, sollte eine Kontaktaufnahme zur zuständigen Behörde bereits frühzeitig von den Projektbeteiligten während der Planungsphase erfolgen. Objektbezogene Anforderungen hinsichtlich der Anwendung (Bauwerksanforderungen nach LBO) werden in den Verwendbarkeitsnachweisen geregelt.

Die Erwirkung von vorhabenbezogenen Bauartgenehmigungen erfolgt nach folgendem formellen Ablauf:

– Nachweis der Standsicherheit der Verglasungskonstruktion (inklusive Nachweis der tragenden Klebfugen) durch einen (auf dem Gebiet der strukturellen Klebungen erfahrenen) Tragwerksplaner,
– Erstellung einer Gutachterlichen Stellungnahme über die Eignung der geklebten Konstruktion unter Berücksichtigung der konkreten konstruktiven Randbedingungen, der verwendeten Bauprodukte und angewendete Nachweisverfahren sowie gutachterliche Empfehlung über die Qualitätssicherung während der Produktion und ggf. Inspektionsfrequenzen,
– Antrag auf Erteilung einer vorhabenbezogenen Bauartgenehmigung bei der zuständigen Obersten Bauaufsicht des Bundeslandes, in dem sich das Bauvorhaben befindet.

4 Sicherstellung der ausreichenden Herstellqualität von Klebfugen

4.1 Überblick

Die Qualitätsüberwachung während der Herstellung von Klebfugen übernimmt einen hohen Stellenwert, um eine gute und dauerhafte Fugenqualität sicherzustellen und die Gefahr von Fehlern und Mängeln zu minimieren. Eine sorgfältige Herstellung der Klebfugen unter Beachtung der Vorgaben des Klebstoffherstellers sowie der lückenlosen Einhaltung der Anwendungsbedingungen und Anforderungen nach den Produktregelungen (ETA, AbZ) sind von entscheidender Bedeutung für die Qualität der Verbindung.

Die prinzipielle Eignung der klebenden Stelle sowie die Bestätigung der geforderten Verbindungseigenschaften erfolgen in Form einer **Erstprüfung** i. d. R. durch eine anerkannte Zertifizierungsstelle. Zur Sicherstellung einer ausreichenden und reproduzierbaren Qualität ist eine **werkseigene Produktionskontrolle** (WPK) bei der klebenden Stelle einzuführen, die ergänzend durch eine Drittstelle (i. d. R. durch eine akkreditierte Überwachungsstelle) zu überwachen ist (**Fremdüberwachung**).

4.2 Erstprüfung

Die Erstprüfung wird dann erforderlich, wenn die grundsätzliche Eignung der umzusetzenden geklebten Verbindung zu belegen ist. Dies ist z. B. dann der Fall, wenn Substrate verwendet werden, die nicht in der Produktregelung des Klebstoffes enthalten sind. Die Standsicherheit und Dauerhaftigkeit der Verbindung sowie die Eignung der klebenden Stelle (u. a. klebgerechte Fertigungsumgebung und klebtechnische Personalqualifizierung, Einrichtung einer werkseigenen Produktionskontrolle) sind in einem ersten wichtigen Schritt zu bestätigen. Nur dann, wenn bestätigt werden kann, dass die Verbindungskonstruktion geeignet ist und der Betrieb alle Voraussetzungen zur fachgerechten Herstellung von tragenden Klebfugen erfüllt, kann die objektbezogene Klebtätigkeit erfolgen. In einer Erstprüfung klärt die unabhängige Überwachungs-/Zertifizierungsstelle, ob die technischen und personellen Voraussetzungen für eine ordnungsgemäße Herstellung von SG-Elementen nach den Vorgaben der Zulassung/Genehmigung/Vorgaben des Klebstoffherstellers gegeben sind und das Produkt und die klebende Stelle die technischen Anforderungen erfüllt.

4.3 Werkseigene Produktionskontrolle

Der Klebbetrieb hat durch Einrichtung einer werkseigenen Produktionskontrolle reproduzierbar sicherzustellen, dass die Qualität der Klebfuge den relevanten technischen Grundlagendokumenten entspricht. Die Qualitätskontrolle beinhaltet Untersuchungen des Klebstoffes (Mischverhältnis der Komponenten, Mischqualität, siehe Bild 2, und Topfzeit z. B. bei zweikomponentigen Materialien) und der Verbindungskonstruktion (Haftung auf den Substraten, Zugtragfähigkeit der Verbindung).

Die Materialuntersuchungen und Produktprüfungen haben herstellbegleitend zu erfolgen, um eine ausreichende Klebfugenqualität unter den konkreten Umgebungsbedingungen reproduzierbar zu bestätigen. Durch die Proben des Typs A (Bild 3) wird das Haftverhalten auf serienäquivalenten Untergründen (Substraten) und unter Berücksichtigung der tatsächlich vorherrschenden Herstell- und Umgebungsbedingung untersucht. Zugprüfungen an den Proben Typ B dienen zur Bestätigung einer Mindest-Zugtragfähigkeit. Die exakte Einhaltung der Vorgaben der Überwachungsstelle ist zwingend erforderlich, um eine Auswertung der Prüfungen zu ermöglichen, siehe Bild 4. Die Qualitätsüberwachung während der Produktion dient allen Projektbeteiligten zur Kontrolle einer reproduzierbaren Ausführungsqualität und der Produkteigenschaften der Klebfuge. Eine lückenlose Dokumentation hat ausnahmslos zu erfolgen, da diese die Grundlage für etwaige spätere Bewertungen der Klebfugen bildet und die Einhaltung der vorgegebenen Randbedingungen bestätigt.

Bild 2 Glasplattentests zur Überprüfung der Mischqualität im Rahmen der WPK (© Verrotec GmbH)

4 Sicherstellung der ausreichenden Herstellqualität von Klebfugen

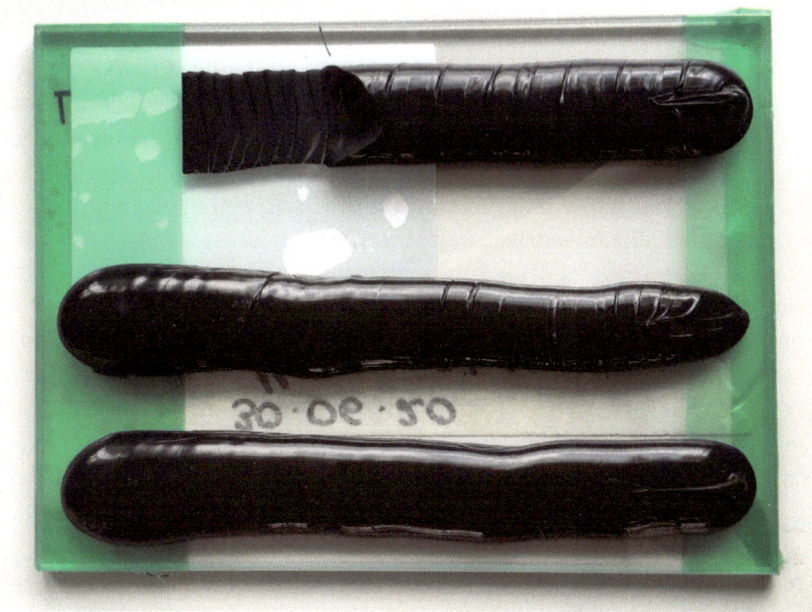

Bild 3 Proben Typ A, Haftproben auf Glas im Rahmen der WPK (© Verrotec GmbH)

 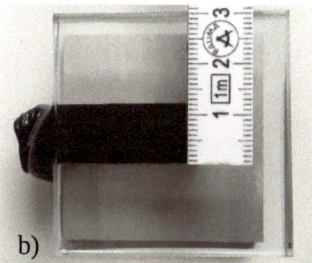

a) b)

Bild 4 a) Ungeeignete H-Probe, Probe Typ B (undefinierte Klebfläche); b) exakt hergestellte Probe Typ B (definierte Klebfläche) (© Verrotec GmbH)

4.4 Fremdüberwachung der Klebtätigkeit

Die technischen Dokumente der relevanten Bauprodukte bzw. Bauarten (z. B. ETA, AbZ, AbG) enthalten neben Vorgaben zur Durchführung der Eigenüberwachung (vgl. vorhergehendes Kapitel) auch Anforderungen an eine Fremdüberwachung, die in der Regel durch eine hierfür anerkannte, unabhängige Stelle erfolgen muss. Die fremdüberwachende Stelle überprüft u. a. die Durchführung der werkseigenen Produktionskontrolle. Dabei wird neben der ordnungsgemäßen Eigenüberwachung insbesondere auch die Vollständigkeit der Dokumentation und die korrekte Ausführung der Klebfuge (Bild 5) überprüft. Außerdem werden die Produktionsbedingungen für die Herstellung der Klebfugen sowie die produktionsbegleitenden Produktprüfungen überwacht. Im Rahmen der Fremdüberwachung werden stichprobenartig Proben aus den produktionsbegleitend hergestellten Prüfkörpern entnommen und unabhängig von den Produktprüfungen, die im Rahmen der WPK geprüft werden, experimentell untersucht und ausgewertet. Wenn Mängel festgestellt werden, sind im Einzelfall Maßnahmen zur Behebung der Mängel festzulegen.

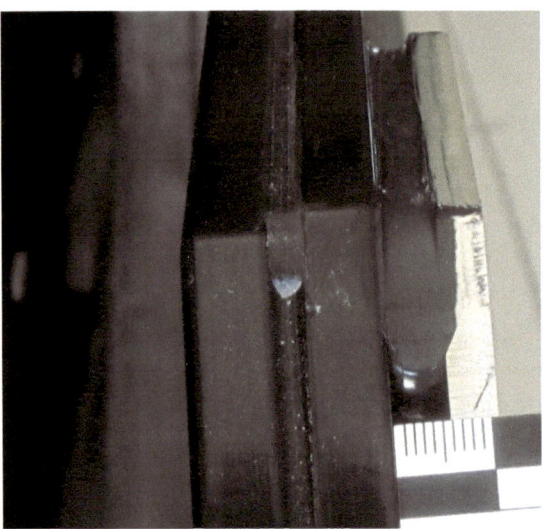

Bild 5 Überprüfung der Klebfugendicke im Rahmen einer fremdüberwachenden Tätigkeit
(© Verrotec GmbH)

5 Regelmäßige Inspektionen

Für Verglasungskonstruktionen, bei denen Klebungen tragend angesetzt sind, werden in der Regel im Rahmen von Verwendbarkeitsnachweisen (Vorhabenbezogene Bauartgenehmigung, Zustimmung im Einzelfall, Allgemeine Bauartgenehmigung bzw. Allgemeine bauaufsichtliche Zulassung) regelmäßige Inspektionen der Fugen gefordert. Hierdurch sollen etwaige Veränderungen an der tragenden Verbindung rechtzeitig erkannt und geeignete Maßnahmen eingeleitet werden. Die Untersuchungen erfolgen oftmals rein visuell. Insbesondere Feuchtigkeit im Scheibenzwischenraum von Isolierglasscheiben ist deutlich erkennbar, siehe Bild 6, währenddessen etwaige Schäden im Inneren einer Klebfuge i. d. R. von außen nicht sichtbar sind. Derzeit existieren im Bauwesen keine technischen Regelwerke, aus denen Vorgaben über Monitoringverfahren und -frequenzen abgeleitet werden können. Im Merkblatt FKG 01/2021 [2] wird empfohlen, Klebfugen in Anlehnung an DIN 2304-1 [10] in Sicherheitsklassen einzuteilen (Tabelle 2) und in Abhängigkeit der Sicherheitsklasse regelmäßig zu inspizieren. Dies sollte durch Hinzuziehen einer externen Überwachungsstelle oder einer sachverständigen Person erfolgen. Erfahrungen zeigen, dass sich die Dauerhaftigkeit von Klebfugen in der Regel bereits in den ersten zwei Jahren nach Herstellung prognostizieren lässt. Dies ist darauf zurückzuführen, dass im Allgemeinen fehlende Dauerhaftigkeitseigenschaften auf eine fehlerhafte Herstellung zurückzuführen und dies bei sorgfältiger Überwachungstätigkeit frühzeitig erkennbar ist. Vorschläge über die Frequenz der Inspektionen gemäß [2] können Tabelle 3 entnommen werden.

Bild 6 Feuchtigkeit im Scheibenzwischenraum einer Mehrscheiben-Isolierverglasung (© Verrotec GmbH)

Tabelle 2 Sicherheitsklassen in Anlehnung an DIN 2304-1 [10]

Schadensfolgeklasse	Sicherheitsanforderung	Das Versagen der Klebverbindung…
S1	hoch	– führt mittel- oder unmittelbar zu einer unabwendbaren Gefahr für Leib und Leben. – führt zu einem Ausfall der Funktionalität, deren Auswirkungen höchstwahrscheinlich zu einer unabwendbaren Gefahr für Leib und Leben führen.
S2	mittel	– kann zu einer Gefahr für Leib und Leben führen. – führt zu einem Ausfall der Funktionalität, deren Auswirkungen wahrscheinlich mit Schäden gegenüber Personen oder großen Umweltschäden und höchstwahrscheinlich mit weitreichenden Vermögensschäden verbunden sind.
S3	gering	– führt zu einem Ausfall der Funktionalität, deren Auswirkungen wahrscheinlich nicht mit Schäden gegenüber Personen oder großen Schäden an der Umwelt verbunden sind und deren Auswirkungen maximal mit Komfort- oder Leistungseinbußen verbunden sind. – führt zu einem Ausfall der Funktionalität, deren Auswirkungen wahrscheinlich nicht mit größeren Vermögensschäden verbunden sind.
S4	keine	– führt zu einem Ausfall der Funktionalität, bei deren Auswirkungen unter vorhersehbaren Bedingungen nicht mit Schäden gegenüber Personen oder Umwelt verbunden sind. – führt zu einem Ausfall der Funktionalität, deren Auswirkungen ausschließlich mit Komfort- oder Leistungseinbußen und nicht mit größeren Vermögensschäden verbunden sind.

Tabelle 3 Vorschläge gemäß [2] über die Frequenz von Inspektionen entsprechend der Sicherheitsklassen aus Tabelle 2

Schadensfolgeklasse	Überwachungsfrequenz	Fremdüberwachung erforderlich?
S1	häufig (zu Beginn einmal im Jahr, danach abstufend)	Ja, in Abstimmung mit Behörde und Überwachungsstelle
S2	regelmäßig (zu Beginn einmal im Jahr, danach abstufend)	Ja, in Abstimmung mit Behörde und Überwachungsstelle
S3 / S4	keine	Nein

Die Verantwortlichkeit über die Durchführung von Inspektionsmaßnahmen ist vertraglich zu regeln. In der Regel liegt die Verantwortung bei der Bauherrschaft oder den Betreiberfirmen, sofern nicht ausdrücklich anderweitig vertraglich festgelegt. Die ordnungsgemäße Durchführung der Inspektion kann über Wartungsverträge geregelt werden. Zur Überwachung der Klebfugen werden bis heute meist visuelle Prüfungen, ggf. ergänzt um mechanische Prüfungen an der Fassade, vorgenommen.

6   Zusammenfassung

Um tragende Silikonklebungen im Konstruktiven Glasbau/Fassadenbau ausreichend standsicher, dauerhaft und wirtschaftlich zu gestalten, bedarf es der Einhaltung eines konsequenten Nachweisverfahrens. Die erfolgreiche Anwendung der Klebtechnik ist maßgeblich abhängig von sorgfältiger Planung bereits in frühen Projektphasen. Durch systematische Konzeptionierung, Konstruktion, Bemessung, Produkt- und Anwendungsregelung sowie Sicherstellung einer hohen Ausführungs- und Überwachungsqualität lassen sich wirtschaftliche, sichere und dauerhafte Lösungen umsetzen. Das Merkblatt FKG 01/2021 „Tragende Silikonklebstoffe im Konstruktiven Glasbau" ist im vorliegenden Fachbuch enthalten und kann in Deutsch und Englisch kostenlos als pdf-Datei über die

Homepage des FKG (www.glas-fkg.org) bezogen werden. Das Merkblatt dient als umfassende Hilfestellung für Nachweisverfahren für strukturelle Silikonklebungen im Konstruktiven Glasbau. Durch die aktive Arbeit des Arbeitskreises Kleben des FKG wird fortlaufend an einer Erweiterung von technischen Grundlagen für tragende Klebverbindungen im Bauwesen gearbeitet mit dem Ziel, umfassende Grundlagen für innovative Anwendungen der Klebtechnik zu schaffen.

7 Danksagung

Bei der Erstellung des Merkblatts FKG 01/2021 „Tragende Silikonklebstoffe im Konstruktiven Glasbau" waren zahlreiche Vertreter von Mitgliedsfirmen und -institutionen des Arbeitskreises Kleben des Fachverbands Konstruktiver Glasbau e.V. beteiligt, die im Rahmen ihrer wissenschaftlichen und praktischen Tätigkeit unterschiedlichste Disziplinen der Klebtechnik und deren Anwendung abdecken. Allen Beteiligten sprechen wir an dieser Stelle herzlichen Dank für die engagierte persönliche Mitarbeit aus. Beteiligte Mitgliedsfirmen/-institutionen: The DOW Chemical Company, Edgetech Europe GmbH, Josef Gartner GmbH, HafenCity Universität Hamburg, Kömmerling Chemische Fabrik GmbH, Labor für Stahl- und Leichtmetallbau Hochschule München, Lehrstuhl für Stahlbau und Leichtmetallbau RWTH Aachen University, seele GmbH, Sika Services AG, Institut für Füge- und Schweißtechnik Technische Universität Braunschweig, ISMD und MPA-IfW Technische Universität Darmstadt, Verrotec GmbH.

8 Literatur

[1] Baitinger, M. (2021) Merkblatt FKG 01/2021: *Eine Hilfestellung zum strukturellen Kleben im Konstruktiven Glasbau* in: Weller, B.; Tasche, S.; Nicklisch, F. [Hrsg.] *KLEBTECH Symposium 2021*. Berlin: Ernst & Sohn. S. 67–84.

[2] Merkblatt FKG 01/2021 (2021) *Tragende Silikonklebstoffe im Konstruktiven Glasbau*, Fachverband Konstruktiver Glasbau e.V.

[3] Technical Note FKG 01/2021 (2021) *Structural Silicone Sealants in Structural Glass Systems*, Fachverband Konstruktiver Glasbau e.V.

[4] EOTA (2012) *ETAG 002 Guideline for European Technical Approval for Structural Sealant Glazing Kits*, European Organisation for Technical Approvals.

[5] EOTA (2002) *ETAG 002-2 Leitlinie für die Europäische Technische Zulassung für geklebte Glaskonstruktionen (SSGS) – Teil 2: Beschichtete Aluminium-Systeme* (ETAG 002).

[6] ETA-01/0005 (2012) *Sealant used in structural sealant glazing systems to bond glass onto metal*, DC993 and DC895.

[7] ETA-03/0038 (2014) Klebstoff zur Verwendung in geklebten Glaskonstruktionen, Sikasil SG 500.

[8] ETA 08/0286 (2013) *Structural sealant for use in structural sealant glazing systems*, Ködiglaze S, Kömmerling Chemische Fabrik GmbH.

[9] DIN EN ISO 527-1 (2019) *Kunststoffe – Bestimmung der Zugeigenschaften – Teil 1: Allgemeine Grundsätze*. Berlin: Beuth. https://dx.doi.org/10.31030/3059426.

[10] DIN 2304-1 (2020) *Klebtechnik – Qualitätsanforderungen an Klebprozesse – Teil 1: Prozesskette Kleben*. Berlin: Beuth.

Anhang

Im Weiteren wird das **Merkblatt FKG 01/2021 – Tragende Silikonklebstoffe im Konstruktiven Glasbau** vom Fachverband Konstruktiver Glasbau e.V. in Originalfassung abgebildet.

Das Dokument ist unter folgendem Link in deutscher und englischer Sprache verfügbar:
https://www.glas-fkg.org/index.php/publikationen

Weitere Hinweise und Merkblätter sind direkt beim Fachverband Konstruktiver Glasbau e.V. erhältlich.

Fachverband Konstruktiver Glasbau e.V.
Wüllnerstraße 113
50931 Köln
E-Mail: info@glas-fkg.org

Fachverband Konstruktiver Glasbau e.V.

Merkblatt FKG 01/2021
Tragende Silikonklebstoffe im Konstruktiven Glasbau

Apple Store ICONSIAM ©seele/Andreas Keller

Datum: 21. September 2021

Disclaimer – Haftungsausschluss
Alle Informationen in diesem Merkblatt sind nach bestem Wissen und Gewissen zusammengestellt. Wir weisen jedoch darauf hin, dass wir keine Haftung für die Richtigkeit, Aktualität und Vollständigkeit der Informationen übernehmen. Insbesondere ersetzt der Inhalt dieses Merkblattes keine technische Beratung im Einzelfall.

Merkblatt Nr. 01/2021
Tragende Silikonklebstoffe im Konstruktiven Glasbau

Inhaltsverzeichnis

1. **Einleitung** 3
   1.1 Anlass 3
   1.2 Ziel 4
   1.3 Geltungsbereich 5
       1.3.1 Randbedingungen nach ETAG 002 5
       1.3.2 Erweiterte Randbedingungen 7
   1.4 Hinweise zu kavitations-sensitiven und -insensitiven Klebfugen 7
   1.5 Materialgerechtes Konstruieren 8
   1.6 Materialverträglichkeiten 9
       1.6.1 Erforderliche Nachweise 9
       1.6.2 Risikominimierung 9
2. **Berechnung und Bemessung von Silikonklebungen** 10
   2.1 Berechnungsverfahren nach ETAG 002 10
   2.2 Nachweis analog zur ETAG 002 12
   2.3 Nachweis mittels Ersatzmodell (Federmodell) 13
       2.3.1 Allgemeines Konzept 13
       2.3.2 Experimentelle Ermittlung von Steifigkeiten 17
   2.4 Nachweis über 3D Volumenelemente nach der Finiten Element Methode 18
       2.4.1 Allgemeines Konzept 18
       2.4.2 Experimentelle Ermittlung von Steifigkeiten 20
3. **Qualitätsanforderungen an den Klebprozess** 21
   3.1 Überwachung der Herstellung 21
       3.1.1 Anforderungen an den Klebbetrieb 21
       3.1.2 Werkseigene Produktionskontrolle (WPK) 23
       3.1.3 Fremdüberwachung 29
   3.2 Überwachung der Montage 29
4. **Monitoring und Wartung** 30
5. **Reinigung** 32
6. **Literatur** 33

1. Einleitung

1.1 Anlass

Das vorliegende Dokument wurde vom Arbeitskreis Kleben des Fachverbandes Konstruktiver Glasbau (FKG) e.V. erstellt. Es beinhaltet technische Vorgaben für die Auslegung von strukturell geklebten Verbindungen im konstruktiven Glasbau. Dabei werden die Grundlagen der European Technical Approval Guideline 002 [1], [2] (ETAG 002) als derzeit zur Anwendung kommendes technisches Regelwerk für strukturell geklebte Glasanwendungen herangezogen. Es ist zu erwarten, dass die beiden Normen EN 13022 [3] und EN 15434 [4] die ETAG 002 ablösen werden (Stand Mai 2021).

Das Merkblatt berücksichtigt als entscheidenden Inhalt den aktuellen Stand der Technik und erweitert den Anwendungsbereich für strukturelle Verklebungen gemäß ETAG 002.

Mit diesem Dokument sollen dem Anwender wesentliche Hinweise zur baupraktischen Umsetzung geklebter Konstruktionen gegeben werden. Geklebte Verbindungen sind bis heute in Deutschland i.d.R. über eine Zustimmung im Einzelfall (ZiE) / vorhabenbezogene Bauartgenehmigung (vBg) oder eine Allgemeine bauaufsichtliche Zulassung (AbZ) / Allgemeine Bauartgenehmigung (ABg) zu regeln. Es empfiehlt sich, im Rahmen von Genehmigungsverfahren frühzeitig die zuständige Oberste Bauaufsichtsbehörde zu involvieren. Auch wenn seitens des planenden Unternehmens keine entsprechende Vorgabe existiert, sollte eine Kontaktaufnahme zur zuständigen Behörde bereits frühzeitig von den Projektbeteiligten während der Planungsphase erfolgen. Eine Begleitung durch eine hierfür anerkannte Überwachungs- und Zertifizierungsstelle ist zu empfehlen.

Die DIN 2304-1 [5] beschreibt den Stand der Technik hinsichtlich der Qualitätsanforderungen an die Ausführung von Klebungen entlang der Prozesskette Kleben. Sie dient in relevanten Bereichen als akzeptierte Grundlage für dieses Dokument. Die projektspezifische Umsetzung ist in Zusammenarbeit mit dem Klebstoffhersteller und ggf. der Überwachungs- und Zertifizierungsstelle zu bestimmen.

Eine Klebstoffauswahl ist in Rücksprache mit den Projektpartnern zu treffen, wobei sich die Auswahl bei bauaufsichtlich zugelassenen Systemen derzeit noch als gering darstellt.

Folgenden Kriterien wird Rechnung getragen, um sichere, wirtschaftliche und dauerhafte Klebfugen sicherzustellen:

1. Spezifische Werkstoffeigenschaften des verwendeten Silikon-Klebstoffs mit ETA-Zulassung
2. Berechnungs- und Bemessungsregeln in Erweiterung der bisher geltenden Regeln auf Basis der ETAG 002 [1], [2]
3. Qualitätsüberwachung (hohe Prozesssicherheit) und in Abhängigkeit der Risikoklassifizierung Monitoring

Das vorliegende Merkblatt dient dazu, geklebte Verbindungen des konstruktiven Glasbaus einheitlich auf nationaler Ebene bemessen, ausführen und hinsichtlich ihrer Ausführungsqualität kontrollieren zu können.

Die Grundlagen für das Merkblatt bilden dabei die mehr als 20-jährigen Erfahrungen und Kenntnisse der Verfasser im Bereich geklebter Verbindungen im konstruktiven Glasbau. Die ETAG 002 [1], [2] hat sich hinsichtlich ihres Nachweiskonzeptes grundsätzlich bewährt. Darüber hinaus liegen umfangreiche positive Erfahrungen für Anwendungen vor, die sich außerhalb der ETAG 002 befinden und zum großen Teil Eingang in dieses Merkblatt gefunden haben.

Merkblatt Nr. 01/2021
Tragende Silikonklebstoffe im Konstruktiven Glasbau

1.2 Ziel

Ziel ist es, ein national anerkanntes Papier zum Nachweis strukturell geklebter Verbindungen im konstruktiven Glasbau zu schaffen, das mittelfristig in die europäische Normung Eingang finden soll. Dieses Merkblatt dient als Ergänzung zur ETAG 002 [1], [2] für SG-Silikon-Klebfugen mit den in den weiteren Kapiteln angegebenen Randbedingungen und folgenden Erweiterungen:

- Festschreibung des aktuellen Stands der Technik (über die ETAG 002 [1], [2] hinaus)
- Standardisierung von numerischen Modellierungsmöglichkeiten unter Berücksichtigung der Überlagerung von Kurzzeitlasten, Wind- und Temperaturbeanspruchungen mit späterer Erweiterung bezüglich Dauerlasten; bei der Bemessung wird der Einfluss einer Dreiflankenhaftung nicht berücksichtigt und muss ggf. gesondert betrachtet werden (s. Bild 1)
- Wegfall der Forderung „mechanische Sicherung" bei Einbauhöhen über 8 m
- Möglichkeit der Baustellenklebungen (Neubau/Reparaturklebung) unter besonderen Anforderungen (z.B. Vorsehen von Überwachungstätigkeiten)

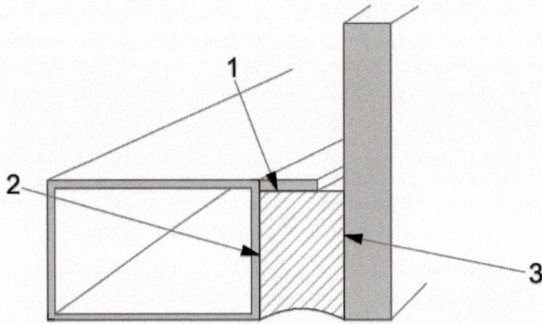

Bild 1 Beispiel einer Dreiflankenklebung (Quelle: ETAG 002), ©Verrotec

1.3 Geltungsbereich

Die ETAG 002 ist eine speziell für geklebte Glaskonstruktionen (SSGS, Structural Sealant Glazing Systems) durch die Europäische Organisation für Technische Zulassungen (EOTA, European Organisation for Technical Approvals) entwickelte Leitlinie und dient als Grundlage zur Erteilung einer Europäischen Technischen Bewertung (ETA, European Technical Assessment), welche in Deutschland durch das Deutsche Institut für Bautechnik (DIBt) ausgestellt werden darf.

1.3.1 Randbedingungen nach ETAG 002

Aus Gründen der Vollständigkeit sind im Folgenden die sehr restriktiven Anforderungen und Randbedingungen nach der ETAG 002 aufgeführt:

- SG-Silikon mit ETA-Zulassung, z.B. DOWSIL 993 [6], DOWSIL 895 [6], Sikasil SG-500 [7] oder Ködiglaze S [8] nach ETAG 002 [1], [2] (Anwendungsbereich gemäß Zulassung für strukturelle Klebung des Isolierglasrandverbunds oder als SG-Klebung)
- Fügepartner nach ETAG 002 (eloxiertes Aluminium, Edelstahl, Glas, emailliertes Glas, beschichtetes Aluminium mit nachgewiesener Eignung)
- Berücksichtigung von veränderlichen Einwirkungen wie Wind und Temperatur, die zu Zug- oder Schubbeanspruchungen in der Klebfuge führen
- rechteckige Glasscheiben
- Standard-SG-Fugen als werkseitig aufgebrachte allseitig umlaufende lineare Klebraupe aus Silikon mit rechteckigem Querschnitt (s. Bild 2). Die Einhaltung folgender Randbedingungen wird empfohlen:
    - Minimale Fugendicke $e \geq 6$ mm
    - Maximale Fugenbreite $h_e < 20$ mm
    - Fugenverhältnis $1 \leq h_e / e \leq 3$
- keine Haftung auf drei Oberflächen, die Haftung auf einem Abstandsprofil bei Mehrscheiben-Isolierverglasung zählt als nicht tragend (haftend)
- zulässige Neigung der SG-Verglasung zur Horizontalen $\alpha > 7°$, vgl. Bild 3
- max. Durchbiegung Tragrahmen: L / 300 (mit L: Seitenlänge Tragrahmen)
  max. Durchbiegung Scheibenmitte (kurze Seite): l / 100 (mit l: kurze Seitenlänge Glasscheibe)

Merkblatt Nr. 01/2021
Tragende Silikonklebstoffe im Konstruktiven Glasbau

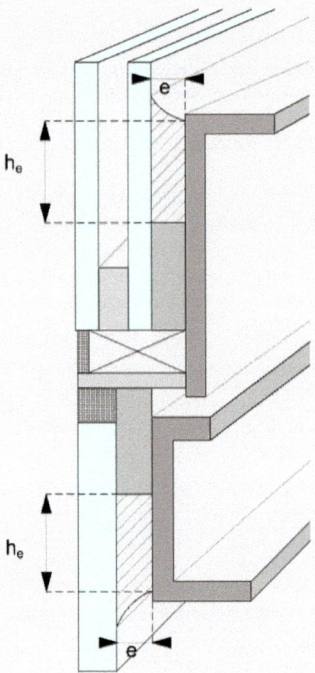

Bild 2 Kennzeichnung der Fugendicke e und Fugenbreite h_e [2], ©Verrotec

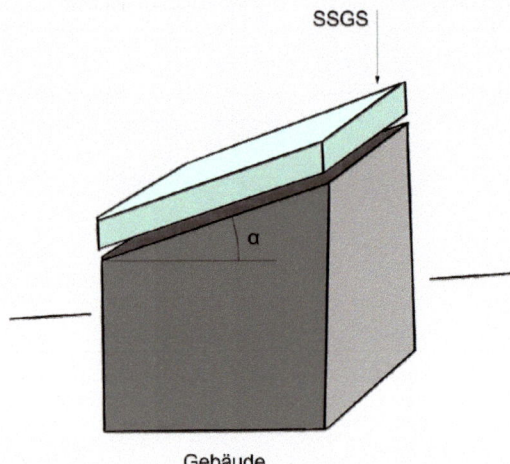

Bild 3 Zulässige Neigung SG-Verglasung gemäß ETAG 002, ©Verrotec

Merkblatt Nr. 01/2021
Tragende Silikonklebstoffe im Konstruktiven Glasbau

1.3.2 Erweiterte Randbedingungen

Das vorliegende Merkblatt beinhaltet Regelungen für Klebfugen beliebiger Scheibengeometrien, erweiterte Klebfugengeometrien sowie nicht ausschließlich allseitig geklebte Scheiben:

- keine allseitige Klebung der Glasscheiben notwendig, z.B. zweiseitig geklebte Glasscheiben, Ganzglasecken etc.
- Geometriefreiheit (beliebige Scheiben und Fugengeometrie) (s. Bild 4)

1.4 Hinweise zu kavitations-sensitiven und -insensitiven Klebfugen

Elastische Silikon-Klebstoffe sind in erster Näherung inkompressibel. Bei hoher Behinderung der Querkontraktion können sich daher neben den von der Oberfläche ausgehenden Anrissen auch Hohlräume, sogenannte Kavitäten, im Material ausbilden, die die Steifigkeit und Tragfähigkeit der Klebefuge stark reduzieren. Der folgende Ansatz ist ein einfaches, ingenieurmäßiges Kriterium zur Überprüfung, ob eine unter Zugbeanspruchung stehende Klebverbindung unter Ansatz ideal-steifer Fügepartner kavitationsanfällig ist oder nicht.

$$S = \frac{A}{U \cdot e}$$

mit
A = Klebfläche [mm²]
U = Umfang der Klebfuge [mm]
e = Dicke der Klebfuge [mm]

S gibt dabei das Verhältnis der gezogenen Klebfläche A zum Produkt aus dem Umfang U und der Klebfugendicke e an (vgl. Bild 2). Für $S \leq 3$ ist die Klebfuge kavitations-insensitiv, sodass hier ein klassischer Nachweis entsprechend ETAG 002 oder entsprechend des vorliegenden Dokumentes geführt werden kann. Ist $S > 3$ sollte das volumetrische Verhalten und insbesondere das Kavitationsversagen der Klebfuge im Nachweis berücksichtigt werden.

Die Bemessung von kavitations-sensitiven Klebfugen ist aktuell noch Bestandteil von verschiedenen Forschungsprojekten. Für nähere Details zum Nachweis kavitations-sensitiver Klebfugen sei beispielhaft auf [9] verwiesen. Auf die notwendige Abstimmung mit dem Klebstoffhersteller wird ebenfalls hingewiesen. Bild 4 zeigt einige anschauliche Beispiele zur Klassifizierung der Klebfuge.

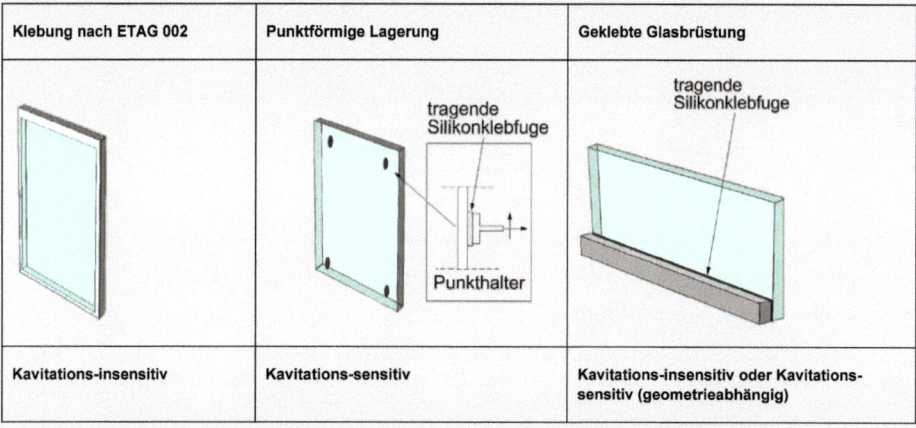

Bild 4 Klassifizierung von Klebfugen in kavitations-sensitiv / -insensitiv, ©Verrotec

Merkblatt Nr. 01/2021
Tragende Silikonklebstoffe im Konstruktiven Glasbau

1.5 Materialgerechtes Konstruieren

Als Grundvoraussetzung für die Anwendung dieser Richtlinie sind folgende Randbedingungen einzuhalten:

- Zur Sicherstellung dauerhafter Klebfugen sind geklebte Verbindung materialgerecht zu konstruieren (vgl. z.B. [3], [4], [10]).
- Vermeidung ungünstiger statischer Beanspruchungen [10]
- Vermeidung dauerhaften Zwanges
- Vermeidung von Mehrflankenhaftung durch Vorsehen einer Füllschnur
- Vermeidung hoher Schälbeanspruchung, da diese aufgrund des linienförmigen Angriffs zu Spännungsspitzen in der Klebfuge führen. Abhilfe kann hier durch konstruktive Modifikation der Klebgeometrie geschaffen werden (s. Bild 5)

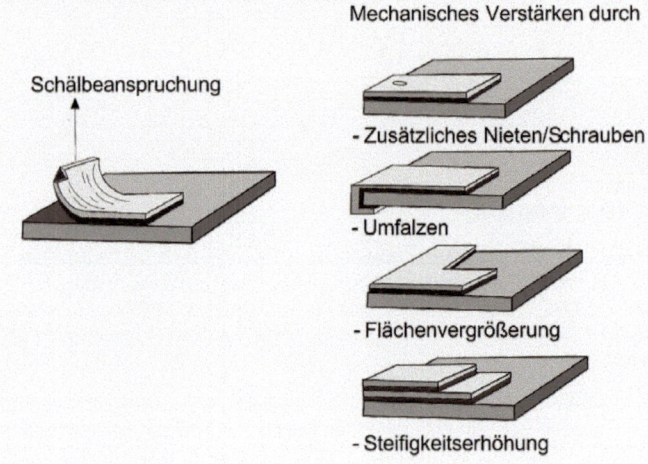

Bild 5 Konstruktive Möglichkeiten zur Vermeidung der Schälbespruchung bei Klebungen [10], ©Verrotec

Um ein materialgerechtes Konstruieren von Klebungen zu gewährleisten, sind weiterhin folgende Aspekte zu beachten:

- stehendes Wasser auf der Klebstofffuge ist nicht zulässig
- Dauerfeuchtigkeit der Klebstofffuge vermeiden
- übermäßiger Schimmel-, Moos-, Flechten-, Algenbildung ist vorzubeugen oder zu vermeiden
- Taupunktunterschreitungen im Bereich der Klebstofffuge sind möglichst zu vermeiden
- Dreiflankenhaftung ist zu vermeiden

Darüber hinaus muss in Abstimmung mit dem Klebstoffhersteller sichergestellt werden, dass der Klebstoff aushärten kann. Dies wird im Wesentlichen durch die Fugenbreite, Fugentiefe und Abluftfläche und dem verwendeten Klebstoffsystem (1-komponentig oder 2-komponentig) bestimmt.

1.6 Materialverträglichkeiten

Materialverträglichkeit im Sinne dieses Merkblatts ist die Sicherstellung der technischen und visuellen Funktionen eines gesamten Systems oder einer Baugruppe über die erwartete Lebensdauer.

Materialverträglichkeiten sind in Baugruppen und Systemen generell sicherzustellen, da andernfalls Unterwanderung, Ablösungen, Verlust der Adhäsion, Materialveränderungen möglich sind, was zu einem Versagen der Klebungen führen kann. Die Materialverträglichkeiten beziehen sich zum einen auf den Klebstoff und den jeweiligen Fügepartner, zum anderen jedoch auch auf die Verträglichkeit zwischen der Klebung und im Falle des Einsatzes von Verbundsicherheitsglas auf die Verträglichkeit zwischen Klebstoff und Folie.

1.6.1 Erforderliche Nachweise

Für die in der Fassadenkonstruktion üblichen polymerbasierten Werkstoffe stehen Kleb- und Dichtfunktionen meist im Vordergrund. Für die Prüfung der hierfür notwendigen Eigenschaften haben sich Prüfmethoden aus der ETAG 002 für SG-Klebstoffe sowie die RAL GZ 716 (GKFP, Bonn) [11] und VE 08, DI 01 [14], und DI 02 [15] (ift, Rosenheim) für andere Komponenten bewährt. Verarbeitungsrichtlinien sind zu beachten.

Zu beachten ist, dass sich die in Prüfzeugnissen angegebenen Geltungsdauern nur auf die jeweiligen Prüfzeugnisse beziehen, nicht jedoch auf die dokumentierten Prüfergebnisse. Diese hängen von der Konstanz der Zusammensetzung der Werkstoffe ab, die über die dokumentierten Chargennummern der zur Prüfung eingesetzten Materialien beim jeweiligen Hersteller geklärt werden müssen.

Hersteller geben Auskunft zur Verträglichkeit ihrer Werkstoffe in Kontakt zu anderen Werkstoffen, idealerweise in Bezug auf die Funktion eines spezifizierten Gesamtsystems. Dies beinhaltet jedoch keine Aussage für den jeweils anderen (Kontakt-)Werkstoff. Es sind folglich immer Erklärungen aller beteiligten Materiallieferanten einzuholen. Übliche Materialien in Kontakt mit SG-Klebefugen sind Verbundmaterialien, Glasklötze, Dichtungen, Abstandshalter aus EPDM oder Silikon, Vorlegebänder, usw.

Überall dort, wo Kontakt zwischen Klebstoff und der Zwischenschicht von VG/VSG planmäßig vorgesehen ist bzw. Kontakt nicht ausgeschlossen werden kann, ist die Verträglichkeit zwischen Klebstoff und Zwischenschicht sicherzustellen.

1.6.2 Risikominimierung

Schäden durch Materialunverträglichkeiten können durch gründliche Überprüfungen und Verträglichkeitstests im Vorfeld verhindert oder zumindest das Risiko hierfür minimiert werden. Die Testergebnisse erlauben in der Regel aber keine generelle Kompatibilitätsgarantie, sondern erfordern immer eine systembezogene Interpretation. Vor diesem Hintergrund sollte mit Kompatibilitätslisten sorgfältig umgegangen werden. Abgesehen von den genannten Verträglichkeitsprüfungen kann das Risiko von Unverträglichkeitsreaktionen durch einige grundsätzliche Regeln zusätzlich minimiert werden.

- Vermeidung von direktem Kontakt
- Verwendung von risikoarmen Materialien (z.B. PP, PA, PE, APAO/POM, Duroplaste, getemperte Silikonprofile)
- Verwendung von Materialien mit ähnlicher Polarität und angepassten Weichmachergehalten

Zudem muss die Einhaltung einschlägiger Verglasungsrichtlinien gewährleistet sein, wie z.B.:

- Begrenzung der Fugentiefe bei 1K-Silikonen (z.B. Wetterversiegelungen) auf 10 mm mit verträglichen Hinterfüllmaterialien wie geschlossenzelligem PE-Rundschüren
- einwandfreie Falzraumbelüftung
- Einsatz qualitativ einwandfreier Folienverbunde ohne Schnittkanten

Selbst beim Einsatz technisch einwandfreier Folienlaminate können Blasenbildung und Ablösungen durch Schrumpfung im Kontaktbereich von einigen Millimetern nicht sicher ausgeschlossen werden.

Merkblatt Nr. 01/2021
Tragende Silikonklebstoffe im Konstruktiven Glasbau

2. Berechnung und Bemessung von Silikonklebungen

2.1 Berechnungsverfahren nach ETAG 002

Die ETAG 002 gibt Formeln zur Dimensionierung der Fugendicke e (in Abhängigkeit der Temperatur) und der Fugenbreite h_e (in Abhängigkeit der Windsoglast) vor. Dabei werden die Abmessungen der Klebfuge über die zulässigen Spannungen des verwendeten Klebstoffes bestimmt.

Die im Folgenden aufgeführten Formeln haben sich in der Vergangenheit bewährt und decken mit einem globalen „Sicherheitsfaktor" (korrekt: Methodenfaktor) von 6 viele Unsicherheiten, methodische Unschärfen sowie lokale Spannungsspitzen im Material ab. Der globale Sicherheitsfaktor von 6 bezieht sich dabei auf kurzzeitig einwirkende Lasten wie Wind und Temperatur. Dauerlasten infolge beispielsweise des Eigengewichts der Verglasung erfordern darüber hinaus einen zusätzlichen „Kriechfaktor" von mindestens 10, um Kriechmechanismen im Klebstoff zu unterbinden.

Nach ETAG 002 [1], Anhang 2, können die Fugenabmessungen wie folgt ermittelt werden:

- Fugenbreite: $h_e = \left| \frac{a\,W}{2\sigma_{des}} \right|$

  mit: a = Abmessung der kurzen Seite der Glasscheibe [mm]

  W = Windeinwirkung [MPa]

  σ_{des} = Bemessungswert der Zugspannung [MPa]

- Fugendicke: $e = \left| \frac{G \cdot \Delta}{\tau_{des}} \right|$

  mit: Δ = maximale Wärmebewegung in Fugenlängsrichtung [mm]

  G = Schubmodul [MPa]

  τ_{des} = Bemessungswert der Schubspannung [MPa]

Die Bemessungswerte der Zugspannung und Schubspannung sind im Rahmen der Produktzulassung (ETA) zu regeln. Aus den zuvor angegebenen Formeln lassen sich direkt die erforderlichen Fugenabmessungen bestimmen – eine Überlagerung von Zug- und Schubspannungen erfolgt nicht.

Tabelle 1 zeigt beispielhaft die zulässigen Spannungen für die Zweikomponentenmaterialien DOWSIL 993, Sikasil SG-500 und Ködiglaze S. Auch einkomponentige Materialien mit gültigen Produktzulassungen dürfen verwendet werden.

Tabelle 1 Beispielhafte Klebstoffkennwerte (DOWSIL 993, Sikasil SG-500 und Ködiglaze S) gemäß der jeweiligen Produktzulassung

		DOWSIL 993	Sikasil SG-500	Ködiglaze S
Hersteller		Dow	SIKA	Kömmerling
ETA Nr.		ETA-01/0005	ETA-03/0038	ETA-08/0286
σ_{des}	[MPa]	0,14	0,14	0,14
τ_{des}	[MPa]	0,11	0,105	0,21
τ_{∞}	[MPa]	0,011	0,0105	0,0105
E-Modul	[MPa]	1,4	1,5	2,8
G-Modul	[MPa]	0,47	0,50	0,93

Hinweis:

Die in Tabelle 1 angegebenen Werte der E-Moduln wurden an Substanzproben (Schulterzugproben) in Anlehnung an DIN ISO 527-1 [14] ermittelt und gelten nur für die Berechnung der Fugenabmessungen nach ETAG 002 (vgl. obige Berechnungsformeln). In Abhängigkeit von der Klebfugengeometrie sind in Abstimmung mit dem Klebstoffhersteller objektbezogene Werte und ggf. experimentelle Prüfungen zur Ermittlung von E-Modul / G-Modul durchzuführen.

2.2 Nachweis analog zur ETAG 002

Die in Kapitel 2.1 aufgeführten Gleichungen zur Berechnung der Fugenbreite h_e und Fugendicke e können wie im Folgenden dargestellt verallgemeinert werden. Unter den in der ETAG 002 definierten Voraussetzungen können einwirkende Kräfte in Spannungen umgerechnet und nachgewiesen werden. Dies ist hilfreich für eine Vielzahl praktischer Anwendungsfälle wie zum Beispiel einachsig gespannte und geklebte Glasscheiben oder Eckverklebungen.

Die vorherrschende Zugspannung ermittelt sich wie folgt:

$$\sigma = \frac{F}{h_e}$$

mit: F = Kraft pro Längeneinheit [N/mm]

h_e = Fugenbreite [mm]

Die Schubspannung wird analog berechnet:

$$\tau = \frac{F}{h_e}$$

mit: F = Kraft pro Längeneinheit [N/mm]

h_e = Fugenbreite [mm]

Die zugehörige Scherung (für kleine Winkel) ergibt sich zu:

$$\tan \gamma \approx \gamma = \frac{\Delta l}{e}$$

mit: γ = Scherwinkel [rad/°]

Δl = Längenänderung (z.B. infolge Temperatur) [mm]

e = Klebschichtdicke [mm]

Um den Nachweis der ausreichenden Tragfähigkeit der Klebfuge gemäß ETAG 002 zu führen, müssen folgende Gleichungen ausgewertet werden:

Zugspannungsnachweis: $\sigma \leq \sigma_{des}$

Schubspannungsnachweis: $\tau \leq \tau_{des}$

Der Nachweis der Überlagerung von Zug und Schub erfolgt gemäß folgender Interaktionsgleichung:

Interaktion Zug und Schub: $\sqrt{(\sigma/\sigma_{des})^2 + (\tau/\tau_{des})^2} \leq 1.0$

worin: σ_{des} und τ_{des} zulässige Spannungen nach ETA (vgl. Tabelle 1)

Merkblatt Nr. 01/2021
Tragende Silikonklebstoffe im Konstruktiven Glasbau

2.3 Nachweis mittels Ersatzmodell (Federmodell)

Es haben sich Berechnungsverfahren etabliert, bei denen die Klebfugen im Rechenmodell mittels Ersatzfedern abgebildet werden. Die Berechnung mit Federmodellen ist die Voraussetzung für eine praktikable Anwendung im Bauwesen, da so der Einfluss der Klebung auf das Tragverhalten auch in Globalmodellen berücksichtigt werden kann. Das Berechnungsmodell muss ausreichend genau, handhabbar und nachvollziehbar sein. Geometrisch-nichtlineare Effekte infolge großer Verformungen (Theorie II. Ordnung) sind im Einzelfall zu berücksichtigen.

Mit Hilfe der Federmodelle kann die Spannungsverteilung in der Klebfuge unter Berücksichtigung der Fügepartner-Steifigkeiten und des globalen Tragverhaltens mit guter Genauigkeit ermittelt werden. Der Berechnungsaufwand ist deutlich geringer als mit 3D-Volumenelementen (vgl. Abschnitt 2.4), aber größer als bei den in Abschnitt 2.2 diskutierten Handrechenverfahren.

2.3.1 Allgemeines Konzept

Bei dem vorliegenden Konzept wird eine Silikonfuge mit einer Reihe von linearen Kraft-Weg-Federn modelliert, wobei Biegemomente nicht übertragen werden können. Diese Idealisierung als Gelenk kann dann als erfüllt angesehen werden, wenn das Fugenverhältnis $1 \leq h_e / e \leq 3$ eingehalten wird. Aufgrund der Diskretisierung werden die Spannungen in der Fuge gemittelt. Das skizzierte Verfahren gilt nur für kleine Verformungen, wenn also das nichtlineare Materialverhalten durch einen linear elastischen Ansatz approximiert werden kann. Die anzusetzende Zug- bzw. Schubsteifigkeit ist abhängig von der Fugengeometrie und den auftretenden Zug- und Schubverformungen. Die Klebstoffhersteller können entsprechende Daten im Einzelfall bereitstellen (i.d.R. durch Angabe eines E-Moduls E_{Fuge} und eines Schubmoduls G_{Fuge}).

Im nächsten Schritt werden dann auf Basis der material- und geometrieabhängigen (ggf. experimentell ermittelten) Zug- und Schubsteifigkeiten, E_{Fuge} und G_{Fuge}, die linearen Federsteifigkeiten berechnet:

Feder in Dickenrichtung: $\quad k_N = \dfrac{E_{Fuge} \cdot A}{e}$

Feder in Querrichtung: $\quad k_V = \dfrac{G_{Fuge} \cdot A}{e}$

mit: A = Fläche = Breite x Länge (z.B. 20 · 100 [mm])

e = Klebschichtdicke (z.B. 10 mm)

Die Fläche A bezieht sich auf die gewählte Diskretisierung mit Federn und wird im Folgenden genauer erläutert. Wenn die im Folgenden aufgeführten Spannungsnachweise eingehalten werden, dann sind auch die Verzerrungen in der Silikonfuge als gering anzusehen, so dass die Annahme einer linearen Steifigkeit gerechtfertigt ist. Das Federmodell muss auf Grundlage experimenteller Ergebnisse validiert werden.

Beispiel: Ermittlung von Federkennwerten für Bild 6 im globalen Berechnungsmodell:

Randbedingungen:

Klebfugenhöhe e $\quad$ = 12 mm

Klebfugenbreite h_e $\quad$ = 20 mm

Elastizitätsmodul des Klebstoffs in Abhängigkeit von der Fugengeometrie:

E_{Fuge} $\quad$ = 4,0 MPa

Schubmodul des Klebstoffs in Abhängigkeit von der Fugengeometrie:

G_{Fuge} $\quad$ = 0,70 MPa

Merkblatt Nr. 01/2021
Tragende Silikonklebstoffe im Konstruktiven Glasbau

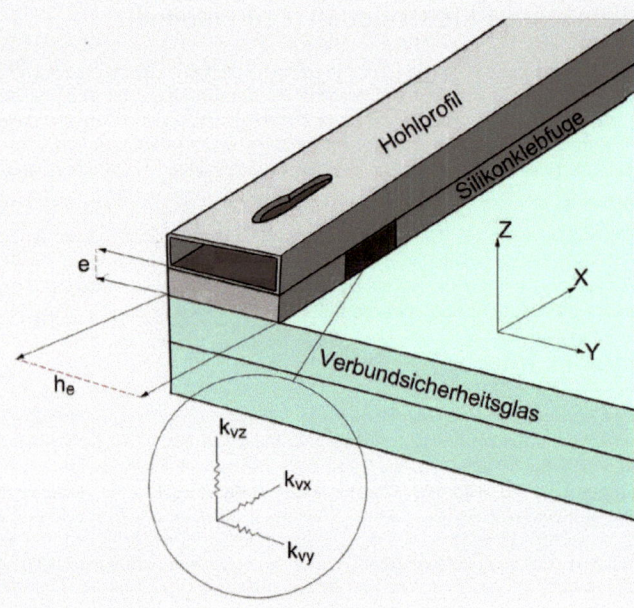

Bild 6 Federmodell einer beispielhaften Klebfuge, ©seele/Verrotec

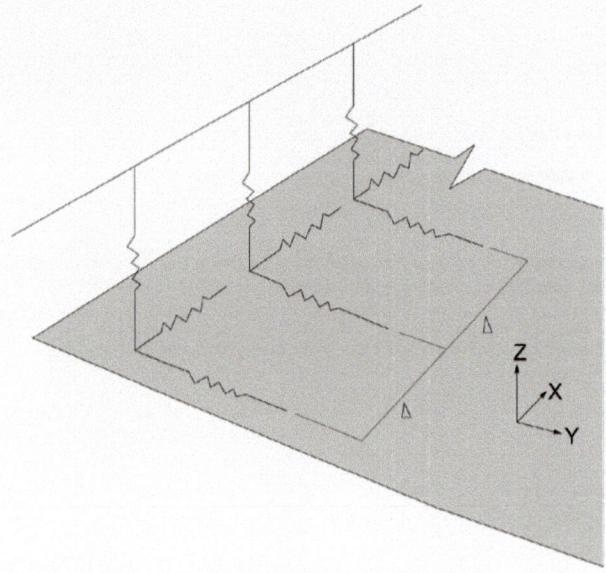

Bild 7 Abbildung der Klebfuge in der Bemessungssoftware, ©seele/Verrotec

Merkblatt Nr. 01/2021
Tragende Silikonklebstoffe im Konstruktiven Glasbau

Im gegebenen Beispiel ist das Hohlprofil als Balkenelement abgebildet (vgl. Bild 7), die Scheibe als Schalenelement und die Klebfuge ist über Federn mit dem Abstand Δ abgebildet. Der Abstand Δ zwischen den Federn entspricht der Länge zur Bestimmung der Klebfugenfläche für die Herleitung der Fugensteifigkeiten.

$$A = \Delta \cdot h_e$$

Δ ist bauteilbezogen unter Sicherstellung einer hinreichenden Konvergenz festzulegen (analog zu Konvergenzbetrachtungen bei FE-Berechnungen; für die Praxis hat sich eine Diskretisierung von 50 bis 100 mm bewährt). Konzentrieren sich in Bereichen des Modells Lasten bzw. Spannungen, empfiehlt es sich, in diesen Bereichen eine feinere Diskretisierung der Klebfuge vorzunehmen. Die Federsteifigkeiten k_N und k_V sind der entsprechenden Diskretisierung anzupassen.

Jeder einzelnen Feder sind die entsprechenden richtungsabhängigen Klebfugensteifigkeiten zuzuweisen (hier mit A = 100 x 20 = 2000 mm²):

$$k_N = \frac{E_{Fuge} \cdot A}{e} = \frac{4\,MPa \cdot 2000\,mm^2}{12\,mm} = 666{,}7\,N/mm$$

$$k_V = \frac{G_{Fuge} \cdot A}{e} = \frac{0{,}7\,MPa \cdot 2000\,mm^2}{12\,mm} = 116{,}7\,N/mm$$

Die Federsteifigkeit k_V kann sowohl in Fugenlängs- als auch in Fugenquerrichtung angesetzt werden und wird in Bild 6 mit k_{Vx} und k_{Vy} bezeichnet.

Die ermittelten Fugensteifigkeiten sind im nächsten Schritt in die Bemessungssoftware bzw. das globale Bemessungsmodell zu übergeben. Mit dem Ersatzmodell werden die einwirkungs- und steifigkeitsabhängigen Schnittkräfte in den Federn berechnet.

Die Einwirkungskombination im Grenzzustand der Tragfähigkeit nach EN 1990 liefert die faktorisierten Schnittkräfte in den Federn. Für den ETAG 002-konformen Fall sind die Schnittkräfte mit charakteristischen Lasten zu ermitteln.

<u>Einwirkungen bzw. Kräfte in den Federn (Bemessungswerte):</u>

    Zugkraft in der Feder: +N

    Druckkraft in der Feder: -N   (wird i.d.R. nicht nachgewiesen)

    Resultierende Querkraft in der Feder: $V = \sqrt{V_x^2 + V_y^2}$

Die resultierenden Kräfte in den Federn sind anschließend durch die Klebefläche zu dividieren, um auf die entsprechende Spannung zu kommen (analog zu Abschnitt 2.2).

<u>Widerstände (Bemessungswerte):</u>

Um experimentell den Bemessungswiderstand möglichst nah an der eingesetzten objektbezogenen Klebfugengeometrie zu ermitteln, muss zunächst an den bauteilähnlichen Klebfugengeometrien ein charakteristischer Bemessungswert σ_{ult} ermittelt werden. Hierzu können beispielsweise die Bruchfestigkeiten der bauteilähnlichen Klebfugengeometrien statistisch entsprechend ETAG 002 ausgewertet und so der 5 % Quantil-Wert der Festigkeit ermittelt werden. Diese so ermittelte charakteristische Bruchfestigkeit ist anschließend durch den sog. Methodenfaktor γ zu dividieren, um Unsicherheiten aus dem Berechnungsmodell, dem Alterungsverhaltens des Klebstoffes und Unsicherheiten bei der Beschreibung der Einwirkungsseite Rechnung zu tragen. Für den Methodenfaktor γ kann nach Abstimmung mit dem Klebstoffhersteller und der zuständigen Bauaufsichtsbehörde bei der Verwendung eines genaueren Berechnungsverfahrens ein Wert von 4 (bis 6) angesetzt werden.

Merkblatt Nr. 01/2021
Tragende Silikonklebstoffe im Konstruktiven Glasbau

Die experimentell ermittelte zulässige Spannung von objektbezogenen Klebfugengeometrien ergibt sich zu:

zulässige Zugspannung: $\sigma_{des}^{Exp} = \frac{\sigma_{ult}}{\gamma}$

zulässige Schubspannung: $\tau_{des}^{Exp} = \frac{\tau_{ult}}{\gamma}$

wobei σ_{ult} bzw. τ_{ult} der 5% Fraktilwert der experimentell ermittelten Bruchfestigkeit darstellt.

Oftmals dürfen objektbezogen die Bruchfestigkeiten σ_{ult} und τ_{ult} alternativ aus den in der ETA angegebenen zulässigen Spannungen ermittelt werden, indem die zulässige Spannung mit dem Methodenfaktor $\gamma = 6$ multipliziert wird. Für die in der Tabelle 1 aufgeführten Klebstoffe beträgt beispielsweise die zulässige Zugspannung σ_{des} = 0,14 N/mm², sodass für σ_{ult} folgt: σ_{ult} = 6 · σ_{des} = 0,84 N/mm².

Mit Zustimmung des Klebstoffherstellers gilt dann: σ_{des}^{Exp} = 0,84 / 4 = 0,21 N/mm² für $\gamma = 4$.

<u>Nachweise für veränderliche Einwirkungen:</u>

Nachweis Zugspannungen: $\sigma / \sigma_{des}^{Exp} \leq 1$

Nachweis Schubspannungen: $\tau / \tau_{des}^{Exp} \leq 1$

Interaktion Zug und Schub: $\sqrt{\left(\sigma / \sigma_{des}^{Exp}\right)^2 + \left(\tau / \tau_{des}^{Exp}\right)^2} \leq 1$

2.3.2 Experimentelle Ermittlung von Steifigkeiten

In der Regel können die Klebstoffhersteller die Steifigkeitswerte E_{Fuge} und G_{Fuge} für ETA-konforme Klebfugen zur Verfügung stellen. Weichen die geplanten Klebfugengeometrien von den in ETAG 002 definierten Grenzabmaßen ab oder entsprechen nicht den in den entsprechenden Zulassungen des Klebstoffs gegebenen Fugengeometrien, sind Bauteilversuche mit den projektspezifischen Klebfugengeometrien durchzuführen. Werden vom Klebstoffhersteller keine Werte für die Steifigkeiten des Klebstoffes in Abhängigkeit vom Klebfugenquerschnitt in den entsprechenden Zulassungen angegeben, sind die Fugensteifigkeiten E_{Fuge} und G_{Fuge} über Versuche zu bestimmen. Die Versuche können gleichzeitig zur Ermittlung der Festigkeiten σ_{ult} und τ_{ult} verwendet werden. Versuchsaufbau und Versuchsumfang müssen mit den Beteiligten und den Klebstoffherstellern im Einzelfall abgestimmt werden. Es ist eine projektspezifische Klebfugengeometrie mit ausreichender Länge zu prüfen. Um Randeinflüsse zu minimieren sollte die Fugenlänge l der Prüfkörper drei- bis fünfmal der Breite h_e der Klebfuge betragen.

Experimentelle Ermittlung von Zug- und Schubsteifigkeit

Zur Bestimmung des Zug-Elastizitätsmoduls E_{Fuge} sind die projektspezifischen, modifizierten H-Proben mit der zulässigen Spannung σ_{des} zu belasten. Die Zugkraft zur Bestimmung des Zug-Elastizitätsmoduls an der ETAG H-Probe ermittelt sich wie folgt:

$$F_{des} = h_e \cdot l \cdot \sigma_{des}$$

mit σ_{des} gemäß ETA (vgl. Tabelle 1), l = Fugenlänge

Die Schubkraft zur Bestimmung der Schubsteifigkeit in Fugenlängs- oder Fugenquerrichtung an der ETAG H-Probe wird wie folgt analog ermittelt:

$$V_{des} = h_e \cdot l \cdot \tau_{des}$$

mit τ_{des} gemäß ETA (vgl. Tabelle 1), l = Fugenlänge

Projektspezifische Anpassungen von F_{des} oder V_{des} können dann notwendig werden, wenn das Spannungsniveau wesentlich von den angesetzten zulässigen Spannungen abweicht. Die Belastungsgeschwindigkeit bei der Prüfung beträgt 5 mm/min gemäß ETAG 002.

Prüfumfang

Vor dem Hintergrund der statistischen Aussagekraft der Versuchsergebnisse sind je Parameter mindestens fünf Proben zu prüfen und statistisch auszuwerten.

Bestimmung des geometrieabhängigen Elastizitätsmoduls und Schubmoduls

Aus den Zugspannungs-Dehnungs-Diagrammen bzw. Scherspannungs-Gleitungs-Diagrammen kann das von der Klebfugengeometrie abhängige Elastizitätsmodul und Schubmodul (Sekantenmodul) abgeleitet werden:

$$E_{Fuge} = \frac{\sigma}{\varepsilon}$$

$$G_{Fuge} = \frac{\tau}{\gamma}$$

mit: ε = Dehnung [mm/mm]

   γ = Scherwinkel [rad/°]

Merkblatt Nr. 01/2021
Tragende Silikonklebstoffe im Konstruktiven Glasbau

2.4 Nachweis über 3D Volumenelemente nach der Finiten Element Methode

2.4.1 Allgemeines Konzept

Der Nachweis der Klebfuge mittels FE-Berechnungen kann insbesondere für Sonderlösungen objektbezogen geeignet sein. In diesem Abschnitt werden Hilfestellungen für den Nachweis von Klebfugen unter Anwendung von 3D-Volumenelementen gegeben. Der Nachweis ist komplex und sollte daher nur bei Vorliegen von ausreichender Kenntnis im Bereich der FEM umgesetzt werden. Häufig ist der Nachweis auf Basis von Handrechenverfahren (Kapitel 2.2) oder mit Federmodellen (Kapitel 2.3) ausreichend genau.

Im Folgenden werden allgemein die notwendigen Schritte zur experimentellen und numerischen Charakterisierung eines Klebstoffs offengelegt. Es ist allerdings an dieser Stelle anzumerken, dass die baupraktisch üblichen Klebstoffe (vgl. Abschnitt 2.1) bereits experimentell charakterisiert sind und validierte Materialmodelle vorliegen, sodass für diese Klebstoffe die Schritte 1-3 ausgelassen werden können.

1. Experimentelle Datenbasis des Klebstoffes in Form von technischen Spannungs-Dehnungs-Beziehungen für uniaxialen Zug, einfache Scherung oder biaxialen Zug unter quasi-statischen Randbedingungen. Für den Fall, dass eine Dreiflanken-Klebung vorliegt bzw. das nach ETAG 002 geforderte Fugenverhältnis nicht eingehalten wird, sind zusätzlich Kopfzugproben erforderlich, um das kompressible Verhalten des Klebstoffes unter hydrostatischen Spannungszuständen zu untersuchen (s. Bild 8).

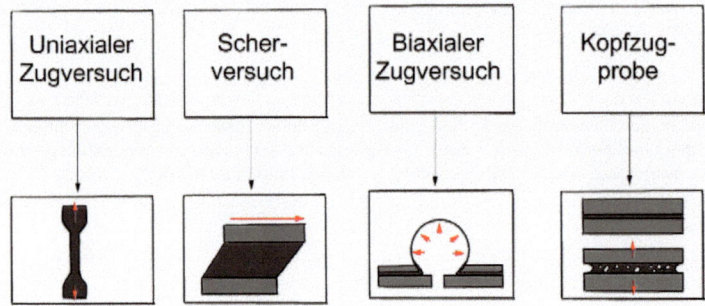

Bild 8 Darstellung notwendiger Versuche zur vollständigen Charakterisierung eines Klebstoffes, ©Verrotec

2. Auswahl eines geeigneten Stoffgesetzes (z.B. Neo-Hooke, Mooney-Rivlin2, Ogden, Extended Tube Model). Es gilt hier die Prämisse, dass pro Materialparameter ein Experiment erforderlich ist. Liegen also nur uniaxiale Zugversuchsdaten vor, wird das Neo-Hooke Materialmodell empfohlen. Für baupraktische Anwendungen ist die Unterstellung eines linear-elastischen Stoffgesetzes als hinreichend genau anzusehen, vgl. Kapitel 2.3.

3. Ermittlung der Materialparameter auf Basis der experimentellen Ergebnisse (uniaxialer Zug, uniaxialer Druck, einfache Scherung) über Regressionsanalysen. Hierbei ist darauf zu achten, dass die Materialparameter simultan für alle o.g. Versuchsergebnisse zu ermitteln sind.

4. Validierung der ermittelten Materialparameter über Nachrechnung von Kleinbauteilversuchen, welche den tatsächlichen Abmessungen der Klebfuge im Bauvorhaben entsprechen. Die Umsetzung der experimentellen Untersuchungen erfolgt entsprechend Kapitel 2.3.2.

Merkblatt Nr. 01/2021
Tragende Silikonklebstoffe im Konstruktiven Glasbau

Liegen die Ergebnisse der Schritte 1-4 vor, muss nun das Sicherheitskonzept nach ETAG 002 mit dem Nachweisverfahren über FE-Simulationen in Einklang gebracht werden. Dieser Schritt ist notwendig, da FE-Lösungen im Allgemeinen zu netzabhängigen Lösungen führen und dies unbedingt im Nachweiskonzept berücksichtigt werden muss. Daher werden im Folgenden die notwendigen Schritte anhand eines Beispiels kurz vorgestellt:

1. Festlegung einer Netzdichte für das globale statische Modell der nachzuweisenden Konstruktion (z.B. 2 x 2 x 2 [mm]) und gleichzeitige Übertragung dieses Netzes auf die ETAG H-Probe (s. Bild 9)

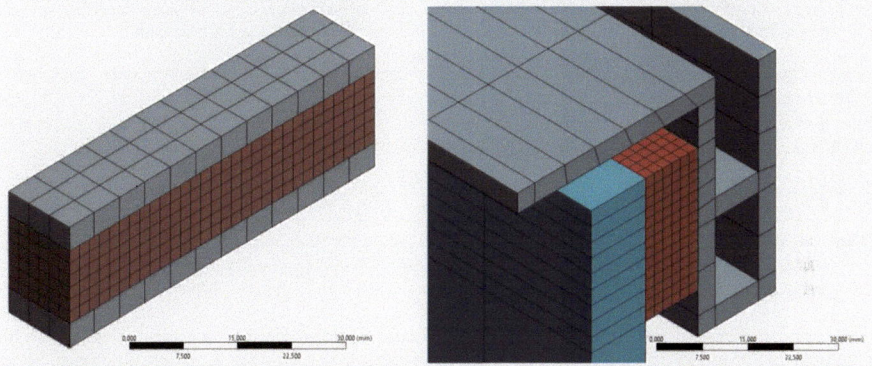

Bild 9 Identische Vernetzung der Klebung für die ETAG H-Probe (links) und die geklebte Konstruktion aus dem Globalmodell (rechts) [15]

2. FE-Simulation der ETAG H-Probe mit exakt identischem Netz aus dem Globalmodell und Beanspruchung der ETAG H-Probe mit σ_{des} bzw. F_{des}. Auswertung der wahren Spannung bzw. Dehnungen in der ETAG H-Probe. Hier ist anzumerken, dass es sich um einen zulässigen Designwert handelt, der den Effekt von Spannungssingularitäten beinhaltet. Als Beispiel wird im Folgenden für zwei unterschiedliche Netze die zulässige, wahre Designspannung $\sigma_{1,des}^{FE}$ exemplarisch dargestellt. Hierfür wurde die ETAG H-Probe mit der Design-Kraft

$$F_{des} = \sigma_{des} \cdot A = 0{,}14 \text{ MPa} \cdot 12 \text{ mm} \cdot 50 \text{ mm} = 84 \, N$$

auf Zug beansprucht. Wie aus Bild 10 deutlich wird, unterscheidet sich die zulässige, netzdichtekonforme Grenzspannung $\sigma_{1,des}^{FE}$ deutlich in Abhängigkeit des gewählten FE-Netzes.

Merkblatt Nr. 01/2021
Tragende Silikonklebstoffe im Konstruktiven Glasbau

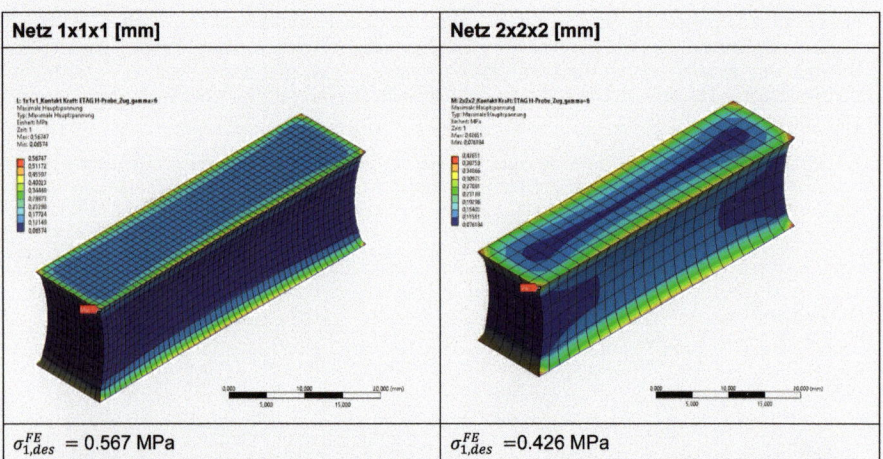

Bild 10 Auswertung der Hauptzugspannung am Beispiel der ETAG H-Probe für zwei unterschiedliche Netzfeinheiten zur Illustration des Effektes von Spannungssingularitäten (fiktive Werte)

3. Berechnung des statischen Gesamtmodells mit exakt der Netzdichte aus 1. und Auswertung der wahren Spannungen bzw. Dehnungen vergleichend mit zulässigem Designwert aus 2. In dem gewählten Beispiel liegt der Methodenfaktor bei $\gamma = 6$, wobei dieser nun auf die Finite Element Methode übertragen wurde. Der Nachweis der Klebfuge basierend auf der FEM wird wie folgt umgesetzt:

$$\sigma_{1,\text{des}} \leq \sigma_{1,\text{des}}^{\text{FE}}$$

Die Vernetzungen für die ETAG H-Probe und die Vernetzung der Klebung des Globalmodells muss zwingend identisch sein, da andernfalls der Nachweis nicht zulässig ist.

2.4.2 Experimentelle Ermittlung von Steifigkeiten

Die experimentelle Ermittlung von Steifigkeiten erfolgt analog zu Kapitel 2.3.2.

3. Qualitätsanforderungen an den Klebprozess

Die prinzipielle Eignung einer klebenden Stelle sowie die Bestätigung der Einhaltung technischer Anforderungen der Verbindung sind ausnahmslos in Form einer **Erstprüfung** durch eine anerkannte Zertifizierungsstelle zu bestätigen.

Die Herstellung von tragenden Klebverbindungen ist zur Sicherstellung einer ausreichenden und reproduzierbaren Qualität während der Ausführung zu überwachen. Dies erfolgt durch Einführung einer **werkseigenen Produktionskontrolle** (WPK) sowie durch ergänzende **Fremdüberwachung**.

Die Vorgaben der Überwachungsmaßnahmen basieren auf den Anforderungen nach ETAG 002 sowie dem aktuellen Stand der Technik aus erfolgreich umgesetzten Projekten. Ergänzend hierzu sind in DIN 2304-1 [5] Anforderungen für die qualitätsgerechte Ausführung von lastübertragenden Klebverbindungen entlang der Prozesskette Kleben – von der Entwicklung über die Fertigung bis zur Instandhaltung – zusammengestellt. Für den konstruktiven Glasbau können diese Inhalte hilfreich zur Beherrschung des Klebprozesses sein und sollten, wo es sinnvoll ist, berücksichtigt werden.

Hinweis: Für den konstruktiven Glasbau wird derzeit die ETAG 002 als technische Grundlage für SG-Konstruktionen zugrunde gelegt.

Die DIN 2304-1 sowie die derzeit verfügbaren Spezifikationen der Reihe DIN SPEC 2305 sind im konstruktiven Glasbau nicht verpflichtend. Sie können als Hilfestellung für den Anwender gesehen und daher in einem angemessenen Rahmen berücksichtigt werden. Der Anwender erhält darin u.a. Hinweise zur Einstufung sicherheitsrelevanter Klebungen, zur klebgerechten Fertigungsumgebung und zur klebtechnischen Personalqualifizierung. Darüber hinaus werden Hinweise zur Erstellung einer klebtechnischen Arbeitsanweisung gegeben.

Die Überprüfung der Qualität der Herstellung der Klebverbindung erfolgt an der Produktionsstelle, an der die Klebung ausgeführt wird („klebende Stelle", Klebbetrieb) durch

- werkseigene Produktionskontrolle und
- eine regelmäßige Fremdüberwachung durch eine bauaufsichtlich anerkannte Überwachungsstelle.

3.1 Überwachung der Herstellung

3.1.1 Anforderungen an den Klebbetrieb

- **Fertigungsumgebung in einem Klebbetrieb [5]**

Für die qualitätsgesicherte Durchführung der Klebungen müssen Fertigungsbereiche zur Verfügung stehen, die für die Klebsysteme hinsichtlich Technik, Arbeitssicherheit und Umweltschutz geeignet sind. Dazu gehört insbesondere die Sicherstellung der notwendigen Umgebungsbedingungen, wie z.B. Temperatur, Luftfeuchte, Beleuchtung, Sauberkeit, Zugangsbeschränkung, Vermeidung von haftungs-/benetzungsstörenden Substanzen, Luftkontaminationen, Luftzug.

Es müssen Lagerbereiche für Fügeteile, Kleb- und Klebhilfsstoffe zur Verfügung stehen, die eine anforderungsgerechte Lagerung erlauben.

Zur Lagerung von Gefahrstoffen (z.B. Primer) müssen Lagerbereiche vorhanden sein, die den jeweils gültigen Vorschriften entsprechen.

Die Klebbereiche müssen festgelegt sein.

- **Personalqualifizierung**

Der Klebbetrieb muss über ausreichendes und qualifiziertes Personal für die Planung, Ausführung und Überwachung der klebtechnischen Fertigung (Gesamtklebprozess) entsprechend der vorgeschriebenen Anforderungen verfügen.

Merkblatt Nr. 01/2021
Tragende Silikonklebstoffe im Konstruktiven Glasbau

Dabei muss der Klebbetrieb über Personal verfügen, welches das klebtechnische Personal in die entsprechenden Tätigkeiten einweisen und die Ausführung überwachen und prüfen kann. Gleichzeitig muss er über qualifiziertes und unterwiesenes Personal verfügen, das die vorgesehenen Klebverbindungen selbstständig und fachgerecht nach den entsprechenden Arbeitsanweisungen ausführen kann.

In der DIN SPEC 2305-3 [16] werden die personellen Anforderungen entsprechend DIN 2304-1 [5] für Klebungen der Sicherheitsklassen S1 bis S3 umfassend beschrieben und die hierfür benötigten fachlichen Qualifikationen sowie die Aufgaben des Personals erläutert.

Klebbetriebe aus dem konstruktiven Glasbau finden hier wertvolle Hinweise über die Inhalte einer klebtechnischen Aus- und Weiterbildung für das einweisende und ausführende Personal. Geeignete Qualifizierungen zur Verbesserung der Klebergebnisse sind u.a. ein Sachkundenachweis, die Qualifikation der Mitarbeiter (nach [16]) und ein regelmäßiges Training oder Schulungen der Mitarbeiter.

Eine adäquate Personalqualifizierung wird für den Klebbetrieb im konstruktiven Glasbau empfohlen.

- **Arbeitsanweisung nach DIN 2304-1 [5]**

Arbeitsanweisungen sichern den reibungslosen und gleichbleibenden Arbeitsablauf in der Fertigung und sind für die Qualität des Produktes entscheidend. Eine sorgfältige Beschreibung der klebtechnischen Arbeitsabläufe ist daher notwendig. Die Klebstoffhersteller unterstützen bei der Erstellung und stellen entsprechend für ihre Produkte spezifische Dokumente zur Verfügung.

Die folgende inhaltliche Beschreibung der Fertigungsunterlagen ist als Auflistung der Vielzahl an möglichen Inhalten zu verstehen und ist weder vollständig noch muss sie in dieser Form zutreffen. Die Liste soll primär die Erstellung der Fertigungsunterlagen erleichtern.

Arbeitsanweisungen basieren auf folgenden Dokumenten:

- Normen, Richtlinien, Merkblätter
- klebtechnische Planungsunterlagen (Zeichnungen, Stücklisten, Nachweisführungen, Klebplan)
- Produktspezifische Informationen (z.B. Technische Datenblätter, Sicherheitsdatenblätter, weitere Produktinformationen)
- branchenspezifische Informationen

Die Arbeitsanweisungen sollten folgende Punkte umfassen:

- Revisionsstand, Datum
- Kleb-, Dicht- und Hilfsstoffe (Material und Lieferform)
- spezielle Werkzeuge und Vorrichtungen
- betriebliche Voraussetzungen (z.B. an die Qualifikation des Personals, an die Umgebungsbedingungen wie Temperatur, Feuchte, Licht)
- detaillierte Prozessbeschreibung, für z.B.:
  - Prüfung der Kleb- und Klebhilfsstoffe (Identität, benötigte Menge(n), Haltbarkeit, Haltbarkeit von bereits geöffneten Gebinden, Gebindebeschädigungen, offensichtliche Abweichungen von Farbe/Konsistenz)
  - Prüfung der Fügeteile (Identität, Beschädigung(en), Passgenauigkeit, Zustand der Fügeteiloberflächen, benötigte Mengen)
  - Akklimatisierung von Fügeteilen, Klebstoffen, Primern und weiterer Betriebsmittel an geeignetem Ort unter geeigneten Umgebungsbedingungen
  - Reinigung (Reinigungsmittel, Reinigungshilfsmittel, Ablüftzeiten, Badüberwachung, Rekontaminationsvermeidung)

- Oberflächenvorbehandlung (Verfahrensbeschreibung, -parameter, ggf. Überprüfung des Effekts, Maßnahmen zur Vermeidung von Re-Kontamination, Festlegung des min./max. Zeitintervalls bis zum Kleben)
- Klebstoffaufbereitung (Dosierung, Mischungsverhältnis, Mischungstoleranzen, Durchmischungsgrad)
- Klebstoffapplikation (Hilfsmittel, Menge, Auftragsform, Benetzung, Visualisierung)
- Fügen (Klebschichtdicken, Klebschichtbreiten, Anpressdruck, Benetzung)
- Fixieren (Vorrichtungen, Drücke, Dauer)
- Aushärtung (Dauer, Temperatur, weitere spezifische Parameter)

Sinnvoll sind darüber hinaus folgende Angaben:

- Hinweise zur Qualitätssicherung, Prozesskontrolle
- Fehlerkorrektur
- Vorgabe einer Fertigungsdokumentation (Rückverfolgbarkeit)
- Arbeitssicherheit und Umweltschutz, Entsorgung

3.1.2 Werkseigene Produktionskontrolle (WPK)

Die „klebende Stelle" / Klebbetrieb hat eine werkseigene Produktionskontrolle (WPK) nach den Vorgaben der zuständigen Überwachungsstelle einzurichten.

Für jeden Objektauftrag ist eine Objektmappe mit folgendem Inhalt anzulegen (eine objektbezogene Abstimmung über den konkreten Inhalt ist immer erforderlich):

- objektbezogene Daten über Menge, Abmessungen, konstruktive Aufbauten, Darstellung der Klebung
- objektbezogene Mitteilung des Klebstoffherstellers über Anwendung von Reinigung und Primer für die eingesetzten Oberflächen
- alle erforderlichen Werkszeugnisse 2.2 nach DIN EN 10204 [17] für die Oberflächenbehandlungen der metallischen Profile
- alle objektbezogenen Produktnachweise der zur Verwendung kommenden Glasbauteile
- die arbeitstäglichen Protokolle der werkseigenen Produktionskontrolle
- die Ergebnisse der Haftprüfungen und Bruchbilder von Proben Typ A
- die Ergebnisse der Zugfestigkeiten und der Bruchbilder von Proben Typ B
- das Ergebnis der Überwachungsstelle von den zusätzlich hergestellten Proben je Objekt entsprechend den Festlegungen im Überwachungsvertrag
- Besonderheiten während der Fertigung
- Positionierung jedes einzelnen SG-Elementes oder von SG-Element-Chargen im Bauvorhaben

Die Ergebnisse aller Prüfungen sind im Protokoll der werkseigenen Produktionskontrolle einzutragen. Die Richtlinien der Klebstoffhersteller sind zu beachten.

Merkblatt Nr. 01/2021
Tragende Silikonklebstoffe im Konstruktiven Glasbau

Arbeitstägliche Prüfungen des Klebstoffes

Arbeitstäglich sind folgende Prüfungen des Klebstoffes durchzuführen:

1. 1-K-Systeme: Hautbildungszeit / Elastomertest
2. 2-K-Systeme: Überprüfung der Homogenität oder Streifenfreiheit der Klebstoffmischung durch den „Schmetterlingstest". Ist die Bewertung nicht eindeutig, ist die Prüfung mit zwei Glasplatten zu wiederholen.
3. 2-K-Systeme: Überprüfung der Topfzeit bzw. des Mischungsverhältnisses
4. Die Überprüfung der Shore-A-Härte wird an der Probe der Haftprüfung nach einer Aushärtungszeit von 24 Stunden (bei 2-K-Systemen) mit einem Shore-Härte-Messgerät mit Schleppzeiger gemessen. Der vom Klebstoffhersteller vorgegebene Mindestwert muss nach 24 Stunden erreicht werden. Bei 1-K-Systemen beträgt die Aushärtungszeit i.d.R. länger (Herstellerangaben beachten).

Arbeitstägliche Haftprüfungen von Proben Typ A in Anlehnung an ETAG 002 (Peel-Test)

Die Haftprüfungen von Proben Typ A sind festgelegt in der jeweiligen ETA-Zulassung sowie in den Richtlinien der Klebstoffhersteller und dienen zur Beurteilung der Haftung des Klebstoffes zu den Substraten Glas und Aluminium bzw. Edelstahl im Rahmen der werkseigenen Produktionskontrolle.

Probekörper-Herstellung:

An jedem Produktionstag werden (gemäß Zulassungs- oder Genehmigungsvorgaben) bspw. 1-3 Proben auf Glas und 1-3 Proben auf metallischer Unterkonstruktion hergestellt: z.B. zu Produktionsbeginn, während der Produktion und am Produktionsende. Darüber hinaus sind bei jedem Chargenwechsel und nach längeren Arbeitsunterbrechungen zusätzliche Proben zu erstellen.

Die Peel-Proben sind mit serienäquivalentem Material bzw. Material gemäß Bauausführung zu fertigen.

Die zu prüfenden Oberflächen werden entsprechend der ETA oder gemäß Herstellernachweis hinsichtlich geeigneter Vorbehandlung vorbehandelt. Im Abstand von 200 mm wird eine Trennfolie zur Abgrenzung des Prüfbereiches aufgebracht. Der Klebstoff wird als Raupe von ca. 6 mm Höhe, 25 mm Breite und 250 mm Länge appliziert (vgl. Bild 11). Es ist mind. eine Raupe zu applizieren. Die Aushärtung muss in Übereinstimmung mit den für den Klebstoff festgelegten Bedingungen entsprechend den Prozessbedingungen der Originalteile erfolgen. Nach einer mit dem Hersteller abzustimmenden Aushärtezeit, i.a. 72 Stunden, erfolgt die Prüfung. Zur Prüfung der Klebung wird die Raupe im nichthaftenden Bereich gefasst und in einem Winkel von ca. 180° abgezogen. Die Schälkraft muss erhöht werden, bis sich ein Riss ausbreitet. Wenn sich der Bruch im Klebstoff ausbreitet, muss die Raupe während des Schälprozesses fortlaufend neu eingeschnitten werden. Diese Einschnitte müssen im spitzen Winkel zwischen Raupe und Fügeteiloberfläche bis zur Klebfläche weiterverlaufen. Zwischen jedem Einschnitt sollte eine Zeitspanne von etwa 3s liegen, während der das Material weiterer Dehnung ausgesetzt wird.

Für die Bewertung müssen die Bruchbilder der geschälten Raupen beurteilt werden. Die Bruchbilder müssen nach ISO10365 bewertet werden. Da sich ein Bruch auch in den Beschichtungen oder, bei mehrschichtigem Aufbau des Fügeteils (Anstrichstoff, Primer, usw.), an ihren Grenzflächen ausbreiten kann, muss dies bei der Bewertung unterschieden werden. Die Prüfung ist bestanden, wenn ein 100% kohäsives Versagen im Klebstoff vorliegt. Ein Versagen innerhalb einer Primerschicht oder sonstigen Beschichtung sowie ein adhäsives Versagen ist nicht zulässig (vgl. Bild 12).

Merkblatt Nr. 01/2021
Tragende Silikonklebstoffe im Konstruktiven Glasbau

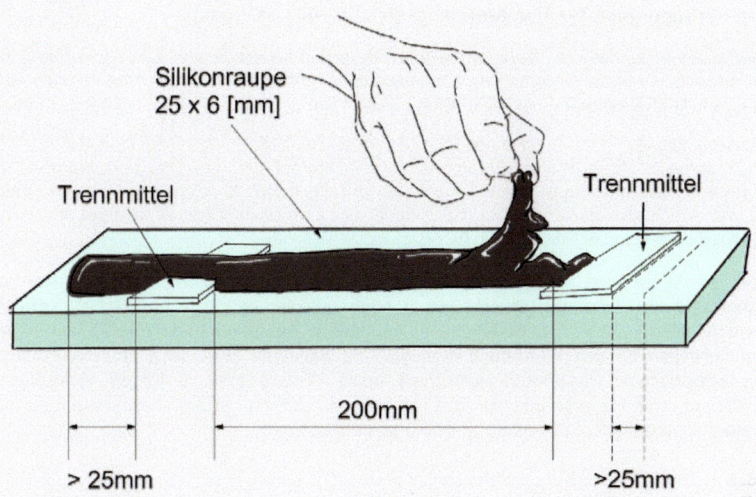

Bild 11 Peel-Test (Typ A), Beispiel für Kohäsionsbruch im Klebstoff (Bewertung positiv) [1], ©Verrotec

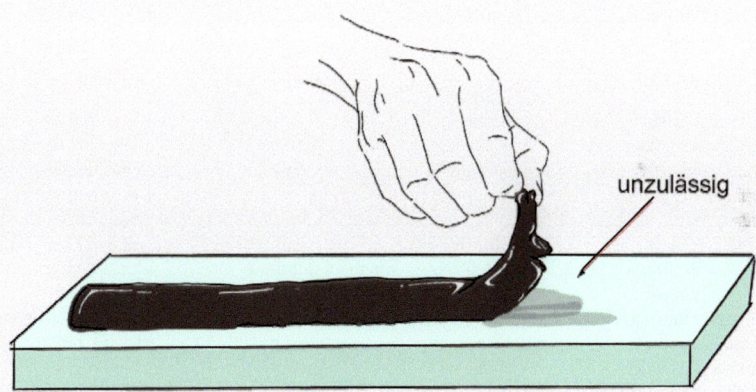

Bild 12 Peel-Test (Typ A), Beispiel Adhäsionsverlust des Klebstoffes vom Substrat (Bewertung negativ) [1], ©Verrotec

Entsprechend den Vereinbarungen mit den Zulassungs- bzw. Genehmigungsinhabern muss (je nach Vertragsgegenstand) die „planende" oder „klebende Stelle" beim Metallbauer bei Auftragserteilung Kurzstücke in vorgegebener Länge vom Originalprofil mit der festgelegten Oberflächenbehandlung und in der entsprechenden Stückzahl für die Herstellung der Proben vom Typ A anfordern.

Gleiches gilt für Glas. Wenn es sich zum Beispiel um beschichtetes Glas handelt, das im Bereich der Klebung nicht randentschichtet wird (z. B. Sonnenschutzglas oder emaillebeschichtetes Glas), ist das identische Produkt als Substrat zu verwenden.

Merkblatt Nr. 01/2021
Tragende Silikonklebstoffe im Konstruktiven Glasbau

Herstellung von Zugproben Typ B in Anlehnung an ETAG 002 (H-Probe)

Die Geometrie des Probekörpers Typ B ist beispielhaft in Bild 13 dargestellt. Die Probekörper sind unter gleichen Bedingungen wie die Fertigung der Originalteile herzustellen. Probekörpergeometrien sind mit der Überwachungsstelle abzustimmen und dürfen sich von den hier dargestellten Probekörpern unterscheiden.

Probekörper-Herstellung:

An jedem Produktionstag werden drei H-Proben hergestellt: bspw. zu Produktionsbeginn, während der Produktion und am Produktionsende. Darüber hinaus sind bei jedem Chargenwechsel und bei längeren Arbeitsunterbrechungen zusätzliche Proben zu erstellen.

Die Qualität der Proben ist maßgeblich entscheidend für das Ergebnis. Daher ist eine geeignete Fügevorrichtung für die Probenherstellung zu verwenden, um eine definierte Klebfläche zu erreichen. Der Klebstoff wird auf die gemäß ETA vorbehandelten Oberflächen appliziert und die Proben werden gefügt. Die Aushärtung muss den für den Klebstoff festgelegten Bedingungen sowie den Prozessbedingungen der Originalteile entsprechen. Die Proben sind nach mind. 1 und max. 3 Tagen vorsichtig aus den Fügevorrichtungen zu entnehmen und bis zur Prüfung entsprechend der o.g. Bedingungen zu lagern. Die Klebstoffhersteller geben hierzu eine umfassende Unterstützung.

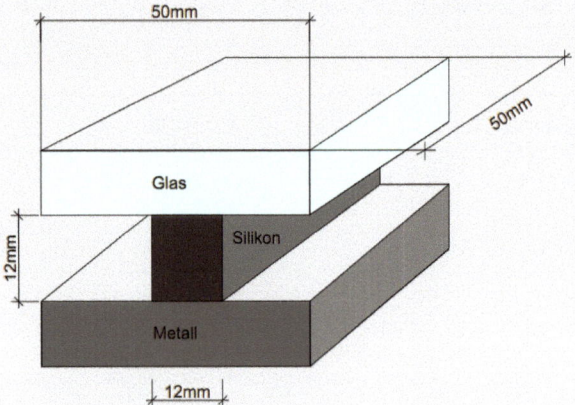

Bild 13 Beispiel für eine Probe Typ B, Klebfugenabmessung h x e x l = 12 x 12 x 50 [mm] , ©Verrotec

Die „planende" oder „klebende Stelle" (je nach Vertragsgegenstand) kann beim Metallbauer Kurzstücke in vorgegebener Länge aus dem gleichen Material und mit der festgelegten Oberflächenbehandlung wie im Objekt für die Herstellung der Proben Typ B anfordern. Alternativ können die H-Proben mit nicht serienäquivalentem Glas oder Metall gefertigt werden (Begründung: Serienmaterial nicht zwingend erforderlich, da hier Kohäsionsfestigkeit des Klebstoffs geprüft wird, nicht Adhäsionsfestigkeit.).

Zur Prüfung wird die Probe in einer geeigneten Prüfvorrichtung unter Zugbelastung bis zum Versagen geprüft. Die Zugkraft in N ist dabei zu messen und zu dokumentieren. Das Ergebnis muss mindestens einer Mindestzugkraft, die vom Klebstoffhersteller vorgegeben wird, entsprechen. Das Bruchbild muss nach ISO 10365 [18] bewertet werden. Da sich ein Bruch auch in den Beschichtungen oder, bei mehrschichtigem Aufbau des Fügeteils (Anstrichstoff, Primer, usw.), an ihren Grenzflächen ausbreiten kann, muss dies bei der Bewertung unterschieden werden. Die Prüfung ist bestanden, wenn mehr als 90% Kohäsionsbruch (CF)-Anteil im Klebstoff und weniger als 10% Adhäsionsbruch (AF) in Form des Ablösens des Klebstoffes von der Kontaktfläche erreicht wurde.

Tabelle 2 Übersicht der erforderlichen Proben Typ A und Typ B und ergebnisbezogene Handlungsempfehlung

Probentyp	A	B
Häufigkeit der Probenfertigung abhängig von Zulassungs-/ Genehmigungsunterlagen	ein- bis dreimal täglich zu mind. zwei unterschiedlichen Zeitpunkten jeweils 1 Raupe auf Substrat 1 1 Raupe auf Substrat 2 d.h. pro Tag i.d.R. 2 - 6 Probekörper	bevorzugt zu mind. zwei unterschiedlichen Zeitpunkten pro Tag jeweils 3 H-Proben d.h. pro Tag i.d.R. mind. 3 Probekörper
Anfertigung der Proben zu folgenden Zeitpunkten	• Schichtanfang/ Produktionsanfang • Schichtende/ Produktionsende • Neue Charge (zwingend) • Längere Produktionsunterbrechung (zwingend)	
Kriterium zum Bestehen der Prüfung, abweichend zur ETAG002	100% kohäsiv (CF) im Klebstoff	Zugkraft bis zum Bruch > als Mindestkraft nach Vorgabe des Klebstoffherstellers Versagen mind. 90% kohäsiv (CF) im Klebstoff
Vorgehen bei nicht bestandenem Prüfergebnis	Fehlersuche*, Protokollierung und Maßnahmeneinleitung	Fehlersuche*, Protokollierung und Maßnahmeneinleitung
Vorgehen bei unklarem Ergebnis der Fehlersuche oder gefundenem Fehler mit Auswirkung auf die Produktion	• Produktionsstopp • Vollständige Überprüfung des Fertigungsprozesses • Deglazing der betroffenen Elemente	

* Bei der Fehlersuche ist der komplette Klebprozess zu prüfen, z.B. Anlagentechnik, ggf. Mischprozess, Umgebungsbedingungen, Reinigungs- und Vorbehandlungsprozess, Klebstoffapplikation etc.

Merkblatt Nr. 01/2021
Tragende Silikonklebstoffe im Konstruktiven Glasbau

Mögliche Fehler als Ursache einer nicht bestandenen Prüfung können sein (u.a.):

- für Klebarbeiten ungeeignete Fertigungsräume (Temperatur, Feuchte, etc.)
- Oberflächenverunreinigung durch Fette, Öle, feste Stoffe (Stäube)
- Feuchtigkeitskondensation durch Temperaturunterschiede
- Rückstände von Schutzpapieren bzw. -folien
- inhomogene Klebstoffmischung, falsches Mischungsverhältnis der beiden Komponenten oder falsche Härterkonzentration
- Verwendung von Reaktionsklebstoffen mit überschrittener Topfzeit
- zu spätes Ausschalen der Probekörper

Überprüfung der Lunkerfreiheit

Durch Sichtprüfung sind alle herzustellenden SG-Elemente auf Lunker- oder Blasenfreiheit in der Klebfuge zu überprüfen und zu dokumentieren. Diese Überprüfung kann beim Herstellen der Klebstofffuge direkt vorgenommen werden, bei erkannten Fehlstellen ist dann sofort nachzuarbeiten.

Archivierung von Proben der qualitätssichernden Maßnahmen

Es wird empfohlen, die Proben von Typ A und B über die Dauer der Gewährleistung der Fassade bzw. der geklebten Fassadenelemente rückverfolgbar einzulagern. Die Dauer der Archivierung sollte einen Zeitraum von mindestens 5 Jahren umfassen.

3.1.3 Fremdüberwachung

Die technischen Dokumente der relevanten Bauprodukte bzw. Bauarten (z.B. ETA, AbZ, AbG) enthalten Vorgaben zur Durchführung der Eigen- und Fremdüberwachung. Im Folgenden wird eine Auswahl üblicher Anforderungen formuliert. Es wird darauf hingewiesen, dass die Anforderungen der entsprechenden technischen Dokumente der verwendeten Produkte und Bauarten bindend sind und von der folgenden Zusammenfassung abweichen können.

In einer **Erstprüfung** klärt die Überwachungs-/Zertifizierungsstelle, ob die technischen und personellen Voraussetzungen für eine ordnungsgemäße Herstellung von SG-Elementen nach den Vorgaben der Zulassung/Genehmigung/Vorgaben des Klebstoffherstellers gegeben sind und das Produkt die technischen Anforderungen erfüllt.

Die Überprüfung der werkseigenen Produktionskontrolle wird durch eine bauaufsichtlich anerkannte Überwachungsstelle durchgeführt und beinhaltet folgende Prüfungen:

- Überprüfung der Eigenüberwachung (WPK) inkl. Dokumentation
- Überprüfung der Produktionsbedingungen für die Herstellung der Klebefugen
- Überprüfung der Messgeräte
- Überwachung der Ausführung
- Überwachung der Versuchsdurchführung der Proben Typ A (Haftprüfung) und Typ B (Zugprüfung) im Rahmen der WPK
- Probekörperentnahme und Versuchsdurchführung der Proben Typ A (Haftprüfung) und Typ B (Zugprüfung) durch die fremdüberwachende Stelle.

    Ergänzend zu den Produktprüfungen im Rahmen der WPK erfolgen Prüfungen von Proben Typ A und Typ B durch die Überwachungsstelle.

    Die fremdüberwachende Stelle entnimmt stichprobenartig Proben aus den produktionsbegleitend hergestellten Prüfkörpern aus Tabelle 2. Die Anzahl der Proben für die Fremdüberwachung sind von der zuständigen Überwachungsstelle festzulegen.

Die Kontrolle der Abstellung etwaiger Mängel ist im Einzelfall mit der Überwachungsstelle zu vereinbaren.

3.2 Überwachung der Montage

Im Einzelfall ist die Montage durch eine fremdüberwachende Stelle mit folgenden Zielen zu überwachen:

- Vermeidung von unplanmäßigen Zwängungen
- Einhaltung der konstruktiven Vorgaben

Die zeitliche Abfolge der Durchführung der Überwachungsarbeiten wird durch die fremdüberwachende Stelle objektbezogen festgelegt. Sie hat mindestens zu Beginn der Montagearbeiten zu erfolgen und ist für jedes System umzusetzen.

Die Überwachungsarbeiten sind zu dokumentieren.

4. Monitoring und Wartung

Inspektionen an eingebauten Klebfugen dienen dazu, Veränderungen an der tragenden Verbindung rechtzeitig zu erkennen und geeignete Maßnahmen einzuleiten. Die Klebfugen werden hierzu in Sicherheitsklasse in Anlehnung an DIN 2304-1 [5] eingeteilt.

Tabelle 3 Sicherheitsklassen in Anlehnung an DIN 2304-1 [5]

Schadens-folgeklasse	Sicherheits-anforderung	Beispiele
S1	hoch	Das Versagen der Klebverbindung - führt mittel- oder unmittelbar zu einer unabwendbaren Gefahr für Leib und Leben - führt zu einem Ausfall der Funktionalität, deren Auswirkungen höchstwahrscheinlich zu einer unabwendbaren Gefahr für Leib und Leben führen
S2	mittel	Das Versagen der Klebverbindung - kann zu einer Gefahr für Leib und Leben führen - führt zu einem Ausfall der Funktionalität, deren Auswirkungen wahrscheinlich mit Schäden gegenüber Personen oder großen Umweltschäden verbunden sind - führt zu einem Ausfall der Funktionalität, deren Auswirkungen höchstwahrscheinlich mit weitreichenden Vermögensschäden verbunden sind
S3	gering	Das Versagen der Klebverbindung - führt zu einem Ausfall der Funktionalität, deren Auswirkungen wahrscheinlich nicht mit Schäden gegenüber Personen oder großen Schäden an der Umwelt verbunden sind - führt zu einem Ausfall der Funktionalität, deren Auswirkungen maximal mit Komfort- oder Leistungseinbußen verbunden sind - führt zu einem Ausfall der Funktionalität, deren Auswirkungen wahrscheinlich nicht mit größeren Vermögensschäden verbunden sind
S4	keine	Das Versagen der Klebverbindung - führt zu einem Ausfall der Funktionalität, bei deren Auswirkungen unter vorhersehbaren Bedingungen nicht mit Schäden gegenüber Personen oder Umwelt verbunden sind - führt zu einem Ausfall der Funktionalität, deren Auswirkungen ausschließlich mit Komfort- oder Leistungseinbußen verbunden sind - führt zu einem Ausfall der Funktionalität, deren Auswirkungen nicht mit größeren Vermögensschäden verbunden sind

Erfahrungen zeigen, dass sich die Dauerhaftigkeit von Klebfugen in der Regel bereits in den ersten zwei Jahren nach Herstellung prognostizieren lässt. Dies ist darauf zurückzuführen, dass i.A. fehlende Dauerhaftigkeitseigenschaften auf fehlerhafte Herstellung zurückzuführen sind und dies bei sorgfältiger Überwachungstätigkeit frühzeitig erkennbar ist.

Klebfugen sind in Abhängigkeit von der Sicherheitsklasse über die gesamte Nutzungsdauer und in der in Tabelle 4 angegebenen Frequenz, ggf. durch Hinzuziehen einer externen Überwachungsstelle, zu inspizieren. Aufgrund der Gewährleistung führen einige Hersteller eine eigene Überwachung durch, so dass eine Fremdüberwachung ggf. nur ergänzend (z.B. als Kontrolle oder nach Gewährleistungsfrist) oder eventuell gar nicht notwendig ist.

Tabelle 4 Vorschläge über Fremdüberwachungsfrequenz entsprechend der Sicherheitsklassen

Schadensfolgeklasse	Überwachungsfrequenz	Fremdüberwachung erforderlich?
S1	häufig (zu Beginn einmal im Jahr, danach abstufend)	Ja, in Abstimmung mit Behörde und Überwachungsstelle
S2	regelmäßig (zu Beginn einmal im Jahr, danach abstufend)	Ja, in Abstimmung mit Behörde und Überwachungsstelle
S3 / S4	keine	Nein

Die Verantwortlichkeit über die Durchführung der Überwachungsmaßnahmen ist vertraglich zu regeln (in der Regel Bauherr oder Betreiberfirma). Die ordnungsgemäße Durchführung der Inspektion kann über Wartungsverträge geregelt werden.

Zur Überwachung der Klebfuge können begleitende visuelle Prüfungen oder zerstörungsfreie Prüfverfahren verwendet werden.

Visuelle Prüfung der Klebfugen

- Erkennen von Delaminationen mithilfe von geeigneten Lichtquellen
- optische Kontrolle der Klebfugen und des SZR bei Isolierglasscheiben; Wassereintritt oder Kondenswasser-Bildung können auf Undichtigkeiten und Alterung des Randverbundes oder der Verklebung hinweisen

Zerstörungsfreie Prüfverfahren zur Ermittlung mechanischer Werte

- Einbau von Messfühlern oder Wegaufnehmern an geeigneten Stellen und computergestützte Auslesung, anschließende Auswertung

5. Reinigung

Um Klebfugen nicht durch Reinigungsmaßnahmen zu schaden, sind für alle Bereiche mit angrenzenden SG-Fugen in Abstimmung mit dem Klebstoffhersteller Neutralreiniger oder Reinigungsmittel mit einer Tensidkonzentration von maximal 1-2% zu verwenden (pH-Wert ca. 7). Tenside müssen im Anschluss an die Reinigungsmaßnahmen mit Wasser entfernt werden. Feuchtigkeitsstau ist zu vermeiden.

Merkblatt Nr. 01/2021
Tragende Silikonklebstoffe im Konstruktiven Glasbau

6. Literatur

[1] ETAG 002, "Guideline for European Technical Approval for Structural SealantGlazing Kits," *European Organisation for Technical Approvals*. 2012.

[2] ETAG 002-2, "Leitlinie für die Europäische Technische Zulassung für geklebte Glaskonstruktionen (SSGS) - Teil 2: Beschichtete Aluminium-Systeme (ETAG 002)," 2002.

[3] DIN EN 13022, "Glas im Bauwesen – Geklebte Verglasungen, Teil 1 und 2."

[4] DIN EN 15434, "Glas im Bauwesen – Produktnorm für lastübertragende und/oder UV-beständige Dichtstoffe (für geklebte Verglasungen und/oder Isolierverglasungen mit exponierten Dichtungen)."

[5] DIN 2304-1, "Klebtechnik - Qualitätsanforderungen an Klebprozesse - Teil 1: Prozesskette Kleben," 2020.

[6] ETA-01/0005, "Sealant used in structural sealant glazing systems to bond glass onto metal, DC993 and DC895," 2012.

[7] ETA-03/0038, "Klebstoff zur Verwendung in geklebten Glaskonstruktionen, Sikasil SG500," 2014.

[8] ETA 08/0286, "Structural sealant for use in structural sealant glazing systems, Ködiglaze S, Kömmerling Chemische Fabrik GmbH," 2013.

[9] M. Drass, "Constitutive Modelling and Failure Prediction of Silicone Adhesives in Facade Design," Technische Universität Darmstadt, 2019.

[10] G. Habenicht and T. Kleben–Grundlagen, "Anwendungen, 6., aktualisierte Auflage." Springer-Verlag, Berlin, 2009.

[11] GKFP e.V, "Technischer Anhang zur RAL-GZ 716: Güte- und Prüfbestimmungen für Komponenten und Verfahren," Bonn, 2020.

[12] ift Rosenheim, "ift-Richtlinie DI-01/1 – Verwendbarkeit von Dichtstoffen," 2008.

[13] ift Rosenheim, "ift-Richtlinie DI-02/1 – Verwendbarkeit von Dichtstoffen, Teil 2," 2009.

[14] DIN EN ISO 527-1, "Kunststoffe - Bestimmung der Zugeigenschaften - Teil 1: Allgemeine Grundsätze," 2019.

[15] M. Drass and M. A. Kraus, "Semi-probabilistische Bemessung von Silikon-Klebverbindungen: Ein Eurocode-konformer Ansatz unter Verwendung der Finiten-Element-Methode," *Bauingenieur*, 2021.

[16] DIN SPEC 2305-3, "Klebtechnik - Qualitätsanforderungen an Klebprozesse - Teil 3: Anforderungen an das klebtechnische Personal," 2019.

[17] DIN EN 10204:2005-01, "Metallische Erzeugnisse - Arten von Prüfbescheinigungen," 2005.

[18] DIN EN ISO 10365, "Klebstoffe - Bezeichnung der wichtigsten Bruchbilder," 1995.

Diese Richtlinie wurde erarbeitet vom Arbeitskreis Kleben des Fachverbands Konstruktiver Glasbau e.V.

Dabei mitgewirkt haben:

The DOW Chemical Company, Edgetech Europe GmbH, Josef Gartner GmbH, HafenCity Universität Hamburg, ILEK Universität Stuttgart, Kömmerling Chemische Fabrik GmbH, Labor für Stahl- und Leichtmetallbau Hochschule München, Institut für Stahlbau RWTH Aachen University, seele GmbH, Sika Services AG, Institut für Füge- und Schweißtechnik Technische Universität Braunschweig, ISMD/MPA-IfW Technische Universität Darmstadt, Verrotec GmbH

Autorenregister

Baitinger, Mascha 41, 89, 159
Baudone, Tommaso 41
Bernhardt, Ricardo 27
Brepols, Tim 109

Euchler, Eric 27

Feldmann, Markus 109
Fildhuth, Thiemo 1
Flügge, Wilko 63
Fröck, Linda 63

Ganß, Martin 41
Giese-Hinz, Johannes 89
Glück, Nikolai 63

Lamm, Lukas 109

Nicklisch, Felix 89

Offereins, Dominik 77
Oppe, Matthias 1

Reese, Stefanie 109
Reichert, Jasmin 89
Reisgen, Uwe 109
Rumpf, Alexander 123

Schaaf, Benjamin 109
Schiebahn, Alexander 109
Schneider, Konrad 27
Seewald, Robert 109

Siebert, Geralt 77
Sitte, Sigurd 139
Stommel, Markus 27

Teich, Martien 41, 159
Thiel, Torsten 41

Wachter, Nicolas 41, 159
Weller, Bernhard 89, 123
Wießner, Sven 27
Wittwer, Jost 123
Wünsch, Jan 123

Klebtechnik im Glasbau 2022. Herausgegeben von Bernhard Weller, Felix Nicklisch, Silke Tasche.
© 2023 Ernst & Sohn GmbH. Published 2023 by Ernst & Sohn GmbH.

Schlagwörter

Ausführung 159
aussteifende Verglasung 89

Bauteilversuch 89
Bemessung 159
Bemessungskonzept 89

Dehnfähigkeit 139
Dichtstoff 139
Digitaldruck 123
Dilatometrie 27

eingeschränkte Deformation 27
einlaminierte Fittings 1
experimentelle Untersuchungen 109

faseroptische Sensoren 41
FEM 77
FE-Simulation 89
Finite-Elemente-Methode (FEM) 109

Glasbau 77
Glasklebungen 41
Glasschale 1

Hafteigenschaften 139
Halter 63
hybride Klebung 77

Inspektion 159
Ionomer 1
Isolierglas 123

Kavitäten 109
Kavitation 27
Kleben 63
Klebstoffe 77

Merkblatt 159

Qualitätskontrolle 159

Randverbund 123
Redundanz 77
Röntgen-Mikrotomographie 27

Silikon 139
Structural Sealant Glazing 109, 123
strukturelle Klebungen 89
strukturelles Kleben 159
strukturelles PVB 1

tragendes Glas 1

Unterwasser 63

Versiegelung 139

weiche Polymere 27

Zustandserfassung 41

Klebtechnik im Glasbau 2022. Herausgegeben von Bernhard Weller, Felix Nicklisch, Silke Tasche.
© 2023 Ernst & Sohn GmbH. Published 2023 by Ernst & Sohn GmbH.

Keywords

adhesion 139
adhesives 77

bonding 63

cavitation 27
cavities 109
component testing 89
constraint strain 27

design concept 89
digital printing 123
dilatometry 27

edge seal 123
execution 159
experimental investigations 109

FE simulation 89
FEM 77
fibre optic sensors 41
finite element method (FEM) 109

glass shell 1
guideline 159

holder 63
hybrid bonding 77

in-plane loaded glass 89
insulating glass unit 123
ionomer interlayer 1

laminated fittigs 1
load-bearing adhesive joint 89

monitoring 159
movement capability 139

quality control 159

redundancy 77

silicone sealant 139
soft polymers 27
structural glass 1
structural glazing 41, 77
structural health monitoring 41
structural PVB 1
structural sealant glazing 109, 123, 159

underwater 63

verification 159

weatherproofing 139

X-ray microtomography 27